Technology and Equipment Development for Pollution Control
and Recycling of Aged Refuse at Landfill

存余垃圾无害化处置与二次污染防治技术及装备

赵由才 等编著

化学工业出版社

·北京·

内 容 简 介

本书针对规范和非规范填埋场存余垃圾污染与资源属性并存特点，系统介绍了存余垃圾无害化处置、资源化利用与二次污染防控技术，主要内容包括存余垃圾污染与资源属性识别、污染物与可回收物交互耦合机制、存余垃圾采选及资源化过程中恶臭和病原微生物污染控制、存余垃圾原位和异位处置场强化稳定化、存余垃圾智能组合分选、存余垃圾分质资源化与示范工程建设、高浓度渗滤液碳氮协同削减及浓缩液全量化处理、存余垃圾原位削减和无害化处理技术体系及商业化模式等，为我国固体废物污染控制与资源化事业高质量快速发展提供重大科技支撑。

本书具有较强的针对性和技术应用性，可供从事垃圾处理处置、污染控制及资源化利用等的工程技术人员、科研人员和管理人员参考，也可供高等学校环境科学与工程、市政工程、生态工程及相关专业师生参阅。

图书在版编目（CIP）数据

存余垃圾无害化处置与二次污染防治技术及装备 /
赵由才等编著. —北京：化学工业出版社，2023.6
ISBN 978-7-122-43738-9

Ⅰ.①存… Ⅱ.①赵… Ⅲ.①垃圾处理-无污染
技术 Ⅳ.①X705

中国国家版本馆 CIP 数据核字（2023）第 119801 号

责任编辑：刘兴春　卢萌萌
文字编辑：王云霞
责任校对：李雨函
装帧设计：王晓宇

出版发行：化学工业出版社
　　　　　（北京市东城区青年湖南街 13 号　邮政编码 100011）
印　　装：北京虎彩文化传播有限公司
787mm×1092mm　1/16　印张 18　彩插 10　字数 376 千字
2024 年 1 月北京第 1 版第 1 次印刷

购书咨询：010-64518888
售后服务：010-64518899
网　　址：http://www.cip.com.cn
凡购买本书，如有缺损质量问题，本社销售中心负责调换。

定　　价：158.00 元　　　　　　　　　版权所有　违者必究

《存余垃圾无害化处置与二次污染防治技术及装备》

编著人员名单

编著者：

赵由才	陈善平	王松林	吴　军	岳东北	耿　欣	周　涛	陈　博
耿晓梦	林坤森	魏　然	赵春龙	黎佳茜	马　杰	徐　斌	伍　娜
刘爱荣	彭　帅	付小花	向东方	叶霖海	何小松	邰　俊	邢丽娜
宋立杰	夏　旻	王　川	张瑞娜	贾　川	吴　军	王松林	杨明月
陈朱琦	魏云春	李　进	林石鑫	廖朱玮	汪　佳	龚　庆	罗　放
彭宇轩	陈朱蕾	张文涛	陈轶凡	吕宜廉	江　伟	朱晨曦	马海涛
朱俊伟	李平海	叶承明	许　杰	杨　强	高林燕	寿文琪	苏子龙
郭小境	王雨纯	焦冠通	潘周志	薛王峰	杨智力	陶　洁	万　珊
喻富根	杨　斌	李　梅	白　皓	孙　越	董新维	梁镓宁	张龄月
唐　楚	方　定	李明春	汪慧静	张洵铭	李莊鑫	孟　夏	王敬民
段怡彤	刘　涛	童　琳	景国瑞	范晓平	屈志云		

编著单位：

同济大学
上海环境卫生工程设计院有限公司
华中科技大学
南京大学
清华大学
中国城市建设研究院有限公司

前言

全国范围内，存在着成千上万座非正规填埋场和卫生填埋场，存储了几十亿吨存余垃圾（存量垃圾），占地面积广大，内含数十亿吨陈腐有机物、塑料、织物、无机惰性物，潜在资源巨大，但污染严重。欧美国家早在20世纪70年代就开始研发应用堆场整治技术，包括原位好氧稳定化预处理、公园化、绿化、开采筛分后焚烧或生产垃圾衍生燃料或回填，但近年来相关报道较少。与之相反，鉴于国家重大需求，近20年来我国的相关研究工作一直未中断过。

生活垃圾在填埋场中经生物、化学和物理作用，易腐有机物转化为腐殖质，病原微生物逐步消失，恶臭强度逐步下降，污染物逐步转化为资源。填埋场中的垃圾，若干年后基本稳定化，在一定条件下可开采分选利用。现状是可燃物（筛上轻质物）焚烧发电，筛下腐殖土、无机惰性物卫生填埋或回填，部分陈腐有机物用作生物填料或绿化用土，并已经应用于大量堆场治理修复，但治理工艺简单粗放，筛分效果差，装备自动化程度低，未实现资源高值转化利用。

存余垃圾无害化处置与资源化利用是支撑国家生态文明建设、资源循环利用的途径之一。本书基于国家重点研发计划"存余垃圾无害化处置与二次污染防治技术及装备"（项目编号：2018YFC1901400）项目成果，围绕存余垃圾无害化处置与二次污染防治目标，系统描述了存余垃圾污染属性与资源属性的定性定量化识别、交互作用和耦合机制，高效预处理技术，智能分选和分质资源化利用技术与装备，原位和异位快速强化稳定化—二次污染控制—开采分选洁净资源转化—渗滤液处理与资源回收—精深加工—商业模式创新全新技术路线，以及3座示范工程，从根本上解决了筛上轻质物直接焚烧以及无机骨料和筛下腐殖土回填的传统低值化处理、恶臭和病原微生物污染、渗滤液浓缩液无害化程度差的重大技术难点，为我国固体废物污染控制与资源化事业高质量快速发展提供重大科技支撑。

本书由赵由才等编著，具体分工如下：第1章由周涛、耿晓梦、林坤森、魏然、赵春龙、赵由才编著；第2章由赵由才、周涛、黎佳茜、马杰、徐斌、耿晓梦、伍娜、赵春龙、魏然、林坤森、陈博、刘爱荣、徐斌、彭帅、付小花、向东方、叶霖海、何小松编著；第3章由陈善平、邰俊、宋立杰、夏旻、王川、张瑞娜、贾川、刘爱荣、徐斌、吴军编著；第4章由王松林、杨明月、陈朱琦、魏云春、李进、林石鑫、廖朱玮、汪佳、龚庆、罗放、彭宇轩、陈朱蕾编著；第5章由吴军、张文涛、陈轶凡、吕宜廉、江伟、朱晨曦、马海涛、朱俊伟、李平海、叶承明、许杰、杨强、高林燕、寿文琪、苏子龙、郭小境、王雨纯、焦冠通、潘周志、薛王峰、杨智力、陶洁、万珊、喻富根、杨斌、李梅编著；第 6 章由岳东北、白皓、孙越、董新维、梁镓宁、张龄月、唐楚、方定、李明春、汪慧静、张洵铭、李荭鑫、孟夏编著；第 7 章由耿欣、王敬民、段怡彤、刘涛、童琳、景国瑞、范晓平、屈志云、邢丽娜、耿晓梦、赵春龙、周涛、林坤森、陈博编著。全书最后由赵由才统稿并定稿。

　　本书是国家重点研发计划"固体资源化"专项"存余垃圾无害化处置与二次污染防治技术及装备"项目的研究成果。图书编著过程中，许多研究成果和应用成效还在提炼和总结；并且一些重要研究成果和工程技术参数目前不宜公开。本书描述了可以公开且是经过验证的研发与应用成果，也在一定程度上反映了项目的成就。限于编著者水平及编著时间，书中不足和疏漏之处在所难免，敬请读者提出修改建议。

编著者

2022 年 8 月

目录

第 3 章
存余垃圾采选及资源化过程中恶臭和 52
病原微生物污染控制

第 4 章

存余垃圾原位快速稳定化预处理与可回收物清洁回收和陈腐有机物利用技术装备及示范

97

第 5 章
存余垃圾异位预处理及智能化组合分选和分质资源化技术装备及示范　138

第 6 章
高浓度渗滤液碳氮协同削减及浓缩液　　186
全量化处理技术装备与示范

第 7 章
存余垃圾原位削减和无害化处理与
资源化利用技术体系及商业化模式   224

第 1 章
存余垃圾污染控制与资源化

▶ 存余垃圾定义和特征
▶ 存余垃圾污染与资源双重属性
▶ 存余垃圾产物含量特征与资源化工艺

1.1 存余垃圾定义和特征

存余垃圾是指堆存在非正规垃圾填埋场和未达标卫生填埋场中的垃圾，以及正规填埋场中早期的陈腐垃圾，亦称存量垃圾。由于未经过无害化处理处置，从而对周边环境造成极大影响。经调查，2018 年，我国存在非正规填埋场约 2.7 万个，卫生填埋场约 1600 个，共储存存余垃圾近 80 亿吨，占地约 3 亿平方米，内含约 35 亿吨陈腐有机物、15 亿吨塑料、5 亿吨无机惰性物，潜在资源巨大，但稳定程度差异大，二次污染严重，资源转化率低，土地置换急迫。

因此，对存余垃圾进行重新挖采利用从而释放土地价值，已经成为填埋场存余垃圾治理工作的关键内容。存余垃圾的资源化利用也成为保证填埋场治理工作顺利开展的关键。依据《"十三五"全国城镇生活垃圾无害化处理设施建设规划》（发改环资 [2016] 2851 号），"十三五"期间要加大存余垃圾治理力度被写入主要任务之一，全国预计实施存余垃圾治理项目 803 个。实现存余垃圾的分类资源转化，不仅可有效解决我国有机固废的梯级高效利用问题，同时释放土地价值，创造巨大的经济效益及社会效益。

1.2 存余垃圾污染与资源双重属性

垃圾填埋场属于复杂堆积体系，在其长期演变过程中，逐步由污染属性向资源属性转化。一方面，由于存余垃圾数量大，部分非正规填埋场的存余垃圾稳定化程度低，恶臭和病原微生物污染严重，给生态环境及人体健康带来重大风险；另一方面，存余垃圾中含有数量庞大的有用资源，如腐殖土、废塑料、废织物、金属、玻璃等，潜在资源量巨大。在当今资源紧缺的时代背景下，存余垃圾的资源化利用是解决填埋场污染问题的常用有效方法。

1.2.1 存余垃圾污染属性特点

存余垃圾的危害巨大，主要包括以下几个方面。

（1）污染环境

城市存余垃圾内物质种类繁多，潜在含有多种有害物质，若处理不达标会直接污染土壤、水源和大气。当垃圾渗滤液渗入地下时，会破坏土壤组成结构，改变其物理和化学性质，显著降低土壤保水能力。垃圾中所含的有机污染物和重金属污染物等在雨水的作用下被带入水体，对地表水和地下水造成严重污染，影响水资源的质量和水生生物的生存。细小的固体废物会飘散至大气中，加剧空气污染。露天堆积大量垃圾的场区气味浓烈，蚊蝇滋生，还会产生大量含氨、硫化物有害气体，其中包括具有很强致癌性、致畸性的有毒有害物质。

（2）传播疾病

存余垃圾中含有大量微生物，是细菌和害虫的滋生地，若防护不当将会进入生物链，严重危害人体健康。

（3）侵占土地

存余垃圾占用了大量土地资源和生活空间，对城市生产生活造成严重影响。大量的垃圾会破坏地表植被，不仅影响自然环境的美感，也会对大自然的生态平衡造成严重破坏。

（4）社会影响

大量垃圾留在城市，严重破坏了周围居民的生活环境，也会影响人们的生活方式，可能会助长居民乱扔垃圾的不良习惯。

1.2.2　存余垃圾资源属性特点

生活垃圾在填埋 8 年后，有机质含量下降到 9%～15%，混杂废物转化为腐殖土、砖瓦石块和塑料橡胶等可回收物，有害病原微生物基本被杀灭，恶臭基本消失，甲烷浓度下降到 5% 以下，在一定条件下可开采利用。填埋时间少于 8 年时，堆体内部稳定化程度低，二次污染严重，应稳定化预处理后再开采利用。

存余垃圾经开采筛分后，可获取废塑料、腐殖土、建筑垃圾等筛分物质。其中，腐殖土（矿化垃圾）生物相丰富，可作为水处理生物填料或绿化用土；建筑垃圾可用作铺路等一般性的建筑材料；废塑料可资源化价值较高，可清洁提质后作为再利用资源，特别是石油价格较高时，效益显著。显然，可通过存余垃圾的资源化利用消除其污染属性。

1.2.3　污染与资源属性的转化

存余垃圾的污染属性与资源属性辩证存在。存余垃圾虽指丧失原有利用价值或被抛弃的物质，但不代表绝对没有任何利用价值。存余垃圾的污染属性与资源属性可以相互转化。通常来讲，污染物是现状不能利用的，资源是现状可以利用的。资源在利用过程中会产生污染物，而污染物经预处理后，也可以转化为资源。通过建立判定标准，界定存余垃圾的污染属性及资源属性，对实现固体废物高效资源化具有重要意义。

要实现存余垃圾的资源转化，首先需探明其污染与资源属性。由于不同填埋年限的存余垃圾其生物化学性质具有较大差异，且污染和资源特征复杂不明，必须对不同存余垃圾填埋场中各物质成分进行分析，探明各成分的时空变化规律，识别其污染与资源属性。通过明确存余垃圾各组分的资源化利用方式及对应标准，判定各组分在不同资源化途径中的污染与资源属性，并将污染的部分施以相应的人工干预技术，使其满足对应资源化利用方式标准，从而实现存余垃圾污染属性向资源属性的转化。

1.3 存余垃圾产物含量特征与资源化工艺

1.3.1 存余垃圾预处理技术

按填埋场填埋结构、操作方式和运行条件的不同，目前存余垃圾预处理技术主要分为：

① 以渗滤液回灌为核心的厌氧生物反应器填埋预处理技术；

② 以压力差通风为核心的准好氧生物反应器填埋预处理技术；

③ 以气水联合调控为核心的好氧生物反应器填埋预处理技术。

（1）厌氧生物反应器填埋预处理技术

厌氧生物反应器填埋场基于传统卫生填埋场，增加了渗滤液回灌系统。将渗滤液回灌，对填埋场内水和养分进行补充并优化分布，可以增加垃圾填埋场系统中微生物的种类、提高微生物的活性并加快废物分解速度，从而加速填埋场稳定化进程。厌氧生物反应器填埋场最初的目标是处理渗滤液，利用填埋气，但在随后的研究中发现它可以加速填埋场稳定化，是当今应用最广泛的预处理技术。

厌氧生物反应器填埋场较传统卫生填埋场具有以下优势：

① 减少渗滤液产生量，降低渗滤液中有机污染物浓度，固定重金属和无机盐；

② 加速填埋气产生，提高填埋气的单位产出速率；

③ 促进垃圾中有机物的分解，加快垃圾堆体沉降。

这将降低填埋场的环境风险，提高填埋气利用的经济性，并且增加垃圾填埋场库容，降低长期监测和维运成本。

（2）准好氧生物反应器填埋预处理技术

准好氧生物反应器填埋场利用不满流管道设计和填埋场内外的压力差，使外界空气在不提供动力的情况下向填埋场内部流动。其结构基于传统卫生填埋场在填埋场内增设导气管，并加大渗滤液收集主管管径，使管内渗滤液呈半满流状态，其中，主管末端不封闭，直接与外界相连。垃圾堆体发酵产生的温差可推动空气在半满流的管道内自然进入填埋场，从而使填埋场内部分区域处于好氧状态，特别是渗滤液收集管和气体导排管附近将形成好氧区域，加速稳定化。而远离渗滤液收集管及导气管的区域虽仍处于厌氧状态，但场内的好氧区域会随着时间的推移逐渐扩大。准好氧生物反应器填埋场内部含有多种微生物，其中，近管道及表面覆盖层的区域主要为好氧微生物，随着距离增大，则逐渐转变为兼氧微生物和厌氧微生物。

（3）好氧生物反应器填埋预处理技术

好氧生物反应器填埋场基于传统卫生填埋场，增加了渗滤液回灌和强制通风系统。好氧生物反应器填埋场中有机物的降解类似于厌氧生物反应器填埋场初始阶段的好氧降解。好氧微生物使有机物作为营养物质被分解利用，并通过微生物的呼吸作用转化为 CO_2 和 H_2O，释放能量。填埋层的温度、水含量、氧浓度可通过控制渗滤液回灌量和通风量，调整至好氧降解的最佳范围，从而加速垃圾稳定化。

目前，填埋场垃圾的迅速彻底稳定化是卫生填埋技术中"可持续填埋"的发展趋势和存余垃圾治理的首要目标。此外，存余垃圾治理一般针对有较长使用年限的垃圾堆场或封场后的正规卫生填埋场，此时固体废物中的有机质含量已经处于较低水平，好氧加速稳定化技术运行成本在一定程度上已经降低很多。因此，好氧加速稳定化技术具有较大的优势。

1.3.2　存余垃圾挖采资源化

存余垃圾经开挖和运输机械开采后需进行分选，这是实现存余垃圾资源化利用的基础和前提。现有的存余垃圾分选技术主要由滚筒筛分选、振动分选、风力分选、磁选及人工辅助分选组成。通过高效的分选技术，将存余垃圾高效分类，分类后的各产物经由破碎、清洁等预处理后，通过一系列资源转化技术，实现不同途径的资源化利用。

存余垃圾挖采资源化工艺流程如图 1-1 所示。

1.3.3　主要筛分产物含量特征

国外很早就对垃圾填埋场中的存余垃圾尤其是其组分特征方面进行了相关分析和调查。后来，我国有学者开始对国内垃圾填埋场中不同填埋龄的存余垃圾进行研究。以同济大学赵由才教授为代表的学者，将上海老港垃圾填埋场作为首批研究对象。近年来，越来越多的研究开始涉足这个领域。在大多数填埋场开采出的存余垃圾中，腐殖土、轻质可回收物（如塑料、织物、纸张）及无机骨料（如混凝土、砖石）为三大类主要成分。

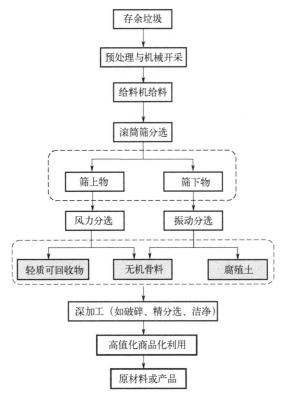

图 1-1　存余垃圾挖采资源化工艺流程

通过查阅国内相关填埋场存余垃圾开采及组分分析资料，按地理位置将填埋场划分为北、中、南三大区域，并对不同区域填埋场存余垃圾主要组分进行对比和分析。不同填埋场中存余垃圾主要组分及含量如表 1-1 所列。

表 1-1　不同填埋场中存余垃圾主要组分及含量

不同地域填埋场		主要组分质量分数/%		
		腐殖土	轻质可回收物（塑料为主）	无机骨料
北方	大连（毛莹子垃圾填埋场）	65	16	19
	北京（阿苏卫垃圾填埋场）	59.58~70.66	13.82~19.45	7.99~10.78
	青岛（小涧西生活垃圾填埋场）	20~30	30~40	10~20
中部	荆门（荆门第一生活垃圾填埋场）	50~60	15~25	10~20
	九江（浔阳区生活垃圾填埋场）	56	23	15
	安阳（黄县生活垃圾填埋场）	12.09	37.21	31.19
南方	上海（老港生活垃圾填埋场）	50.22	25.51	10.94
	杭州（天子岭第一填埋场）	41~63	21~33	13.2

续表

不同地域填埋场		主要组分质量分数/%		
		腐殖土	轻质可回收物（塑料为主）	无机骨料
南方	温州（杨府山垃圾填埋场）	65.23	13.90	11.19
	温州（卧旗山垃圾填埋场）	66.54	11.62	9.90
	东莞（常平镇桥沥垃圾填埋场）	47.3	18.9	—

综合来看，北、中、南不同区域的不同填埋场中存余垃圾主要组分含量虽会有所波动，但从平均水平分析，含量基本持平，无明显地域差异。腐殖土、轻质可回收物（塑料为主）及无机骨料三类主要成分占比分别为 50%～60%、20%～30%、10%～20%。可以看出，在多数填埋场中，除腐殖土外，塑料占比最高，具有较高的利用价值。

第 **2** 章

存余垃圾污染风险评估及与可回收物交互耦合机制

- ▶ 填埋场污染物赋存状态及风险评估
- ▶ 复杂堆积体系污染资源演变规律及填埋龄判断
- ▶ 污染物与可回收物的交互耦合机制
- ▶ 存余垃圾开采筛分资源化技术及碳排放分析
- ▶ 污染属性与资源属性判别模型

2.1 填埋场污染物赋存状态及风险评估

填埋场垃圾的种类会导致其污染物组成的差异,不同填埋垃圾物理组分具有污染物差异性特征。取江苏省 5 个相对较为典型的垃圾填埋场作为对象:

第 1 个填埋场以工业钢渣为主+部分生活垃圾(ZJG);

第 2 个填埋场以隧道渣土为主+部分建筑垃圾(CSS);

第 3 个填埋场以生活垃圾为主+部分工业垃圾(CZS);

第 4 个填埋场以建筑垃圾为主+部分生活垃圾(TCS);

第 5 个填埋场以电镀污泥为主+部分生活垃圾(DSC)。

2.1.1 相关场地信息

(1)ZJG 垃圾填埋场信息

ZJG 垃圾填埋场从 20 世纪 90 年代中后期陆续有生活垃圾倾倒。占地面积约为 22088.6m²,东西跨度约 240m,南北跨度约 110m,填埋场南侧为某建筑材料有限公司的钢渣堆场。地处亚热带南部温润气候区,季风环流是支配境内气候的主要因素,四季分明,雨水充沛,气候温和,无霜期长,是典型的海洋性气候。年平均降水量 1073.5mm,汛期主要集中在 5~9 月。

(2)CSS 垃圾填埋场信息

CSS 垃圾填埋场位于长江三角洲南缘的冲积平原、湖积平原,地势较平坦,场地主要地层分布均匀。现场实地踏勘显示,500m 范围内存在两个住宅区,同时还存在河流、池塘等敏感点。场地内地面的绝对标高 1.49~3.10m,属亚热带季风性海洋气候,四季分明,气候温和,雨量充沛。冬季多西北风,寒冷少雨;夏季多东南风,炎热多雨;春秋两季气候呈干湿、冷暖多变的特点。年平均降水量 1055.8mm,4~9 月降水较为集中,其降水量占全年降水量的 71%。全年以东南风为主导风向,春夏季多东南、西南风,秋季多东北风,冬季盛行西北风,7~9 月常受台风影响。

(3)CZS 垃圾填埋场信息

CZS 垃圾填埋场占地面积约 9267m²,区域周长约 443m。根据当地管理部门人员介绍,该填埋区原为河塘,后用作垃圾填埋场,主要填埋生活垃圾,同时有工业垃圾倾倒,固体废物填埋区部分区域已覆土,调查显示,区域西侧 500m 范围内主要以工业利用为主,东侧 500m 范围内主要以农业利用为主。属于北亚热带海洋性气候,常年气候温和,雨量充沛,四季分明。春末夏初时多有梅雨发生,夏季炎热多雨,最高温度常达 36℃以上,冬季空气湿润,气候阴冷。

（4）TCS 垃圾填埋场信息

TCS 垃圾填埋场占地面积约 37961m²。该区域原为水塘，近年来用于堆放建筑与生活垃圾，堆放填满后进行覆土处理。现场调查显示，场地周边 500m 范围内主要为农用地、水塘等。属北亚热带南部湿润气候区，四季分明。冬季受北方冷高压控制，以少雨寒冷天气为主；夏季受副热带高压控制，天气炎热；春秋季是季风交替时期，天气冷暖多变，干湿相间。全年雨日接近常年，总雨量明显偏少，雨量分布不均匀。

（5）DSC 垃圾填埋场信息

DSC 垃圾填埋场东面为某纺织公司，北面为某工具公司，南面与西面均为农用地和住宅，总面积约 10000m²。场地原为农用地，1993 年起开始在场地填埋垃圾，至 2013 年停止填埋。目前场地内东南角有一家企业从事金属零配件的机加工，其余区域填埋了电镀污泥及其他垃圾，最大填埋深度 3~5m，表面大部分被植被覆盖。调查显示，场地周边以农用地和住宅为主。属北温带海洋性气候，四季分明。年平均降水量 1020.7mm，集中于每年的 6~7 月。

为调查填埋场中污染物的积累和赋存状态，对 5 个填埋场垃圾腐殖土进行了分析。5 个垃圾填埋场检测的污染物包括锌、铜、砷、铅、镍、汞、镉及六价铬共 8 种金属；挥发性有机物检测了单环芳烃类、熏蒸剂类、卤代脂肪烃类、卤代芳烃类和三卤甲烷类共 5 类 55 种；半挥发性有机物检测了苯酚类、多环芳烃类、酞酸酯类、亚硝胺类、硝基芳烃及环酮类、氯化烃类、卤代醚类、苯胺类及联苯胺类、硝基苯类共 9 类 86 种。

2.1.2　金属污染特征分析

各垃圾填埋场中金属的浓度与垃圾废物组成有很大差异，如图 2-1 所示（书后另见彩图）。总体来看，不同填埋垃圾中金属浓度范围大，但镉、砷、铜、铅、锌和六价铬的浓度并未超过相关标准，仅 ZJG 填埋场中镍和 CZS 填埋场中汞存在超标现象，超标率分别为 4.0% 和 2.3%，这与填埋场垃圾分布不均匀有关。六价铬在各类型垃圾中检出率低，仅在 ZJG 填埋场中检出且检出率为 12.0%，可能因为 ZJG 填埋场垃圾主要以工业钢渣为主，六价铬主要来源于工业制造中的铬渣，且六价铬流动性和迁移性强，不易固定在土壤环境介质中。

在各类型填埋垃圾中，锌、镍、铜和铅浓度均相对较高，与填埋场垃圾组分有关，垃圾中锌、镍、铜和铅很常见，如废弃电池、塑料、电子产品等广泛存在于各种非正规垃圾填埋场垃圾中，同时也可能环境介质中的有机物发生金属络合。相比于 ZJG 填埋场（工业钢渣为主+部分生活垃圾）和 DSC 填埋场（电镀污泥为主+部分生活垃圾），CSS 填埋场（隧道渣土为主+部分建筑垃圾）、CZS 填埋场（生活垃圾为主+部分工业垃圾）和 TCS 填埋场（建筑垃圾为主+部分生活垃圾）中金属浓度普遍相对较低，说明金属可能主要来源于工业垃圾（钢渣、电镀污泥等）。镉、汞和砷在各类型的填埋垃圾中浓度较低，其迁移率很大程度上取决于它们的化学赋存状态。

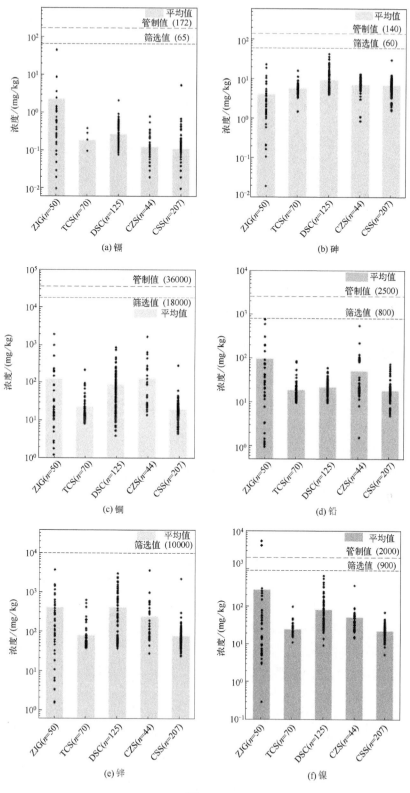

图 2-1

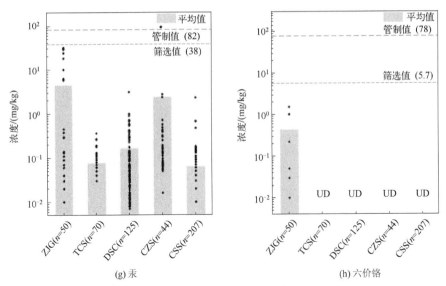

图 2-1　不同垃圾填埋场中实际取样金属浓度

UD—未检出；n—取样数目

2.1.3　挥发性有机物特征分析

不同垃圾填埋场挥发性有机物检出情况如图 2-2 所示。从图中可以看到，以电镀污泥为主的 DSC 填埋场中挥发性有机物并未检出，这可能与填埋年限有关，随着填埋时间的增加，垃圾填埋场内有机物不断降解，污染物通过土壤、垃圾的缝隙挥发进入大气中，造成挥发性有机物未检出。在其余 4 类型的垃圾填埋场中，单环芳烃检出种类和检出浓度均高于其他挥发性有机物，单环芳烃广泛应用于生活、工业中作为染料、涂料、农药、橡胶添加剂和传热介质的原料，因而单环芳烃普遍存在于各类型填埋场中。其中甲苯、乙苯、间二甲苯与对二甲苯浓度在单环芳烃中占优势，且均存在个别点位超标现象，表明单环芳烃中甲苯、乙苯、间二甲苯与对二甲苯普遍存在。卤代芳烃类中氯苯、1,4-二氯苯均在 4 个不同类型填埋场中检出，氯苯（卤代芳烃）可用于各行业如纺织业、制药行业（杀虫剂、樟脑丸、有机溶剂、清洁剂等），因而这两种物质存在于各类型填埋场中。同时在各类型填埋场中低卤代烃浓度高于高卤代烃浓度，这是由于堆体在微生物作用下发生还原脱氯及共代谢反应。

不同类型的填埋场挥发性有机物检出种类也有所差别，检出种类高低顺序如下：生活垃圾＞工业垃圾＞建筑垃圾＞隧道渣土。填埋垃圾中，生活垃圾掺杂着各种其他废物，成分复杂多样，如工业垃圾、建筑垃圾、家具木屑中的涂料、隧道渣土。不同类型垃圾填埋场垃圾挥发性有机物检出率如图 2-3 所示。在各类型垃圾填埋场中单环芳烃的检出率高，其中甲苯、乙苯、邻二甲苯、间二甲苯与对二甲苯检出率占主要优势，高浓度和高检出率表明甲苯、乙苯、邻二甲苯、间二甲苯与对二甲苯是普遍性污染物。而卤代芳烃中的氯苯、1,4-二氯苯的检出率不高，可能与填埋垃圾成分和分布不均有关，同时垃圾填埋场土壤中的微生物代谢也会影响芳香族化合物的结构。

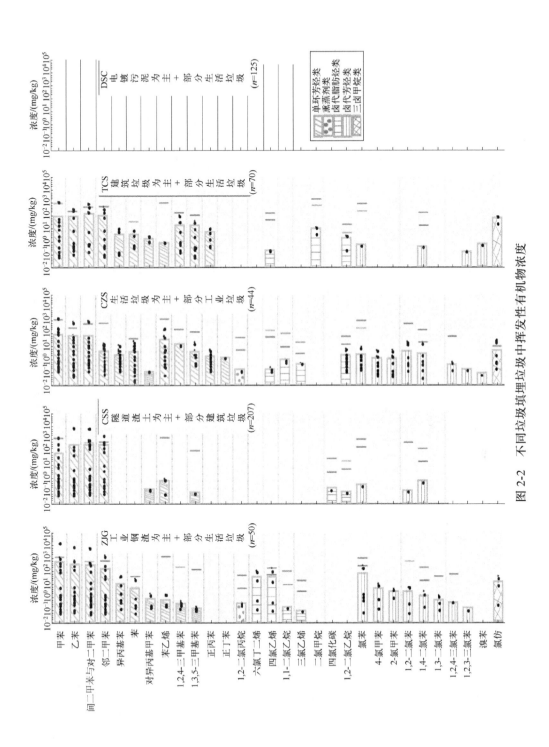

图 2-2　不同垃圾填埋垃圾中挥发性有机物浓度

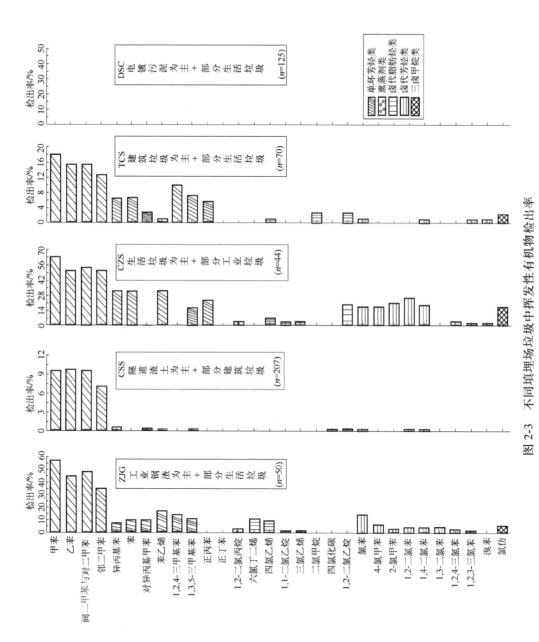

图 2-3 不同填埋场垃圾中挥发性有机物检出率

2.1.4　填埋场污染物风险评估方法建立

传统的 DPSIR 模型主要指的是驱动力（driving force）、压力（pressure）、状态（state）、影响（impact）、响应（response）5 个方面，对于普通的流域或污染场地，其污染状态一般不会发生改变，可以直接根据上述 5 个方面选取指标进行生态评估。对垃圾填埋场而言，垃圾在填埋的过程中虽然可能会对周边环境造成危害，但同时垃圾也具有很大的资源属性，若能将垃圾进行综合利用，可以在一定程度上减少填埋场的潜在风险。因此，为了评估结果更加全面，对 DPSIR 模型进行修正，除了原本的 5 个准测层外，添加潜力（potential）准测层，并将其命名为 DPSIR-P 模型。

DPSIR-P 模型包括 6 个准测层，分别是驱动力、压力、状态、影响、响应、潜力，在该模型中，各个层面之间相互影响，其关系如图 2-4 所示。由于经济发展以及社会需求等形成的"驱动力"，对土地及其他资源造成"压力"，使得环境"状态"改变，这种变化"影响"区域内的生态功能，从而具有一定的潜在危害及风险。人类为了减小甚至消除这种风险，会积极地做出"响应"，通过技术手段进行污染治理，同时对相关工作人员进行培训管理，防止意外事故的发生。在区域内，若风险源同时具有污染属性以及资源属性，即可能存在尚未发挥的治理"潜力"，如果在这方面做出一定的调整，同样可以减小整体的生态风险。此外，由于人类会对其他层面的变化针对性地给出相关措施，因此"响应"对每个层面都有及时的回馈。

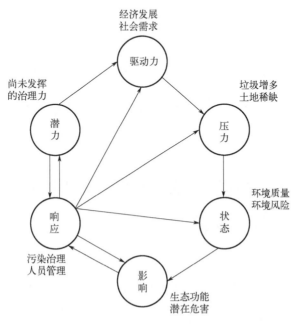

图 2-4　DPSIR-P 模型示意

对于垃圾填埋场的生态安全评估而言，DPSIR-P 模型中"驱动力"指的是在垃圾填埋场的生态中促使环境发生改变的潜在因素。随着当地经济的不断发展、人口不断增加，社会活动也随之增多，这些因素驱动垃圾总量不断增加，同时也驱动垃圾填埋场的产生及建造。

"压力"指的是垃圾填埋场运营过程中给生态环境造成的负面影响，如垃圾填埋场运营规模和类型，这些是影响生态环境的直接原因。由于垃圾填埋场的修建占据了大量土地资源，不仅危害环境还制约城市发展。压力受驱动力影响，也是驱动力的一种表现方式。

"状态"指的是当前垃圾填埋场生态环境中各方面的参数，垃圾在填埋过程中不仅会产生渗滤液和填埋气体，还可能对周边土壤造成污染，影响环境的生态功能。在进行评估时，可以选取环境中水、大气、土地中的相关指标进行计算，通过与国家标准进行对比，即可确定需要控制的污染物种类。

"影响"是指垃圾填埋场对周边环境以及人类生产生活造成的影响。随着填埋时间的增加，垃圾中污染物状态不断发生变化，有些污染物在微生物的作用下进行降解转化，有的可能与其他污染物进行结合从而造成更大的危害。在本书中主要是指垃圾中污染物潜在的迁移过程和影响途径。

"响应"是指政府或相关组织机构为了缓解或修复填埋场造成的生态环境破坏而采取的相应措施。一般来说，垃圾填埋场在修建过程中需要铺设防渗层防止渗滤液污染土壤和地下水，同时还需要对垃圾进行压实、覆盖，防止恶臭气体散逸；修建石笼排气管，防止甲烷等易燃易爆气体发生爆炸造成危害。此外，还需要对垃圾填埋场的工作人员进行培训，严格管理，才能防止意外事故发生。响应层是减小填埋场生态风险中最重要的一部分。

对于新添加的"潜力"，主要指的是尚未发挥的治理力，因为针对填埋场中堆存的垃圾，目前已经有了一系列的技术方法可以将其进行综合利用，例如将垃圾轻质物进行焚烧发电，清洗后进行塑料再生造粒，或将垃圾腐殖土作为植物栽种基质等。若填埋场中的垃圾在符合一定条件的情况下，虽然它们目前存在一定的生态风险，但是具有综合利用的潜力，同时这些技术一旦工业化应用，可以在很大程度上减少垃圾填埋场的综合污染，因此在进行垃圾填埋场的生态安全评估时有必要考虑目前垃圾的生态治理潜力。

2.2 复杂堆积体系污染资源演变规律及填埋龄判断

2.2.1 Prophet 模型模拟预测填埋场污染物演变规律

图 2-5 为垃圾填埋场污染物演变规律模型技术路线。

填埋场中的污染物主要选取了渗滤液、腐殖酸等大分子和重金属，通过 Prophet 来预测各单一污染物随着时间的演变规律。最后利用 ANN 模型来模拟各污染物之间的交互演变规律，最终建立复杂堆积体系开采物属性演变规律模型。

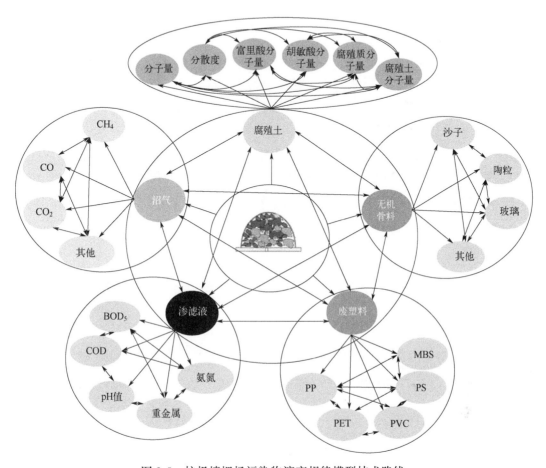

图 2-5　垃圾填埋场污染物演变规律模型技术路线

PP—聚丙烯；PET—聚对苯二甲酸乙二醇酯；PVC—聚氯乙烯；PS—聚苯乙烯；

MBS—甲基丙烯酸甲酯、丁二烯、苯乙烯三元共聚物

　　填埋场中各污染物的降解过程可归类于时间序列问题。在时间序列分析领域，有一种常见的分析方法叫作时间序列的分解（decomposition of time series），它把时间序列 Y_t 分成几个部分，分别是季节项 S_t、趋势项 T_t、剩余项 R_t。也就是说对所有的 $t \geq 0$，都有：

$$Y_t = S_t + T_t + R_t \tag{2-1}$$

　　除了加法的形式，还有乘法的形式，也就是：

$$Y_t = S_t T_t R_t \tag{2-2}$$

　　上式等价于 $\ln Y_t = \ln S_t + \ln T_t + \ln R_t$，所以，有的时候在预测模型时会先取对数，然后再进行时间序列的分解，就能得到乘法的形式。一般来说，填埋场垃圾量在实际生活和

17

生产环节中，除了季节项、趋势项、剩余项之外，通常还有节假日的效应，为此式（2-1）演变为式（2-3）：

$$Y_t = S_t + T_t + R_t + \beta_t \tag{2-3}$$

针对各部分的数学公式推导如下。

（1）趋势线模型

在 Prophet 算法里面，趋势项有两个重要的函数：一个是基于逻辑回归函数（logistic reqression function）的；另一个是基于分段线性函数（piecewise linear function）的。　针对逻辑回归函数一般形式为：$\sigma(x) = 1/(1+e^{-x})$，导数为 $\sigma'(x) = \sigma(x)[1-\sigma(x)]$，并且 $\lim\limits_{n \to \infty} \sigma(x)^1 = 1$，则 $f(x) = C/[1+e^{-k(x-m)}]$，式中，C 为曲线的最大渐近值，k 表示曲线的增长率，m 表示曲线的中点。Prophet 假设已经放置了 S 个变点，并且变点的位置是在时间戳 S_j 上，那么在这些时间戳上就需要给出增长率的变化，也就是在时间戳 S_j 上发生的增长率变化（change in rate）。可以假设有这样一个向量，即 $\mathfrak{z}_j \in \mathbf{R}^s$，其中 $\mathfrak{z}_j$ 表示在时间戳 S_j 上的增长率的变化量。如果一开始的增长率我们使用 k 来代替的话，那么在时间戳 t 上的增长率就是 $k + \sum\limits_{j:t} \mathfrak{z}_j$，通过一个指示函数 $a_j(t) \in \{0,1\}^s$ 为：

$$a_j(t) = \begin{cases} 1, & t \geq S_j \\ 0, & t < S_j \end{cases} \tag{2-4}$$

那么在时间戳 t 上的增长率就是 $k + \sum\limits_{j:t} \mathfrak{z}_j$，一旦变化量 k 确定了，另外一个参数 m 也要随之确定。在这里需要把线段的边界处理好，因此通过数学计算可以得到：

$$\gamma_j = \left(s_j - m - \sum_{l<j} \gamma l \right) \times \left(1 - \frac{k + \sum\limits_{l<j} \in l}{k + \sum\limits_{l<j} \gamma l} \right) \tag{2-5}$$

所以，分段的逻辑回归增长模型为：

$$s(t) = \frac{c(t)}{1 + \exp[-(k + a(t)^{\mathrm{T}} \mathfrak{z}) \times \{t - [m + a(t)^{\mathrm{T}} \gamma]\}]} \tag{2-6}$$

（2）季节性模型

几乎所有的时间序列预测模型都会考虑时间因素，因为时间序列通常会随着天、周、月、年等的变化而呈现季节性的变化，也称为周期性的变化，可表示为：

$$s(t) = \sum_{n=1}^{N} \left(a_n \cos\frac{2\pi nt}{365.23}, \cdots, b_n \sin\frac{2\pi nt}{365.23} \right) \tag{2-7}$$

因此时间序列的季节项可表示为 $s(t) = X(t)\beta$，而 β 的初始化是 $\beta \sim$ Normal（$0, \sigma^2$）。此处 $\sigma =$ Seasonality prior scale，该值越大表示季节效应越明显，该值越小表示季节效应越

不明显。

（3）节假日效应

由于每个节假日对时间序列的影响程度不一样，例如春节、国庆节则是七天的假期，对于劳动节等假期来说则假日较短。因此，不同的节假日可以看成相互独立的模型，并且可以为不同的节假日设置不同的前后窗口值，表示该节假日会影响前后一段时间的时间序列。用数学语言来说，对于第 i 个节假日来说，D_i 表示该节假日的前后一段时间。为了表示节假日效应，需要一个相应的指示函数（indicator function），同时需要一个参数 k_i 来表示节假日的影响范围。假设有 L 个节假日，那么

$$h(t) = Z(t)k = \sum_{i=1}^{L} k_i l \tag{2-8}$$

其中

$$Z(t) = \left(l_{\{t \in D_1\}}, \cdots, l_{\{t \in D_L\}} \right), \boldsymbol{K} = \left(k_1, \cdots, k_L \right)^{\mathrm{T}} \tag{2-9}$$

当 $h(t)$ 值越大，表示节假日对模型的影响越大。

图 2-6 为利用 Prophet 模型模拟填埋场典型物质在自然降解下的演变规律。由图 2-6 可知，COD、BOD_5、总糖、氨氮、氯离子、有机碳、粗纤维、沉降速率和沉降幅度的预测值与真实值相关性分别为 93.58%、98.90%、99.58%、95.45%、93.41%、90.00%、87.31%、90.16%和92.25%，说明 Prophet 模型能够准确预测填埋场典型物质的降解行为。COD、BOD_5、总糖、氨氮、氯离子、有机碳、粗纤维、沉降速率和沉降幅度随着时间呈下降趋势，COD 在 1653d（约 4 年）后自然沉降速率显著减缓，其他物质基本在 10 年左右达到较低值，达到基本稳定状态。

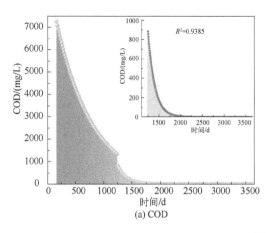
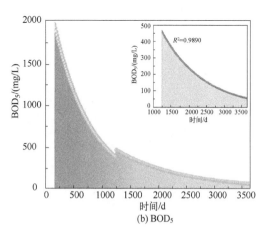

图 2-6

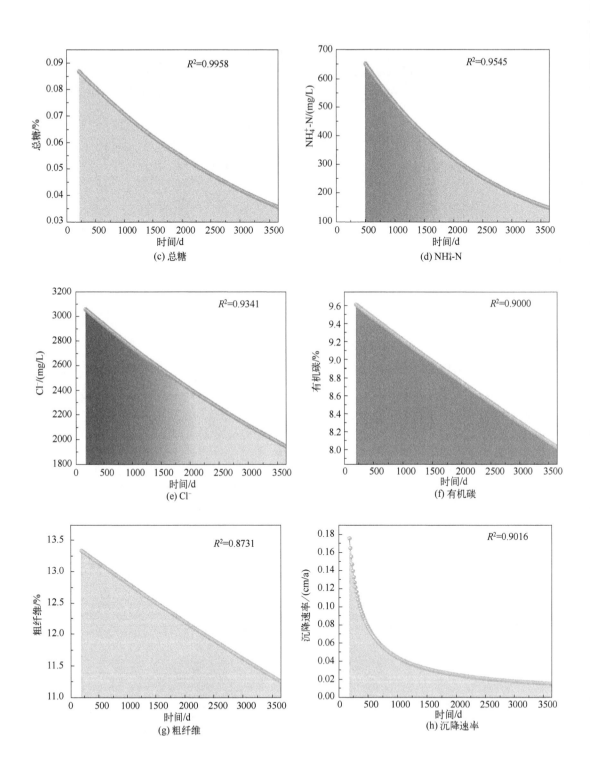

(c) 总糖

(d) NH₄⁺-N

(e) Cl⁻

(f) 有机碳

(g) 粗纤维

(h) 沉降速率

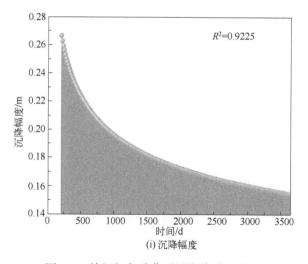

图 2-6　填埋场各种典型污染物模拟结果

2.2.2　基于腐殖质分子量指标的填埋龄判断

生活垃圾在填埋单元内的稳定化过程主要反映在可生物降解组分的无机化降解和腐殖化聚合两个过程，这两个过程都会通过填埋垃圾内有机质分子量和分子量分布指标得以体现。在有机组分的生物降解过程中，填埋垃圾内有机物分子量将会下降，分子量分布指数将会上升；在有机组分的腐殖化过程中，有机物降解的中间产物分子量上升而分子量分布指数下降。因此，填埋垃圾腐殖质的分子量和分布指数是填埋垃圾稳定化进程中最为直接的表征指标，可以真实反映填埋场和填埋垃圾的稳定度。应用 SPSS 对填埋龄 1～14 年间腐殖质分子量指标进行主成分分析，共提取出 5 个主组分，累计贡献率 91.2%。在 5 个主组分中第一主组分贡献率 44.3%，因此可有效反映填埋过程中腐殖质分子量的主导变化趋势。而在这 18 个分子量指标中，胡敏酸的分子量（M_n）、分散度（M_w/M_n）以及腐殖质提取液的分子量（M_n）、分散度（M_z/M_w）在第一主组分上的荷载绝对值大于 0.85。

胡敏酸的 M_n、M_w/M_n 和腐殖质提取液的 M_n 的荷载则分别为 0.955、-0.925 和 0.928，这 3 个指标可最为高效地表征填埋垃圾稳定化的进程。胡敏酸的 M_n 和腐殖质提取液的 M_n 的变化趋势与填埋垃圾稳定度成正比，而胡敏酸的 M_w/M_n 则与稳定度成反比。第一主组分 F 值随填埋龄的增加而不断上升，由此可推断填埋过程中胡敏酸的 M_n、腐殖质提取液的 M_n 不断上升，而胡敏酸的 M_w/M_n 则不断减小。这一点与腐殖质分子量和稳定度相关性的研究结果一致，因此在填埋垃圾的稳定度表征中以胡敏酸组分的分子量指标为主要研究内容，可以达到简单高效的表征效果。

利用 R 语言，对上述已有不同填埋年限腐殖质组成及分布数据进行重新处理，并与填埋年限建立拟合模型。所选参数包括腐殖质总提取率、HA/FA 值、腐殖质提取液分子量（M_n）、腐殖质提取液分散度（M_z/M_w）、富里酸（FA）分子量（M_w）、富里酸分散度

（M_z/M_w）、胡敏酸（HA）分子量（M_n）、胡敏酸分散度（M_w/M_n），共 8 个参数。为便于编程，将 8 个参数依次用 Y_1、Y_2、Y_3、Y_4、Y_5、Y_6、Y_7、Y_8 代替。首先分别将每个参数与填埋年限进行拟合，拟合曲线如图 2-7 所示。

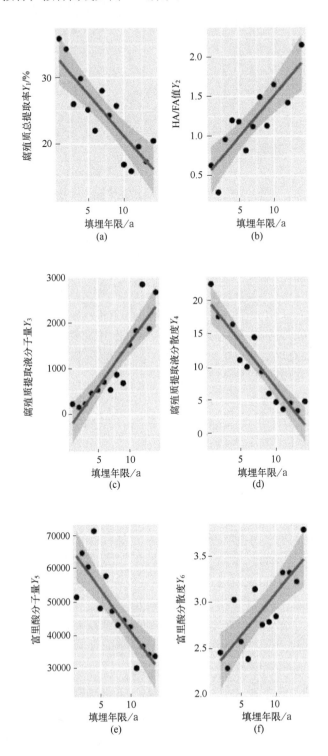

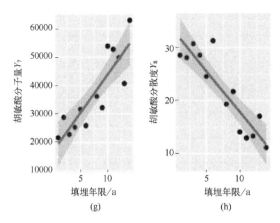

图 2-7 腐殖土样品各参数与填埋年限拟合曲线

利用皮尔逊检验（Pearson test）计算矩阵，对各参数相关性进行分析。结果如表 2-1 所列，正值表示正相关，负值表示负相关，且数值越大，相关性越高。同时，对其显著性进行分析，小于 0.05 即代表具有显著相关性，结果如表 2-2 所列。

表 2-1 各参数相关性分析

项目	填埋龄	Y_1	Y_2	Y_3	Y_4	Y_5	Y_6	Y_7	Y_8
填埋龄	1.00	−0.85	0.86	0.90	−0.93	−0.85	0.81	0.87	−0.90
Y_1	−0.85	1.00	−0.76	−0.76	0.94	0.73	−0.48	−0.75	0.74
Y_2	0.86	−0.76	1.00	0.76	−0.74	−0.70	0.76	0.83	−0.83
Y_3	0.90	−0.76	0.76	1.00	−0.79	−0.78	0.81	0.90	−0.89
Y_4	−0.93	0.94	−0.74	−0.79	1.00	0.77	−0.51	−0.78	0.81
Y_5	−0.85	0.73	−0.70	−0.78	0.77	1.00	−0.67	−0.80	0.89
Y_6	0.81	−0.48	0.76	0.81	−0.51	−0.67	1.00	0.83	−0.83
Y_7	0.87	−0.75	0.83	0.90	−0.78	−0.80	0.83	1.00	−0.95
Y_8	−0.90	0.74	−0.83	−0.89	0.81	0.89	−0.83	−0.95	1.00

表 2-2 各参数相关性的显著性检验

项目	填埋龄	Y_1	Y_2	Y_3	Y_4	Y_5	Y_6	Y_7	Y_8
填埋龄		0.0000	0.0003	0.0000	0.0000	0.0001	0.0007	0.0001	0.0000
Y_1	0.0000		0.0041	0.0015	0.0000	0.0033	0.0969	0.003	0.0038
Y_2	0.0003	0.0041		0.0038	0.0085	0.0107	0.0064	0.0014	0.0016
Y_3	0.0000	0.0015	0.0038		0.0015	0.001	0.0008	0.0000	0.0000
Y_4	0.0000	0.0000	0.0085	0.0015		0.0022	0.0934	0.0028	0.0014

续表

项目	填埋龄	Y_1	Y_2	Y_3	Y_4	Y_5	Y_6	Y_7	Y_8
Y_5	0.0001	0.0033	0.0107	0.0010	0.0022		0.0118	0.0011	0.0000
Y_6	0.0007	0.0969	0.0064	0.0008	0.0934	0.0118		0.0009	0.0008
Y_7	0.0001	0.0030	0.0014	0.0000	0.0028	0.0011	0.0009		0.0000
Y_8	0.0000	0.0038	0.0016	0.0000	0.0014	0.0000	0.0008	0.0000	

同时，利用霍夫丁检验（Hoeffding test）进一步检验各参数之间的相关性（$30H$），如图 2-8 所示。

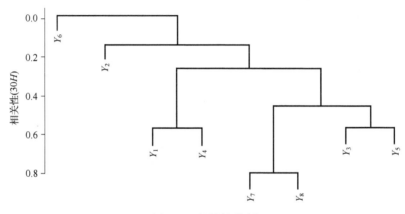

图 2-8　相关性分析

从图 2-8 可以看出，Y_7 和 Y_8、Y_1 和 Y_4、Y_3 和 Y_5 具有很高的相关性。但由于样本量有限，无法将所有变量同时放入模型中，并且数据集中有很多缺失值。因此，需要先进行估算以填补缺失值。

缺失值估算结果如图 2-9 所示（书后另见彩图），红色十字表示估算的缺失值。然后应用主成分分析方法变换参数，以提高模型的预测准确度，并对变换后的变量进行选择。

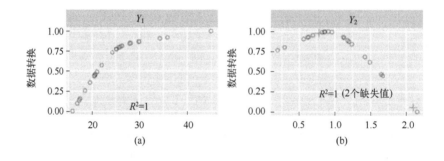

（a）　　　　　　　　　　　　　（b）

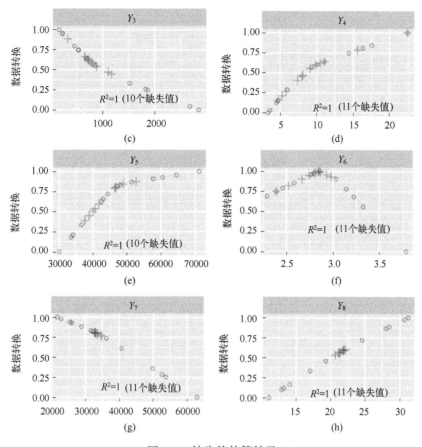

图 2-9　缺失值估算结果

主成分分析（PCA）结果如图 2-10 所示。由于数据有限，在综合考虑模型预测准确度的基础上，选取模型中前两个组成部分，可以解释约 89.3% 的数据方差。之后，在主成分分析的基础上进行主元分析，并建立模型，如图 2-11 所示。

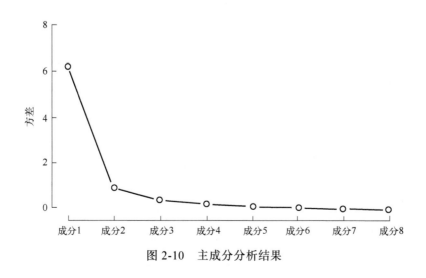

图 2-10　主成分分析结果

Model Based on PCA

```
t <- as.data.frame(pca$scores)[,1:2]
t$age <- dat1$age[1:14]
m <- ols(age ~ Comp.1 + Comp.2, data = t, x=TRUE, y=TRUE)
m
```

```
## Linear Regression Model
##
## ols(formula = age ~ Comp.1 + Comp.2, data = t, x = TRUE, y = TRUE)
##
##                   Model Likelihood    Discrimination
##                     Ratio Test          Indexes
## Obs       14    LR chi2    28.46    R2        0.869
## sigma1.6456    d.f.            2    R2 adj    0.845
## d.f.      11    Pr(> chi2) 0.0000    g         4.500
##
## Residuals
##
##    Min    1Q Median    3Q    Max
## -2.589 -1.263  0.112  1.313  2.059
##
##
##             Coef    S.E.    t      Pr(>|t|)
## Intercept  7.5000  0.4398 17.05  <0.0001
## Comp.1    -1.4781  0.1763 -8.39  <0.0001
## Comp.2    -0.7531  0.4590 -1.64  0.1291
##
```

图 2-11　模型建立

最后, 对模型进行验证。利用实际现场取样所测得的 10 个不同填埋场的腐殖质参数, 代入模型进行年限预测, 预测结果如表 2-3 所列。实际样品中, 只有样品 1 泉州和样品 3 廊坊的填埋年限已知, 而预测结果也基本符合, 拟合模型可信度较高。

表 2-3　腐殖土样品填埋年限预测结果

样品		预测填埋龄/a	实际填埋/a
1	泉州	10.02	11
2	利辛	7.86	
3	廊坊	5.00	4
4	哈尔滨	4.31	
5	温州	9.36	
6	老港	5.34	
7	厦门	5.69	
8	东莞	5.41	
9	武汉	8.00	
10	福州	5.98	

2.2.3 基于三维荧光变化特征的填埋龄判断

采用腐殖化指数（humification index，HIX）来表征浸出液的腐殖化程度，其值越大，则腐殖化程度越高。HIX 计算方法为激发波长 E_x=254nm 时，发射波长 E_m=435～480nm 范围内的荧光强度积分与 E_m=300～345nm 范围内的荧光强度积分的比值。采用自生源指数（index of recent autochthonous contribution，BIX）来表征浸出液的生物可利用性程度，其值越大，则生物可利用性越高，且自生源相对贡献率越高。BIX 计算方法为激发波长 E_x=310nm 时，发射波长 E_m=380nm 时的荧光强度与 E_m=430nm 时的荧光强度的比值。

图 2-12 显示了腐殖土样品中腐殖酸提取液的 HIX 和 BIX 荧光参数随填埋年限的变化特征。可以看出，不同填埋年限腐殖土样品中，腐殖酸浸出液的 HIX 为 1.61～3.20。在填埋龄为 7～18 年时，HIX 随填埋年限增加呈先下降后上升趋势，在填埋龄为 18 年时达到峰值（3.20），之后则随年限增加逐渐下降。另外，不同填埋年限腐殖土样品中，腐殖酸浸出液的 BIX 为 0.778～0.823。与 HIX 变化趋势相反，BIX 则随填埋年限增加呈先下降后上升趋势，在填埋龄为 18 年时达到最低值（0.778）。相关研究表明，当 BIX 处于 0.6～1.0 范围内时其类蛋白组分生成量较少，生物可利用性较低。

与此同时，对 HIX 和 BIX 进行了 Pearson 相关分析。相关分析结果如图 2-12 所示，R=-0.83，$p < 0.025$。可以看出，HIX 和 BIX 呈显著负相关，即腐殖化程度越高，则生物可利用性越低。因此，存余垃圾在填埋过程中，腐殖土的腐殖化程度随填埋年限增加不断升高，生物可利用性不断降低，在填埋龄为 18 年时腐殖化程度达到最高，生物可利用

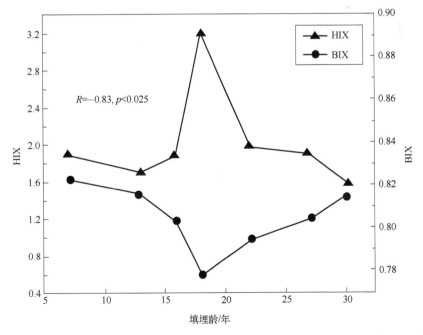

图 2-12 不同填埋年限腐殖土样品中腐殖酸提取液的 HIX 和 BIX 荧光参数变化特征

性降至最低，其后腐殖化程度反而逐渐降低，生物可利用性反之。综合三维荧光强度随填埋年限的变化特征，可将填埋龄 18 年作为一个重要的规律性转折点，以此为界，将填埋年限与荧光强度等参数建立联系，并进行分段拟合，快速判别填埋场稳定化进程。

由于所测各组分三维荧光强度为腐殖土样品所提取腐殖酸的荧光强度，其中，成分 1（C1）和成分 2（C2）为类腐殖酸物质。因此，为消除不同填埋情况下的存余垃圾本身性质的差异性造成的初始有机质含量的差异，定义一种单位荧光指标 F_u，单位为 R.U./mg（R.U.是对荧光数据进行归一化后转换成的拉曼单位），表征不同填埋年限腐殖土中单位荧光强度。指标计算公式如下所示：

$$F_u = \frac{FI_{HS} \times n}{C_{HS} \times m} \qquad (2\text{-}10)$$

式中　FI_{HS}——腐殖酸提取液中类腐殖酸物质的三维荧光强度总和，即 C1 和 C2 的总荧光强度，R.U.；

　　　n——腐殖酸提取液测定三维荧光时的稀释倍数；

　　　C_{HS}——腐殖土中腐殖酸含碳量，即胡敏酸和富里酸的总碳量，g/kg；

　　　m——制备腐殖酸提取液时加入的预处理后腐殖土的质量，g，本书中 m=3.0g。

以填埋龄 18 年为分界点，将单位荧光指标 F_u 与填埋龄进行分段拟合，结果如图 2-13 所示。该分段函数为指数函数，在填埋龄 <18 年时，单位荧光指标 F_u 的值随填埋年限增加呈指数上升，该段拟合指数函数为 F_u=1325$e^{0.0996Y}$，R^2=0.9822；填埋龄 ≥18 年时，单位荧光 F_u 的值随填埋年限增加呈指数下降，该段拟合指数函数为 F_u = 60350$e^{-0.106Y}$，R^2 为 0.9316。对单位荧光指标 F_u 和填埋龄进行 Pearson 相关分析，当填埋龄 <18 年时，R=0.96，$p<0.05$，表明在该范围内两者呈显著正相关；当填埋龄 ≥18 年时，R=-0.97，$p<0.05$，表明该范围内两者呈显著负相关。可以看出，该分段拟合函数在每一范围内均具有较好的拟合效果。因此，该指标可有效拟合存余垃圾中腐殖土与填埋龄的定量关系，对存余垃圾稳定度进行表征。

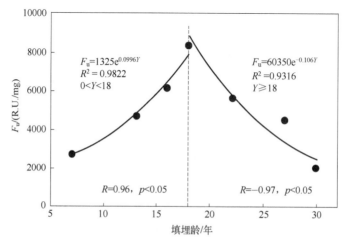

图 2-13　单位荧光指标 F_u 与填埋龄的定量关系拟合曲线

2.3 污染物与可回收物的交互耦合机制

2.3.1 典型污染物与可回收物的交互作用机制

存余垃圾开采筛分过程中，筛上轻质物主要为废塑料和纤维织物，其资源化利用是重要方向。随着填埋年限的增加，典型重金属和有机污染物会对可回收物进行污染，主要表现为：重金属存在表面黏附型和内部嵌入型污染，而有机污染物却很难检测出。存余垃圾中典型污染物与可回收物的交互作用及性质特性变化如表 2-4 所列。

表 2-4 存余垃圾中典型污染物与可回收物的交互作用及性质特性变化

可回收物种类	污染物种类	污染物含量/（mg/kg）		官能团种类变化		形貌变化
		表面黏附型	内部嵌入型	污染样品	填埋 8 年样品	污染样品
塑料类	重金属	Zn 812.5 Pb 152.4 Cr 1225.1	Zn 312.1 Pb 29.0 Cr 265.2	特征峰几乎不变	特征峰几乎不变	—
	有机污染物	未测出	未测出			
织物类	重金属	Zn 1121.8 Pb 135.2 Cr 1037.5	Zn 1676.8 Pb 144.8 Cr 1405.7	特征峰几乎不变	失去—OH 基团、C—O 基团衰减	纤维表面黏附雪花状残渣
	有机污染物	未测出	未测出			纤维表面形成一层板结残渣

注：表中污染物含量为 271d 时重金属与有机物复合污染环境中，可回收物的重金属污染物含量。

重金属除了以黏附或浸润在可回收物表面的形式存在，也大量存在于其他未腐化分解的餐厨残渣中，在存在多种材料的环境中餐厨残渣会更多地吸附在可回收物表面，造成可回收物材料表面重金属含量较高。

低有机污染物检出量表明，生活垃圾混有的有机污染物在填埋过程中，随着填埋年限的增加，降解速率较快。在填埋场的复杂体系下，重金属和有机污染物及其降解产物容易发生化学反应，致使有机污染物转化为其他形态物质。

模拟填埋场环境内，废塑料和废织物在与重金属的接触过程中，0～20d 内可归于物理吸附，黏附量波动式上升；20d 后，被物理吸附的重金属，与废塑料和织物表面发生化学反应或化学吸附，黏附量进一步上升；220～240d，黏附量达到最大值，表明化学吸附最大化。之后形成的化合物，部分溶于水，使黏附量开始下降。为此可以认为，填埋场中塑料和织物随着填埋时间的延长，其吸附的重金属经历第一阶段的物理吸附兼化学吸附，之后经历化学吸附兼物理吸附，再发生比较快速的化学反应，随后因脱落或转化，部分黏附物重新溶解于渗滤液中，另外部分黏附物则牢固黏附于塑料和织物表面或内部。通过 X 射线荧光光谱（XRF）分析，发现可回收物表面存在着 Na、Mg、Al、K、Ca、

Cr、Fe、Ni、Zn、Ba、La、Ce、Pb 等金属，包括氧化物和可溶性盐，特别是 Zn、Cr 的硝酸盐，而 Pb 及 PbO 吸附量较少，进一步说明可回收物通过化学吸附黏附的化合物，仍然可以溶解于渗滤液。

织物在仅添加重金属污染物的环境中，其表面所黏附的基本为雪花状残渣物质。在重金属、有机污染物的复合污染情况下，会有少许颗粒状残渣黏附在纤维之间。这进一步说明，部分重金属最后牢固嵌入可回收物表面。在仅存在有机物污染的环境中，织物纤维表面会形成一层板结的残渣污染，是由于存在多种可回收物时，271d 后堆积体系内部仍较为湿润，部分餐厨残渣仍未分解。对于小分子有机污染物布洛芬，通过一段时间与可回收物的交互作用后，发现黏附量极少，表明这些小分子有机物的黏附性不强，可通过降解和溶解脱离可回收物表面。

聚乙烯（PE）塑料的饱和 CH 和 CH_2 的伸缩振动峰基本上与填埋时间无关，表明塑料性质十分稳定，即使经过 8 年填埋其化学性质基本不变，可对其再生处理和利用。然而，填埋场涤纶织物样品在 3000cm^{-1} 以上均无较大吸收峰，涤纶织物在 8 年的填埋过程中失去—OH 基团，纤维织物老化降解严重。表明了可回收物与重金属污染物交互作用后形成的产物是不断变化的，从可溶性化合物的物理化学吸附反应形成牢固形式的嵌入型交互污染，随后又发生化学变化，转化为可溶性化合物，重新溶解于渗滤液中，最终达到动态稳定平衡。

因此，埋场中可回收物与污染物的交互作用，以物理吸附-化学吸附-化学反应-化合物溶解-难溶化合物牢固黏附机制，通过动态吸附、反应、转化行为实现动态平衡，形成性能相对稳定的轻质物。

2.3.2 废塑料洁净及其与污染物的交互关联作用

存余垃圾中废塑料污染物主要来自表面黏附的腐殖土等颗粒，以及重金属等典型污染物，其与可回收物的结合状态如表 2-5 所列。

表 2-5 存余垃圾中废塑料污染类型和清洁技术的适用性总结

污染物类型	清洁提质适用技术			清洁提质技术效率/%			清洁提质原理分析		
	无水	无水+水洗	水洗	无水	无水+水洗	水洗	无水	无水+水洗	水洗
表面杂质颗粒	适用	适用	适用	92.5	95.3	69.0	摩擦迁移	摩擦迁移+溶解转移	溶解转移
重金属（Pb）	适用	适用	不适用	84.7	94.3	48.8			

注：1.表中水洗为装置水洗，单独水洗列为 3 次装置水洗的去除效果。

2.表中无水洁净工艺参数为塑砂比 15：600、清洁时间 30min、转速 30r/min。

废塑料在造粒等再生过程中，其表面所含水分与泥砂不仅会磨损机器，且再生粒子品质差，可应用范围小。对废旧农膜干法造粒的研究显示，含砂量越大，塑料粒子的密度越大，热变形温度越低，并且增加挤出难度，影响再生产品的质量，因此在造粒之前需对废塑料进行除杂、干燥预处理。

　　使用空气和固体介质作为清洗介质的无水洁净技术，对废塑料洁净具有显著优势。固体介质洁净利用廉价易得的砂石材料，在清洗罐中，通过塑料片之间、塑料片与砂石之间及砂石与砂石之间的相互摩擦、碰撞，使附着在塑料表面的污垢脱落，通过进一步的高速空气清洗，使因为静电作用吸附在塑料表面的浮尘以及部分未除去的污垢脱离，得到洁净塑料。此方法减少水资源浪费，同时降低水资源污染程度和处理污染废水所耗费用。

　　经过无水洁净以及进一步再采用装置水洗和人工水洗，达到完全洗净效果后，计算Zn、Pb、Cr 的残余量覆盖面积如表 2-6 所列。

表 2-6　存余垃圾中废塑料无水洁净后重金属覆盖面积计算表

重金属种类	Fe	Mn	Ni	Zn	Pb	Cr
重金属吸附残余量/（mg/kg）	1707	25	7	198	29	33
原子量	55.8	55.0	58.6	65.4	207.2	52.0
物质的量/10^{-4}mol	305.914	4.545	1.195	30.280	1.400	6.346
原子个数/10^{19}	1841.6	27.4	7.2	182.3	8.4	38.2
离子半径/10^{-12}m	64.5	46	69	74	119	52
单个离子覆盖面积/10^{-24}m^2	13063.2	6644.2	14949.5	17194.6	44465.5	8490.6
重金属残余量覆盖面积/m^2	240.6	1.8	1.1	31.3	3.7	3.2

　　实验中所取塑料为填埋场废旧 PE 塑料，厚度约为 20μm，密度约为 0.9g/cm³，则 1kg 废塑料表面积约为 111.1m²。重金属离子的总覆盖面积为 281.7m²，而离子以复合盐形式存在，覆盖面积为离子的 2～3 倍，则复合盐的覆盖面积为 500～600m²，为废塑料表面积的 5～6 倍。残余重金属基本以化学吸附的形式交错存在于废塑料表面，很难进一步去除。

2.3.3　老化微塑料对亲水性有机污染物的吸附行为及作用机理

　　选择盐酸环丙沙星（CIP）为目标污染物，聚丙烯（PP）、聚酰胺（PA）和聚苯乙烯（PS）为微塑料研究对象，由于粒径会影响吸附，统一微塑料的粒径约为 74μm，在实验室内采用紫外光照射法模拟阳光对微塑料的破坏作用，实现微塑料的加速老化。对比原始微塑料及老化微塑料对 CIP 的吸附行为，以及不同类型微塑料对 CIP 的吸附差异，以此来了解环境微塑料在污染物迁移过程中所扮演的角色，同时为评价微塑料的生态环境风险提供合理依据。

（1）微塑料老化前后的性质对比

图 2-14 为微塑料及老化微塑料的 FTIR 图谱（书后另见彩图），表 2-7 为微塑料及老化微塑料的羰基指数（CI），老化微塑料的 CI 值均增大，证明了紫外光照射对微塑料的老化效果。对于 PP 微塑料，1462cm⁻¹、1379cm⁻¹ 处的峰分别为 CH₂ 和 CH₃ 的弯曲振动引起的，其位于 1630cm⁻¹ 处的峰（C＝O）可能是在合成过程中引入的，老化 PP 在该处的峰强增加，在 1300～1000cm⁻¹ 范围内的峰也产生了较明显的改变；对于 PA 微塑料，3303cm⁻¹ 处的峰是—NH 的伸缩振动引起的，1636cm⁻¹ 处的峰归属于酰胺基中 C＝O 的伸缩振动，1549cm⁻¹ 处的峰归属于—NH 的弯曲振动，且老化 PA 在 1500～1100cm⁻¹ 处的峰发生了明显的变化；对于 PS 微塑料，3026cm⁻¹ 处苯环的 C—H 键伸展及 1489cm⁻¹ 所对应的苯环骨架振动确定了苯环的存在，1743cm⁻¹（C＝O）的峰在老化后发生了显著的变化，证明了紫外光照射老化的作用。此外，3662～3248cm⁻¹ 范围内的吸收峰归属于

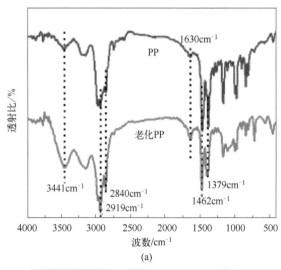

(a)

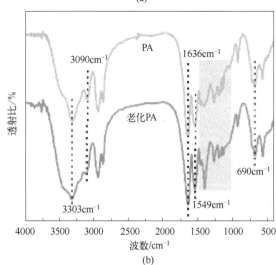

(b)

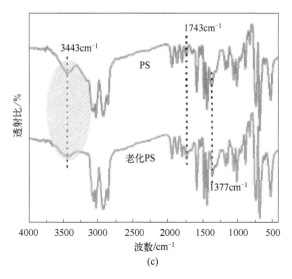

图 2-14　微塑料及老化微塑料的 FTIR 图谱

羟基和氢过氧化物的吸收谱带，紫外光照射后，该峰的峰形、峰强均发生了变化，表明紫外光照射可以改变微塑料表面的部分官能团，从而改变其物理性质和化学性质。

表 2-7　微塑料及老化微塑料的羰基指数（CI）

公式	$CI_{PP} = \dfrac{Abs(1630cm^{-1})}{Abs(974cm^{-1})}$	$CI_{PA} = \dfrac{Abs(1636cm^{-1})}{Abs(2858cm^{-1})}$	$CI_{PS} = \dfrac{Abs(1743cm^{-1})}{Abs(2850cm^{-1})}$
微塑料	CI_{PP}=0.408	CI_{PA}=1.47	CI_{PS}=0.400
老化微塑料	$CI_{老化PP}$=0.745	$CI_{老化PA}$=1.62	$CI_{老化PS}$=0.526

目前已有大量研究表明静电相互作用在微塑料富集污染物的过程中起重要作用，当微塑料与污染物带同种电荷时静电斥力占主导地位；相反，带异种电荷时静电吸引力起主要作用。zeta 电位表征可以较好地观察老化微塑料表面所带电荷的变化，如图 2-15 所

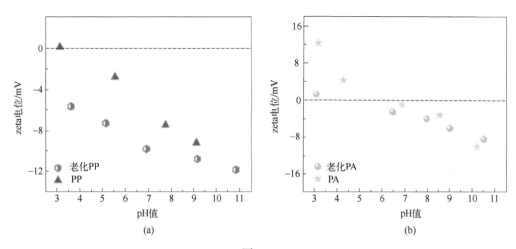

图 2-15

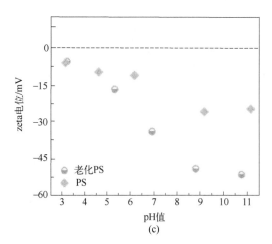

图 2-15　微塑料及老化微塑料在不同 pH 值条件下的 zeta 电位

示，经过紫外光照射处理，同一 pH 值下的几种微塑料表面所带负电荷均增加。此外，几种微塑料表面的负电荷均随着 pH 值的升高而增加，不同的微塑料所带电荷量在不同 pH 值下的变化差异较为明显，这由聚合物自身的性质决定。

（2）微塑料对盐酸环丙沙星的吸附动力学特征

微塑料及老化微塑料对盐酸环丙沙星的吸附动力学如图 2-16 所示（书后另见彩图），CIP 在不同微塑料上的吸附过程均可以划分为 3 个阶段：

① 吸附开始的前 4h 内，吸附速率较快，吸附容量迅速增加，这要归因于微塑料相和水相中的污染物浓度差引起的传质推动力；

② 10～20h，吸附速率逐渐缓慢；

③ 20h 后，吸附基本平衡，吸附容量无太大变化，第②③阶段可能是因为固-液两相间的浓度差减小，微塑料表面的吸附为达到饱和，导致微塑料与 CIP 间的相互作用逐渐减弱。

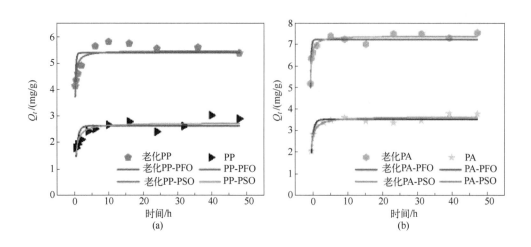

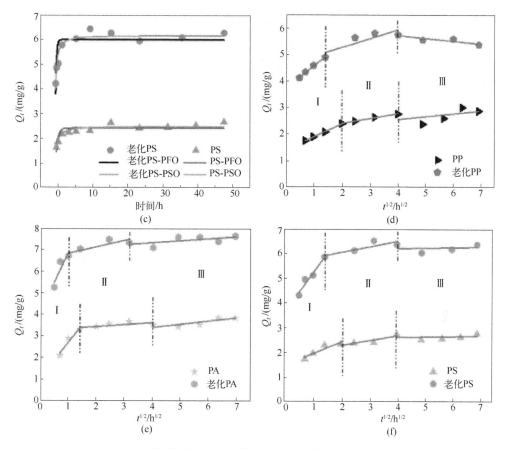

图 2-16　盐酸环丙沙星在微塑料及老化微塑料上的吸附动力学

为了了解微塑料及老化微塑料对 CIP 的吸附过程，首先采用了拟一级动力学和拟二级动力学对数据进行拟合，拟合参数见表 2-8。由 R^2 值发现，拟二级动力学模型均能较好地拟合几种微塑料对 CIP 的吸附动力学，表明微塑料对 CIP 的吸附过程中存在化学吸附。根据拟二级动力学拟合吸附容量发现几种微塑料对 CIP 的吸附性能遵循如下顺序：老化 PA>老化 PS>老化 PP>PA>PP>PS。老化微塑料对 CIP 的吸附性能明显得到提升，这主要是因为紫外光照射使得微塑料表面的部分官能团产生变化，可能改变了老化微塑料对 CIP 的吸附方式。

采用颗粒内扩散模型拟合进一步研究 CIP 在几种微塑料上的吸附过程，拟合结果见图 2-16（d）～（f）。有研究认为阶段 Ⅰ 线性最好，是吸附剂表面液膜扩散的证明；阶段 Ⅱ 仍维持较好的线性关系，说明吸附开始向颗粒内部扩散；阶段 Ⅲ 线性关系较差，此时吸附逐渐达到平衡。从表 2-8 中颗粒内扩散模型的拟合结果看，均具有 $R_1^2 > R_2^2 > R_3^2$ 的规律，即随着吸附时间的增加，颗粒内扩散模型的拟合度越来越低，且拟合直线均不过原点，说明 CIP 在微塑料上的吸附过程比较复杂，除了颗粒内扩散外还存在表面吸附机制（如液膜扩散、外扩散）。

表 2-8　微塑料及老化微塑料对 CIP 的吸附等温线拟合参数

样品	拟一级动力学			拟二级动力学		
	K_1/h^{-1}	$Q_{e,cal}/$（mg/g）	R^2	$K_2/[g/(mg \cdot h)]$	$Q_{e,cal}/$（mg/g）	R^2
老化 PP	10.80	5.37	0.464	1.72	5.46	0.806
PP	3.79	2.62	0.521	1.00	2.73	0.760
老化 PA	10.90	7.29	0.830	1.35	7.46	0.941
PA	3.89	3.61	0.898	0.82	3.74	0.914
老化 PS	9.37	6.00	0.669	1.22	6.19	0.906
PS	4.33	2.45	0.683	1.31	2.54	0.871

样品	颗粒内扩散					
	$K_{id1}/[mg/(g \cdot h^{0.5})]$	R_1^2	$K_{id2}/[mg/(g \cdot h^{0.5})]$	R_2^2	$K_{id3}/[mg/(g \cdot h^{0.5})]$	R_3^2
老化 PP	0.835	0.991	0.328	0.741	−0.104	0.683
PP	0.492	0.996	0.182	0.988	0.107	0.262
老化 PA	2.740	0.810	0.297	0.747	0.090	0.413
PA	1.650	0.924	0.091	0.481	0.142	0.692
老化 PS	1.560	0.923	0.221	0.724	0.019	0.024
PS	0.468	0.862	0.191	0.828	0.016	0.029

2.4　存余垃圾开采筛分资源化技术及碳排放分析

存余垃圾开采筛分资源化技术具有无害化、减量化和资源化的特点。直接开挖，可以显著降低存余垃圾长期降解过程中的甲烷产量，符合国家当前"双碳"目标，走可持续发展道路。填埋场填埋废物在经历 8 年及以上的填埋时间之后，有机物完全或接近完全降解为简单无机物或腐殖质，基本达到完全无害化状态，可进行开采筛分及资源化利用。目前，针对填埋废物开采全过程，主要工艺包括堆体整形覆盖、好氧通风预处理、边坡支护、堆体降水与渗滤液收集处理、堆体开挖与场内转运、填埋废物分选、筛分物处理处置与资源化以及二次污染控制等。

其中，分选环节主要用于实现填埋废物精细分类。填埋废物在开采过程中，经分选系统处理后，主要获得腐殖土、筛上轻质物及建筑无机骨料三大主要成分，所占比例分别为 50%～60%、20%～30% 及 10%～15%。针对其后续出路，可通过预处理去除附着在表面的污染物，从而进行进一步资源化利用（图 2-17）。

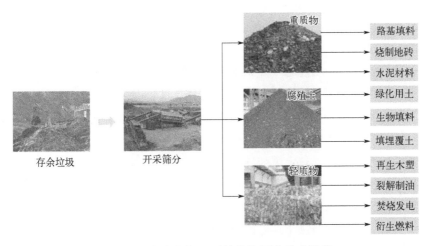

图 2-17　存余垃圾开采筛分资源化技术路线

2.4.1　废塑料性能演变及资源转化

（1）废塑料填埋过程转化

填埋场中的废塑料会随时间推移发生一定程度的降解。由于填埋环境中降解条件缺氧避光，因此热氧化降解是废塑料的主要降解过程。废塑料在降解过程中会向空气、土壤和渗滤液释放污染物质，如苯、甲苯、二甲苯、乙基苯、三甲基苯及双酚 A 等。废塑料的降解会影响其物理性质，使其发生肉眼可见的变化，如光泽度变低、变色及脆性的变化等。同时还会对其化学性质造成一定影响，如键的断裂以及新官能团的形成。

降解及物质迁移转化过程示意如图 2-18 所示。

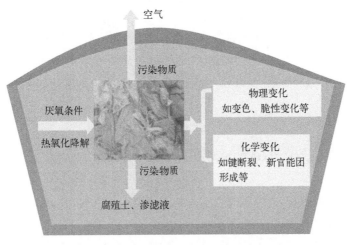

图 2-18　填埋场中废塑料降解及物质迁移转化过程示意

（2）废塑料性能变化

1）基本特性

通过分析国内外不同填埋场中开采出的废塑料的基本特性，发现其含水率较低，约为 27%，且随填埋年限增加呈下降趋势；挥发分含量较高，应用基低位热值可达 20000 kJ/kg，且塑料在填埋场中的降解对热值没有显著影响，可制备垃圾衍生燃料（RDF）进行燃烧；与未进行填埋处理的新鲜废塑料相比，光泽度显著降低，且氧、硅、铝含量较高，这与其杂质存在有关，如土壤和砂砾。

2）力学性能

对填埋场中废塑料的造粒产物进行力学性能测定，包括拉伸性能、弯曲性能及冲击性能，结果表明：填埋时间在 7 年以内的塑料，其拉伸性能、弯曲性能及冲击性能虽有所下降，但幅度很小，与填埋之前的原生废塑料无明显差异；而填埋时间超过 7 年后，塑料力学性能则开始呈加速下降趋势。

3）热学性能

从填埋塑料维卡热变形温度随填埋龄的变化关系发现，填埋时间小于 7 年时，塑料热学性能基本保持不变。与力学性能变化规律不同的是，当填埋时间超过 7 年时，热学性能反而呈逐渐上升趋势，这种变化主要是由于随着填埋过程中废塑料降解，其无机特性逐步显现。

（3）废塑料资源再生利用工艺

在当今巨大的经济和环境压力下，国家发展改革委、科技部等部门在 2014 年发布的《重要资源循环利用工程（技术推广及装备产业化）实施方案》中提出要开发废塑料资源再生的高值化利用技术，通过真正意义上的资源循环利用方式，实现填埋垃圾中废塑料的可持续发展。

直接挤压成型技术可以直接将废塑料破碎、挤压成型，无需通过热熔造粒，不仅减少了热熔环节带来的二次污染，而且简化了工艺流程及相关配套设施，大大降低了成本。除此之外，该技术对原料的质量、纯度及洁净度要求相对较低，更符合填埋废物中废塑料的特性，其再生产物塑料棒可供下游企业生产铝塑板及下水道管材等。结合干洗为主湿法为辅的多效组合洁净技术，填埋废物中废塑料资源化技术路线如图 2-19 所示。

2.4.2 腐殖土特性及资源转化

（1）腐殖土特性分析

腐殖土样品基本理化性质见表 2-9。

根据《绿化种植土壤》（CJ/T 340—2016）标准中表 1（绿化种植土壤主控指标的技术）要求，对于一般植物，pH 值应在 5.0～8.3，6 个样品 pH 均呈弱碱性，且满足指标要求。标准中含盐量要求≤1.0g/kg，6 个样品均高于标准要求，含盐量过高。根据表 2（绿化种植土壤肥力的技术要求）相关要求，阳离子交换量（CEC）要求≥10cmol(+)/kg，6 个样品均满足要求，保肥力较高。有机质要求 20～80g/kg，除唯一的中部地区武汉满足指标要求外，其余 5 个南方地区均超标，并且呈现越往南有机质含量越高的趋势。

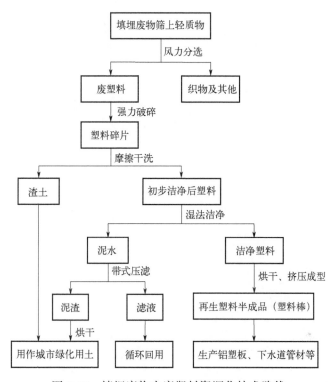

图 2-19　填埋废物中废塑料资源化技术路线

表 2-9　腐殖土样品基本理化性质

样品编号	pH 值	水溶性总盐/(g/kg)	交换性钠/(mg/kg)	CEC/[cmol(+)/kg]	水解氮/(mg/kg)	有效磷/(mg/kg)	速效钾/(mg/kg)	总氮/%	总磷/%	总钾/%
温州	7.9	2.8	33.608	14.5	297	20.6	423	0.387	0.222	6.437
厦门	7.6	10.5	515.336	13.8	615	129.6	1010	0.672	0.575	10.120
上海老港	7.8	2.6	20.666	18.0	484	114.8	1005	0.532	0.427	6.381
东莞	8.0	4.8	622.336	11.9	1015	73.8	1690	0.687	0.264	5.397
武汉	7.9	13.8	136.948	13.1	166	35.3	562	0.233	0.070	5.922
福州	7.7	5.4	142.004	15.7	493	65.0	655	0.564	0.517	5.651

对部分样品测定 XRF，进行了元素分析（见图 2-20，书后另见彩图）。从图 2-20 可以看出，样品元素主要为硅、钙、铝、铁等。

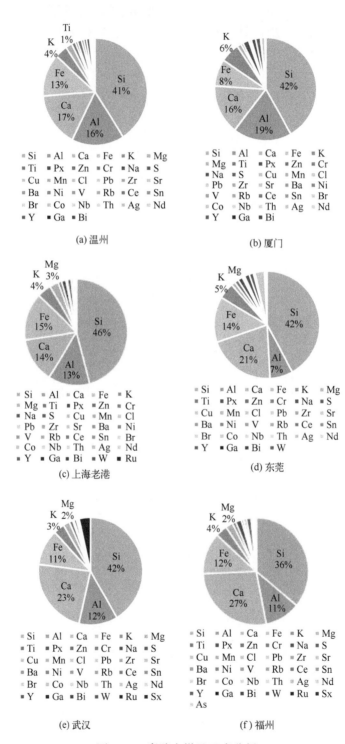

图 2-20　腐殖土样品元素分析

腐殖土样品重金属分析如图 2-21 所示。

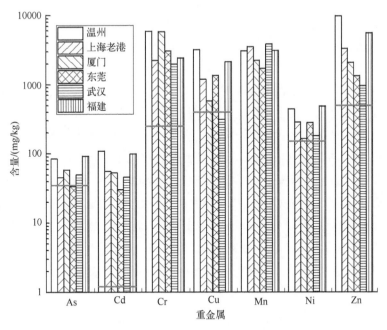

图 2-21　腐殖土样品重金属分析

（2）腐殖土作为渗滤液处理填料

腐殖土，也称矿化垃圾细料，是在长期填埋过程中最后形成的，可将其认为是历经好氧、兼氧和厌氧等复杂环境而逐渐形成的一种微生物数量庞大、种类繁多、水力渗透性能优良、多相多孔的自然生物体系。由于渗滤液的长期洗沥、浸泡和驯化作用，矿化垃圾各组分之间不断发生着各种物理、化学和生物过程的交替和协同作用，其中尤以多阶段降解型生物过程为主，这使其形成了具有特殊新陈代谢性能的无机、有机、生物复合体生态系统。因此，如果把矿化垃圾作为生物介质填料来考虑，它将具备降解垃圾渗滤液及其所含的高浓度难降解污染物的能力。

矿化垃圾是垃圾填埋场中各种生物，特别是微生物的载体。它不仅具有丰富的生物相，而且对渗滤液中的污染物有与生俱来的亲和性，经驯化后流经填料层的污染物即被矿化垃圾吸附、截留，并在微生物的作用下进行生物降解，从而对有机物的吸附能力得到再生；如此循环往复，即可达到较好的处理效果。

相对于新鲜垃圾而言，矿化垃圾具有多孔松散、比表面积较大、富含腐殖质等特点，这也是矿化垃圾反应床处理比渗滤液回灌处理效果好的原因之一。在废水处理中，腐殖质所具有的物理吸附作用，以及其中活性基团与污染物离子特别是金属离子进行的离子交换、络合或螯合作用，对渗滤液中的悬浮物质和金属离子有显著的净化作用。

相对于一般土壤，矿化垃圾微生物生物量大、呼吸作用强、微生物熵（微生物碳和土壤有机碳的比值）和代谢熵（单位数量的土壤微生物的呼吸强度）高，而且其上附着有大量的活性酶，这些氧化还原酶或水解酶活性高、适应性强，能迅速酶促降解污染物，加速了各种生化处理过程的顺利进行。

在自然通风条件下，矿化垃圾生物反应床床体内主要发生厌氧反应和缺氧反应，微生物种类也以兼性微生物为主。在反应床上、下部以好氧反应为主（由于与大气接触而利于复氧），在反应床中部以厌氧反应为主，在反应过程中缺少了氧的传质过程，这与生物滤池中发生的反应类型有着本质区别。

渗滤液在流经矿化垃圾生物反应床的过程中，其中的悬浮物、胶体颗粒和可溶性污染物在物理过滤与吸附、化学分解与沉淀、离子交换与螯合等非生物作用下，首先被截留在床体浅层（0~60cm）的矿化垃圾填料表面，在落干期良好的好氧条件下，经生物氧化和降解作用，微生物获得活动所需的能量，将渗滤液中的营养元素吸收转化成新的细胞质和小分子物质，并将 CO_2、H_2O、NH_4^+-N、NO_3^--N 和无机盐等代谢产物排出系统外，或淋溶至兼氧区和厌氧区继续降解。渗滤液中大部分污染物的去除作用主要发生在好氧区，兼氧区和厌氧区等因微生物数量少、活性低，其中的生化反应较为平缓。图 2-22 为矿化垃圾生物反应床由上而下整个床体内生物降解（好氧、兼氧、厌氧）作用的示意图。

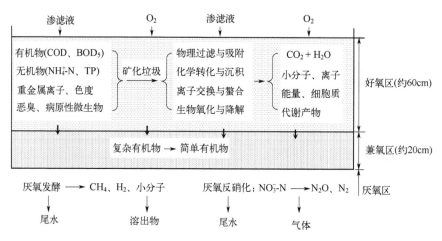

图 2-22 矿化垃圾生物反应床处理渗滤液过程

（3）腐殖土水介质选择性分离无机杂质

针对腐殖土中含有较多颗粒较小的碎石、碎玻璃等无机物杂质的问题，提出了腐殖土湿法洁净提质与资源再生工艺流程和腐殖土湿法清洁联合真空预压处理工艺及装置（图 2-23、图 2-24）。装置前端对腐殖土进行搅拌水洗使腐殖质溶解于水与砂石分离，分离后的泥水通过 FDPS-B 防淤堵塑料排水板进行真空预压抽滤使泥水分离，达到脱水效果，脱水后的水作为清洗水补给回用，泥作为高有机质含量的绿化用土进行资源化再生利用。

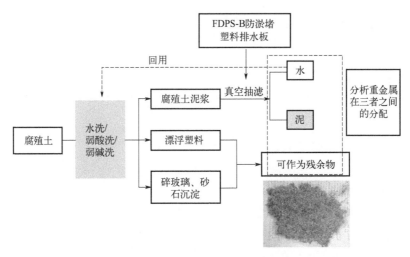

图 2-23 腐殖土湿法洁净提质与资源再生工艺流程

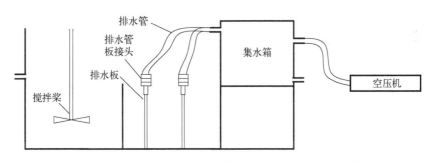

图 2-24 腐殖土湿法清洁联合真空预压处理装置示意

控制回流次数 3 次、搅拌转速 500r/min 的条件下，改变泥水比（1∶3、1∶4、1∶5、1∶6）。清洗水量越大，盐度越小，但都在工业回用水水质要求范围内。水量越大，分离土量及有机质含量均呈上升趋势，考虑用水量、清洗设备大小、成本等因素，控制泥水比在 1∶5 左右较为合适。

控制泥水比 1∶4、搅拌转速 500r/min 的条件下，改变回流次数（1、2、3、4）。盐度随回流次数增多呈上升趋势，但都在工业回用水水质要求范围内。回流次数越多，分离土量及有机质含量均呈上升趋势，但由于回流过程中水的损耗，回流水量随回流次数增多而减少。考虑用水回用要求及实际回流水量等因素，控制回流次数为 4 次较为合适。

控制泥水比 1∶4，回流次数 3 次的条件下，改变搅拌转速（400r/min、500r/min、600r/min、700r/min）。盐度随搅拌转速增加呈上升趋势，最终趋于平缓，且都在工业回用水水质要求范围内。搅拌转速越快，分离土量越多，但结合分离土有机质含量来看，当转速高于 600r/min 时，土样中的无机颗粒也会被大量带出，有机质含量反而下降。综合考虑，控制搅拌转速为 600r/min 左右较为合适。

2.4.3　无机骨料资源转化

（1）再生骨料制备

存余垃圾建筑废骨料筛分处理后，物料成分相对比较干净，也比较单一，基本上是以混凝土块或者砖块为主，具有巨大的回收再生资源化利用的潜力。随后，在破碎机的反复破碎击打过程中变成直径为几毫米至几十毫米不等的再生骨料颗粒。目前，在现有工艺设备条件下，可以得到 3 种不同粒径的再生骨料（5～10mm、10～20mm、20～31.5mm）。再生骨料性能测试参照《普通混凝土用砂、石质量及检验方法标准》（JGJ 52—2006）。其中含泥量标准要求压碎指标测试试样一律采用公称粒级为 10～20mm 的颗粒。

再生骨料的含泥量过高，会显著降低混凝土的流动性，且明显增加减水剂的掺入量，不利于混凝土制备的成本控制，现有破碎分选出的建筑废物再生骨料的含泥量与普通混凝土砂、石质量标准基本持平，而且 5～10mm、10～20mm、20～31.5mm 三种不同粒径的再生骨料性能参数均较接近于普通混凝土用天然砂、石性能指标，因此建筑废物再生骨料可作为混凝土骨料，制备具有一定强度等级的混凝土，实现其资源化利用。此外，相关工程经验表明，同时满足表观密度≥2400kg/m³、吸水率≤7%、砖含量≤5%三项性能指标的再生骨料为Ⅰ级料，任一指标不满足的均为Ⅱ级料，采用Ⅱ级料制备混凝土时需要对物料做基础性能测试及配合比测试性试验。

（2）水性涂料制备

无机骨料经破碎、粉碎、磨粉后，获得建筑微粉，可经系列配方后制备水性涂料。建筑微粉水性涂料的附着力和硬度主要与乳液种类和含量有关，低温稳定性和表干时间主要与成膜助剂和丙二醇有关，而黏度基本上仅受增稠剂的影响；当选择苯丙乳液、醇酯十二（十二碳醇酯）、丙二醇和增稠剂含量为 25%～30%、0.4%～1.2%、3%～3.75% 和 0.15%～0.2%时，建筑微粉水性涂料具有最佳的性能，但耐水性和涂层外观较差。通过两步法添加聚醚类消泡剂，可提高消泡效果，且涂层不易出现缩孔和气泡等问题；耐水改性助剂中，硅烷偶联剂改性效果最好，涂层基本无变色。

建筑微粉填料在涂层中可起到良好的骨架作用，提高涂层硬度，而醇酯十二-丙二醇复合助剂不仅可以软化聚合物粒子，同时也延长干燥时间，使得聚合物与填料间结合紧密，提高涂层致密性。建筑微粉水性涂料具有较突出的耐洗刷性能，其耐洗刷次数为一般成品乳胶漆的 2～16 倍，最高可达 9000 多次；砖粉水性涂料的硬度❶和吸水率分别为 85～103 次和 14.4%，优于成品乳胶漆的 75～90 次和 25.2%～32.0%，低吸水率和高硬度有利于提高涂层耐洗刷性能。

建筑微粉水性涂料整体保温隔热性能较为一般，当涂层厚度＞7mm 时砖粉水性涂料

---

❶ 硬度根据国标《色漆和清漆 摆杆阻尼试验》（GB/T 1730—2007）采用摆杆阻尼法测得。静止在涂膜表面的摆杆开始摆动，用在规定摆动周期内测得的数值表示振幅衰减的阻尼时间。阻尼时间越短，硬度越低。书中的次即为规定摆动周期内的摆动次数。

开始具备一定隔热作用，隔热效果随涂层厚度的增加而提高，而在试验范围内，并没有观察到明显发生反射隔热的"临界涂层厚度"。添加功能填料有利于提高砖粉水性涂料的隔热效果，降低隔热所需涂层厚度，当涂层厚度为 3mm 时也可观察到隔热效果。隔热功能填料中空心玻璃微珠和粉煤灰漂珠效果最好，30min 与空白对照组温差分别为 2.1℃和 1.4℃。膨胀珍珠岩和海泡石效果次之，而木质纤维素和硅酸铝效果较差。

2.5　污染属性与资源属性判别模型

2.5.1　基本模型构建

存余垃圾开采筛分后，主要含腐殖土、废塑料、建筑无机骨料三大类组分，针对三大类组分在不同方式下的资源化过程，定义了污染属性 C（无量纲）、资源属性 R（无量纲）、成本 E（元/t）、产物售价 P（元/t）、利润 π（元/t）、基准利润 π_0（元/t）、政府补贴 S（元/t），排污处理费用 F（元/t）等相关参数。其中，污染属性 C 和资源属性 R 的参数值范围均为[0,1]，当计算结果小于 0 时参数值取 0，当计算结果大于 1 时参数值取 1。各参数间关系表达式如下：

$$\pi = S + P - E \tag{2-11}$$

$$C = \frac{F}{E} + \frac{S}{\pi} \tag{2-12}$$

$$R = \frac{\pi - \pi_0}{\pi} \tag{2-13}$$

2.5.2　模型参数计算

综合来看，北、中、南不同区域的不同填埋场中存余垃圾主要组分含量虽会有所波动，但从平均水平分析含量基本持平，无明显地域差异。腐殖土、轻质可燃物（废塑料为主）及无机骨料三类主要成分占比分别为 50%～60%、20%～30%、10%～20%。因此，在模型构建过程中，取三大类主要组分含量占比均值，分别为腐殖土 50%、废塑料 30%、无机骨料 15%。

（1）腐殖土

腐殖土的资源化利用方式主要有回填、作绿化用土、作生物填料三种。本书中进一步将生产生物填料分为生产散状生物填料和生产颗粒生物填料两种。在四种资源化技术中，回填最简易，且利润及资源化再生利用程度最低。因此，在本模型的计算过程中以回填利润作为基准利润 π_0，其余各资源化技术过程中的资源属性 R 均参照回填利润计算。

相同补贴 S 下，腐殖土各资源化过程的污染与资源属性模型参数计算过程如表 2-10 所列。

表 2-10　腐殖土资源化过程污染与资源属性模型参数计算

腐殖土资源化方式	补贴 S / (元/t)	产物售价 P / (元/t)	成本 E / (元/t)	利润 π / (元/t)	污染属性 C	资源属性 R
回填	S	10	10	π_0	$0+1$	0
作绿化用土	S	70	50	π_2	$\dfrac{5}{50}+\dfrac{S}{\pi_2}$	$\dfrac{\pi_2-\pi_0}{\pi_2}$
生产散状生物填料	S	200	40	π_3	$0+\dfrac{S}{\pi_3}$	$\dfrac{\pi_3-\pi_0}{\pi_3}$
生产颗粒生物填料	S	450	90	π_4	$0+\dfrac{S}{\pi_4}$	$\dfrac{\pi_4-\pi_0}{\pi_4}$

（2）废塑料

废塑料的资源化利用方式主要有焚烧、热解气化、造粒、制作栈板四种。本书中进一步根据前端清洁方式的不同，将造粒细化为结合水洗清洁的造粒以及结合多效洁净技术的造粒。由于在五种资源化技术中焚烧最简易，且利润及资源化再生利用程度最低。因此，在计算过程中，以焚烧利润作为基准利润 π_0，其余各资源化技术过程中的资源属性 R 均参照焚烧利润计算。相同补贴 S 下，废塑料各资源化过程的污染与资源属性模型参数计算过程如表 2-11 所列。

表 2-11　废塑料资源化过程污染与资源属性模型参数计算

废塑料资源化方式	补贴 S / (元/t)	产物售价 P / (元/t)	成本 E / (元/t)	利润 π / (元/t)	污染属性 C	资源属性 R
焚烧	S	320	124	π_0	$\dfrac{79}{124}+\dfrac{S}{\pi_0}$	0
热解气化	S	717	253	π_2	$\dfrac{4}{253}+\dfrac{S}{\pi_2}$	$\dfrac{\pi_2-\pi_0}{\pi_2}$
造粒（水洗）	S	1000	105	π_3	$\dfrac{70}{105}+\dfrac{S}{\pi_3}$	$\dfrac{\pi_3-\pi_0}{\pi_3}$
造粒（多效洁净）	S	1000	89	π_4	$\dfrac{10}{89}+\dfrac{S}{\pi_4}$	$\dfrac{\pi_4-\pi_0}{\pi_4}$
制作栈板	S	6000	2000	π_5	$\dfrac{200}{2000}+\dfrac{S}{\pi_5}$	$\dfrac{\pi_5-\pi_0}{\pi_5}$

（3）建筑无机骨料

建筑无机骨料的资源化利用方式主要有回填、作绿化垫层、生产再生骨料及微粉三种。进一步将生产再生骨料及微粉根据再生骨料粒径的不同细化为生产粗骨料、生产中骨料以及生产细骨料三种。在五种资源化技术中，回填最简易，且利润及资源化再生利用程度最低。因此，在计算过程中以回填利润作为基准利润 π_0，其余各资源化技术过程中的资源属性 R 均参照回填利润计算。相同补贴 S 下，建筑无机骨料资源化过程污染与资源属性模型参数计算过程如表 2-12 所列。

表 2-12　建筑无机骨料资源化过程污染与资源属性模型参数计算

建筑无机骨料资源化方式	补贴 S / (元/t)	产物售价 P / (元/t)	成本 E / (元/t)	利润 π / (元/t)	污染属性 C	资源属性 R
回填	S	5	8	π_0	$0+1$	0
作绿化垫层	S	20	10	π_2	$0+\dfrac{S}{\pi_2}$	$\dfrac{\pi_2-\pi_0}{\pi_2}$
生产粗骨料	S	30	15	π_3	$0+\dfrac{S}{\pi_3}$	$\dfrac{\pi_3-\pi_0}{\pi_3}$
生产中骨料	S	70	20	π_4	$0+\dfrac{S}{\pi_4}$	$\dfrac{\pi_4-\pi_0}{\pi_4}$
生产细骨料	S	100	35	π_5	$0+\dfrac{S}{\pi_5}$	$\dfrac{\pi_5-\pi_0}{\pi_5}$

2.5.3　模型修订与构建

查询了我国部分城市存余垃圾整治项目招（中）标情况，如表 2-13 所列。以实际工程为依托，估算各项目中三大类筛分产物的实际补贴金额，代入表 2-10～表 2-12，计算三大产物资源化过程污染与资源属性模型参数值，并对各产物的污染资源属性模型进行拟合，拟合结果如图 2-25～图 2-27 所示。

表 2-13　我国部分城市存余垃圾整治项目招（中）标情况

地区	项目名称	招（中）标金额/万元	存余垃圾总处理量/万吨	处理费用/(元/t)	三类筛分产物的预估处理费用 /(元/t)		
					腐殖土	废塑料	无机骨料
贵州省德江县	德江县城垃圾综合整治项目	7536.06	24.7	305	168.1	78.3	58.4
河南省漯河市	河南漯河市垃圾填埋场四期存量垃圾回烧项目	1436.98	47	31	15.3	9.2	4.6
江苏省盐城市	江苏省盐城市生活垃圾卫生填埋场存量垃圾焚烧项目	1350	15	90	45.0	27.0	13.5
福建省石狮市	福建石狮市将军山垃圾填埋场存量垃圾治理项目	6322.83	57.2（44 万立方米）	110	55.0	33.0	16.5
云南省富宁县	云南富宁县新华垃圾卫生填埋场存量垃圾处理项目	4000	24	167	83.3	50.0	25.0

续表

地区	项目名称	招（中）标金额/万元	存余垃圾总处理量/万吨	处理费用/（元/t）	三类筛分产物的预估处理费用/（元/t）		
					腐殖土	废塑料	无机骨料
山东省临沂市	山东临沂市固废处理项目	9324.87	52.6	177	88.6	53.2	26.6
广东省信宜市	广东信宜市城区生活垃圾填埋场存量垃圾治理项目	10751	60	179	89.6	53.8	26.9
广西壮族自治区百色市	广西田阳区生活垃圾卫生填埋场库存垃圾综合处理服务项目	5728	25	229	114.6	68.7	34.4
福建省云霄县	福建云霄县生活垃圾无害化处理场治理项目垃圾分选项目	10100	41	246	123.2	73.9	37.0
辽宁省营口市	辽宁永远角存量垃圾堆填场治理	34700	140	248	123.9	74.4	37.2

（1）腐殖土污染资源属性模型

图 2-25 为不同资源化再生技术下腐殖土的污染与资源属性拟合曲线。该拟合为线性拟合，拟合曲线方程为 $y=0.993-0.947x$，调整后的 R^2 为 0.988。从图中可以看出，针对腐殖土生产颗粒生物填料、生产散状生物填料、作绿化用土、回填四种资源化技术，其资源属性依次呈线性降低趋势，污染属性依次呈线性升高趋势。其中，生产颗粒生物填

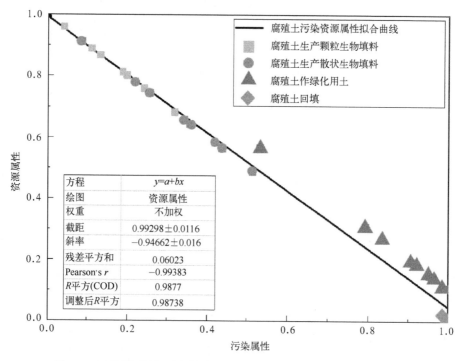

图 2-25　不同资源化再生技术下腐殖土的污染与资源属性拟合曲线

料资源化技术的资源属性最高，污染属性最低。该污染资源属性分布趋势与实际情况吻合，且拟合效果较好。因此，该拟合曲线可以很好地表征存余垃圾中腐殖土在不同资源化再生技术下的污染资源属性。

（2）废塑料污染资源属性模型

图 2-26（书后另见彩图）和表 2-14 为不同资源化再生技术下废塑料的污染与资源属性拟合曲线汇总，图中浅绿色箭头用于表征各资源化路线的技术进步趋势。相较于焚烧，热解气化的资源属性更高，且污染属性更低。而相较于热解气化，水洗后造粒技术的资源属性进一步增加，但污染属性却相对更高，这主要是由于水洗后造粒技术的成本较低，但其中投入排污处理的费用占比较高，而热解气化反之，其成本较高且排污处理费用占比较低，从而呈现出如图所示的水洗后造粒技术的污染属性较热解气化更高的趋势。类似地，结合了多效洁净的造粒技术资源属性较热解气化高，而污染属性几乎与之持平，其原因与水洗相同。相较于水洗后造粒，多效洁净后的造粒技术资源属性无差异，而由于多效洁净技术的排污大幅减少，排污处理费用在成本中的占比也大幅降低，因此污染属性大幅降低。因此，结合了多效洁净的造粒技术相较于焚烧、热解气化以及水洗后造粒，为更优的资源化技术。进一步地，相较于多效洁净后的造粒技术，制作栈板因其再生产品的高附加值、高利润，以及排污处理费用在整体成本中的低占比，使其资源属性更高，且污染属性更低。因此，相较于其余四种资源化技术，制作栈板无论是从资源属性还是从污染属性角度都相对更优，更适宜作为存余垃圾中废塑料高值化再生利用的资源化技术路线。

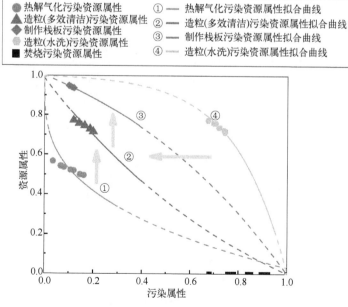

图 2-26　不同资源化再生技术下废塑料的污染与资源属性拟合曲线

综合来看，废塑料各资源化技术的污染资源属性分布趋势均与实际情况吻合，且拟合效果较好，因此该拟合模型可以很好地表征存余垃圾中废塑料在不同资源化再生技术下的污染资源属性。

表 2-14　废塑料不同资源化方式污染与资源属性拟合曲线方程

废塑料资源化方式	拟合曲线模型	拟合曲线方程	拟合曲线方程参数	拟合曲线调整后 R^2 值
焚烧	线性	$y=0$	—	1
热解气化	Logistic	$y=A_2+(A_1-A_2)/[1+(x/x_0)^p]$	$A_1=0.98181 \pm 0.04565$ $A_2=-193.93902 \pm 41195.12508$ $x_0=1.22572 \times 10^7 \pm 8.13247 \times 10^9$ $p=0.32589 \pm 0.23922$	0.95466
造粒（水洗）	ExpGrow1	$y=y_0+A_1\exp[(x-x_0)/t_1]$	$y_0=1.00313 \pm 0.01223$ $x_0=-0.12608 \pm 133453.9304$ $A_1=-0.00452 \pm 2892.17316$ $t_1=0.2085 \pm 0.00612$	0.99767
造粒（多效清洁）	Asymptoticl	$y=a-bc^x$	$a=-0.51778 \pm 0.11274$ $b=-1.50542 \pm 0.10267$ $c=0.34452 \pm 0.04793$	0.99654
制作栈板	ExpGrow1	$y=y_0+A_1\exp[(x-x_0)/t_1]$	$y_0=1.42544 \pm 0.04149$ $x_0=-0.60401$ $A_1=-0.20427$ $t_1=0.82562 \pm 0.04353$	0.99994

（3）建筑无机骨料污染资源属性模型

图 2-27 为不同资源化再生技术下建筑无机骨料的污染与资源属性拟合曲线。该拟合

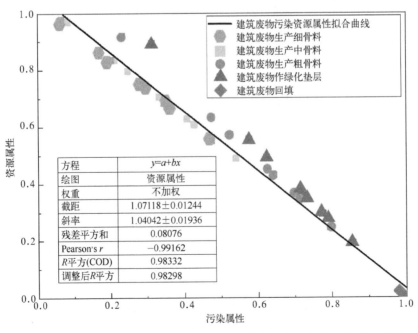

图 2-27　不同资源化再生技术下建筑无机骨料的污染与资源属性拟合曲线

为线性拟合，拟合曲线方程为 $y=1.071-1.040x$，调整后的 R^2 为 0.983。从图中可以看出，针对建筑无机骨料生产细骨料、生产中骨料、生产粗骨料、作绿化垫层、回填五种资源化技术，其资源属性依次呈线性降低趋势，污染属性依次呈线性升高趋势。其中，生产细骨料资源化技术的资源属性最高，污染属性最低，其属性分布趋势与实际情况吻合，且拟合效果较好。因此，该拟合曲线可以很好地表征存余垃圾中建筑无机骨料在不同资源化再生技术下的污染资源属性。

第 **3** 章

存余垃圾采选及资源化过程中恶臭和病原微生物污染控制

▶ 恶臭快速监测平台及时空变化规律
▶ 病原微生物时空变化规律
▶ 恶臭抑制低毒药剂开发及应用
▶ 短时成膜覆盖材料开发及应用
▶ 腐殖土固定床处理有组织排放气体
▶ 高能质子装置处理有组织排放气体

3.1 恶臭快速监测平台及时空变化规律

3.1.1 填埋场恶臭产生情况

生活垃圾填埋场恶臭物质主要来源于生活垃圾中有机物的好氧及厌氧分解，特别是厨余垃圾的分解。生活垃圾分解是一个自然过程，根据氧气需求程度和依靠的微生物种类分好氧分解和厌氧分解两种。在垃圾填埋初期，垃圾中的有机成分如蛋白质和脂肪，在好氧细菌的作用下生成有刺激性气味的气体 NH_3 等；中、后期，随着氧气供应的不足，厌氧微生物发挥作用，将生活垃圾中的蛋白质和脂肪分解为不彻底的氧化产物（如含硫化合物 H_2S、硫醇、硫醚类等）和含氮化合物（如胺类、酰胺类等），最终形成以甲烷和二氧化碳为主的填埋气和一些液体物质。上述物质，如果收集不完全而散逸到空气中则会产生严重的问题。

恶臭污染物质按照其化学组成可分为 5 类：

① 含硫物质，包括硫化氢、硫醇、硫醚等；

② 含氮物质，包括氨、胺、吲哚等；

③ 含氧物质，包括醇、酚、醛酮和有机酸等；

④ 含卤物质，主要是卤代烃类；

⑤ 烃类物质，主要是长链烷烃、烯烃、炔烃、芳香烃等。

我国《恶臭污染物排放标准》中，规定限制排放浓度的恶臭物质有 8 种，分别是硫化氢、甲硫醇、甲硫醚、二甲基二硫、二硫化碳、氨、三甲胺、苯乙烯，含硫物质占了 5 种，可见含硫物质在恶臭污染中的重要地位。如表 3-1 所列，《恶臭污染物排放标准》（GB 14554—93）对典型重点污染物的厂界控制要求进行了明确规定。

表 3-1 填埋场典型恶臭因子及厂界浓度限值

恶臭因子	恶臭污染物厂界浓度限值				
	一级	二级		三级	
		新/扩建	现有	新/扩建	现有
NH_3	1.0	1.5	2.0	4.0	5.0
H_2S	0.03	0.06	0.10	0.32	0.60
CH_3SH	0.004	0.007	0.010	0.020	0.035

3.1.2 臭气浓度标准监测方法及优化手段

填埋场恶臭气体控制的主要指标，即臭气浓度，标准的测定方法是《空气质量　恶臭的测定　三点比较式臭袋法》（GB/T 14675—93）。臭气浓度，是指臭气以无臭空气稀释，直至臭味消失时的稀释倍数。例如，所谓臭气浓度1000，是指以1000倍无臭空气稀释恰好使其臭味消失的臭气浓度。

三点比较式臭袋法是目前环境监测部门测定空气质量恶臭较为常用的国家标准推荐方法。由于完成该方法的测定需要至少2名配气员和6名嗅辨员的共同参与，因此测定结果的精密度和准确度受主观因素影响较大。虽然嗅辨员是经过挑选并经嗅觉检测合格的实验人员，但人的嗅觉在不同情况下仍然会受到性别、年龄、时间、注意力和温湿度等因素的影响。

为减小嗅辨员主观因素的干扰，采用"三点比较式臭袋法和电子鼻法相耦合"的快速检测方法。电子鼻是一种可以模拟人的嗅觉感官对气味进行感知、分析和判断的电子系统，主要包括气敏传感器阵列、信号处理、模式识别子系统3部分。工作时气味分子被气敏传感器阵列吸附，产生信号，生成的信号被送到信号处理子系统进行处理和加工，并最终由模式识别子系统对信号处理的结果做出判断。

通过比较不同恶臭源散发的恶臭气体的电子鼻传感器感应雷达图，运用Winmust软件中的主成分分析（principal component analysis，PCA）、线性判别分析（liner discriminant analysis，LDA）将检测数据驯化成模板文件，之后就可以对未知样品进行分类辨别，判断未知样品属于哪类恶臭源散发的。将同一类型恶臭源的臭气样品分别运用三点比较式臭袋法和电子鼻法进行测试，三点比较式臭袋法可直接给出臭气浓度，再运用Winmust软件中的偏最小二乘法（Partial least square，PLS）将已知臭气浓度的检测数据驯化并建立模型，之后就可以进行同一恶臭源未知样品的浓度预测。该方法主要用于短时间、高强度测定恶臭浓度。

由恶臭气体的电子鼻传感器感应雷达图（图3-1）分析得出，不同源散发的恶臭气体差别较大，同一恶臭源不同季节散发的恶臭气体特征相似，因此可以运用电子鼻对恶臭源进行辨别。其中，填埋作业区恶臭气体的特征是芳香族化合物、醛酮、醇类物质含量较高；污泥作业区恶臭气体的特征是醇、醛酮、烷烃、芳香化合物及含硫化合物含量较高。

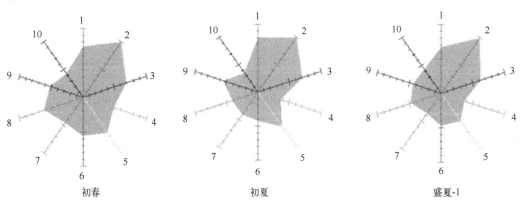

初春　　　　　　　　　　　初夏　　　　　　　　　　　盛夏-1

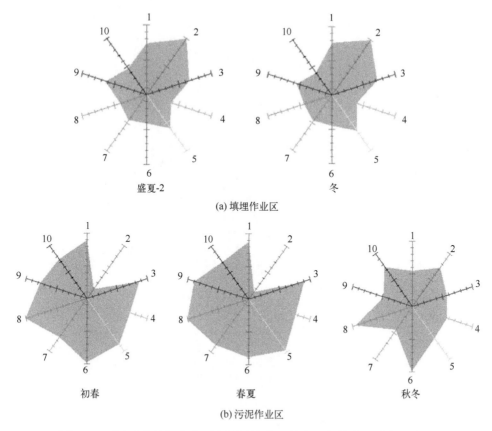

图 3-1　不同季节填埋作业区和污泥作业区的电子鼻传感器感应雷达图

3.1.3　存余垃圾填埋场恶臭气体时空分布规律

为探究不同年份填埋场恶臭气体组成及浓度特征，在华东某垃圾填埋场，选取8～23 年不同填埋年限的堆体进行钻孔，开展恶臭气体原位监测工作（图 3-2，书后另见彩图）。样品检测基于《恶臭污染环境监测技术规范》（HJ 905—2017）和《环境空气挥发性有机物的测定罐采样/气相色谱-质谱法》（HJ 759—2015），使用采样容积为 2.0L 的 Tedlar 气袋收集堆体钻孔后气体样品，经冷阱浓缩、热解吸后进入气相色谱分离，用质谱检测器进行检测。通过与标准物质质谱图和保留时间比较定性，内标法定量。

从图 3-3 可以看出，填埋场甲烷含量随填埋年份增长呈现下降趋势，20 年以上的趋近于 0；国家优先控制的八类恶臭污染均有检出，硫化氢浓度最高（均值 $8.6×10^{-9}$），其次是二硫化碳（均值 $3.3×10^{-9}$）和氨（均值 $2.6×10^{-9}$）；8～20 年污染物浓度整体呈现下降（甲硫醚除外），20 年之后趋于平稳。整体来看，存余垃圾堆体（≥5 年）内恶臭气体存在组分杂、浓度低的特点。

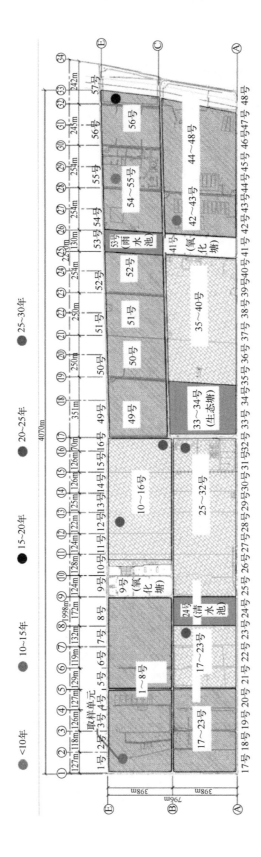

图 3-2　华东某垃圾填埋场选取样单位示意

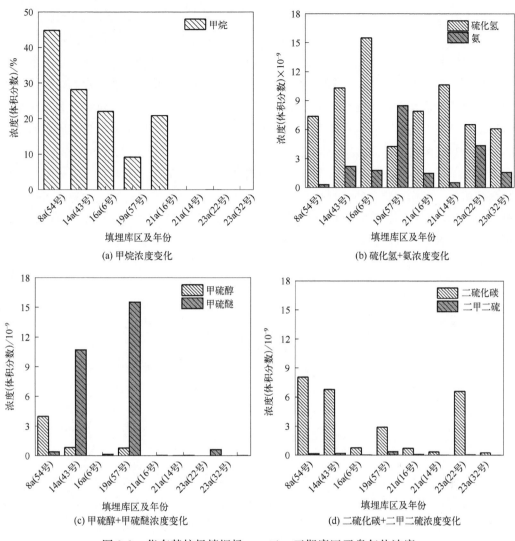

图 3-3　华东某垃圾填埋场一、二、三期库区恶臭气体浓度

3.1.4　恶臭快速检测平台

利用电子鼻、PID 等检测设备，对恶臭常规组分进行采集、检测，并用标准定量方法校核，筛选适用于快速、精准测定的恶臭指标，实现监测数据实时反馈。恶臭气体快速检测方法见图 3-4。

集成开发的基于 Honeywell 传感器和算法优化的在线监测设备原型机，利用气象检测设备（温度、湿度、风向、风速、大气压）测定的数据融合扩散模型，实现气体的定性、定量识别（检出限最低 50×10^{-9}，精度在 5% 以内）。

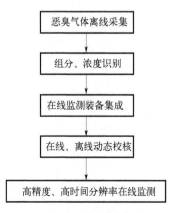

图 3-4　恶臭气体快速检测方法

恶臭在线监测设备作为一种"人工嗅觉系统"，可根据不同的功能需求，选择性地将多个气体传感器组合成传感器阵列，再结合适当的模式识别技术进行信号提取，从而达到对单一或复杂气味的高精度识别。其设备层面主要涉及传感模块、气路模块与电路模块，技术层面则围绕着传感器信号的采集与预处理、信号的特征提取及模式识别进行。

传感模块需基于实际的检测需求出发，确定待检测的恶臭组分，再结合恶臭在线监测设备对应使用场景下的恶臭组分浓度范围进行确定。综合对比多种气敏传感器的性能指标，最终选用精度较高、专一性较强的 TB420-ES1-NH$_3$-10-01、TB420-1-CH$_4$S-10-01、TB420-ES1-H$_2$S-5-01 三款电化学智能传感器模组，用于检测氨、硫化氢、甲硫醇三类典型异味组分。考虑到恶臭的多样性与气敏传感器的广谱性，可再外加一款光离子传感器 PID-200 或广谱性传感器 TGS2602 用于折算臭气 OU 值及平衡各气体组分浓度值。气路模块主要包含零气气路与废气气路，见图 3-5。

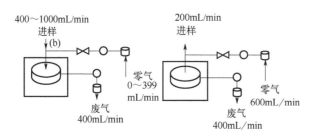

图 3-5　恶臭在线监测气路

零气指调整气体分析仪最小刻度的气体，以及进入分析仪时显示为零的气体

电路模块主要指传感器的调理电路及气路的自动控制电路，前者涉及信号分离电路、信号放大电路、A/D 转换电路，后者难点在于气路流量控制。传感器信号采集的主要任务是把传感器的模拟信号转换为计算机可识别的数字信号（图 3-6），其采集工作一般可通过单片机或带 A/D 转换功能的数据采集卡完成（图 3-7）。

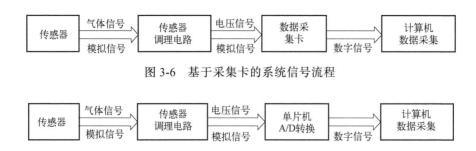

图 3-6　基于采集卡的系统信号流程

图 3-7　基于单片机的系统信号流程

选用北京优采测控有限公司的 UA376 型数据采集卡进行信号采集，信号采集界面见图 3-8（书后另见彩图），其为 16bit 同步型高精度采集卡，支持 4 路独立 A/D 同步输入。

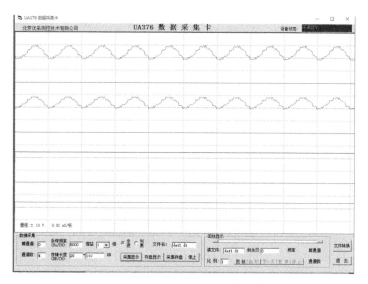

图 3-8　信号采集界面

采用基线识别、压缩与归一化的方法进行信号预处理后，选用基于特定模型拟合响应曲线并提取特征、从传感器原始响应曲线中逐段提取特征或采用新兴的能量向量方式提取特征。最终，通过训练成熟的模式识别系统对比各检测组分的信号特征模型，重复率达到阈值后即可判断出所检测气体的具体种类。

模式识别对电子鼻的敏感性具有重要影响，它包括数据基本处理、特征提取与预处理、分类模型训练与评估三部分，其分类方法可从生物与统计、定量与定性、无监督与有监督进行。通常，传感器信号标准化后的降维手段采用线性判别分析（LDA）和效果略次之的主成分分析（PCA）法。单一恶臭组分浓度回归预测选用偏最小二乘法（PLS）；混合恶臭组分的回归与分类问题可用逻辑回归，或考虑引入支持向量机（SVM）、多层感知机（MLP）、k-近邻（KNN）、改进的误差逆传播（BP）或径向基神经网络（RBF）、自组织映射（SOM）等算法及较为流行的基于人工神经网络（ANN）的模式识别系统。模型评估指标多与误差、决定系数、交叉验证的识别率、损失函数、代价曲线等挂钩。由于三块智能传感器模组为两线制 4～20mA 转 0～5V，故其电流信号 x（mA）与浓度 y（10^{-6}）之间的换算关系为：

$$氨气、甲硫醇：y=0.625x-2.5$$

$$硫化氢：y=0.3125x-1.25$$

3.1.5　存余垃圾开采筛分过程恶臭浓度

在项目示范工程开挖作业区和筛分车间开展恶臭气体在线和离线监测（结果见图 3-9），其中离线监测每天 4 次（8:00～16:00），在线监测连续进行。

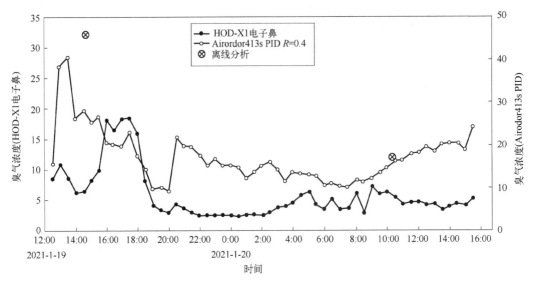

图 3-9　利辛县生活垃圾填埋场开挖及筛分车间臭气浓度

（1）臭气浓度

通过为期 2d 的在线监测发现，在线电子鼻与 PID 检测臭气浓度变化趋势较为一致（相关性达 0.4），但 PID 检测臭气浓度约为电子鼻的 2 倍；开挖区臭气浓度明显高于筛分车间，说明存余垃圾开挖过程会产生更多臭气；午间浓度高于夜间，可能与温度升高有利于臭气散逸有关；离线分析臭气浓度检出率较低，可能与样品存储时间较长有关，进一步说明建立恶臭在线监测平台的重要性。

项目示范工程开挖及筛分车间恶臭特征污染物浓度见图 3-10。项目示范工程开挖及筛分车间恶臭气体浓度与温湿度相关性见图 3-11。

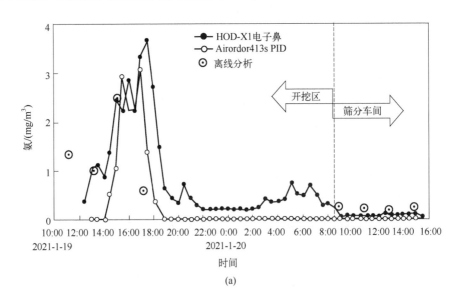

(a)

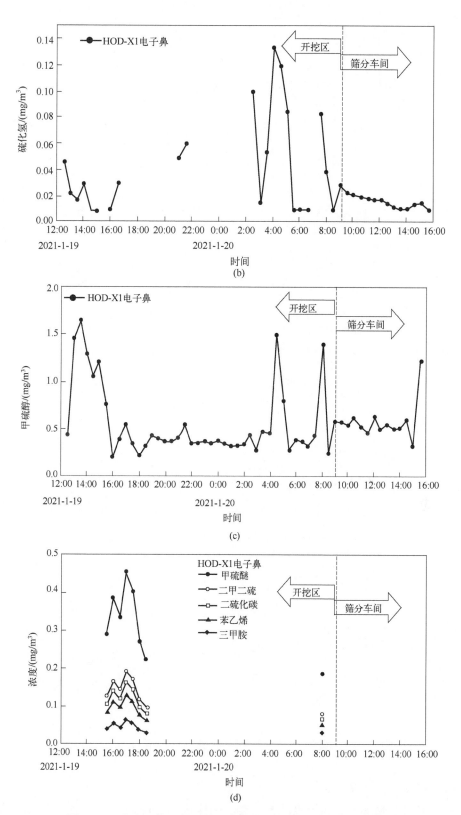

图 3-10　项目示范工程开挖及筛分车间恶臭特征污染物浓度

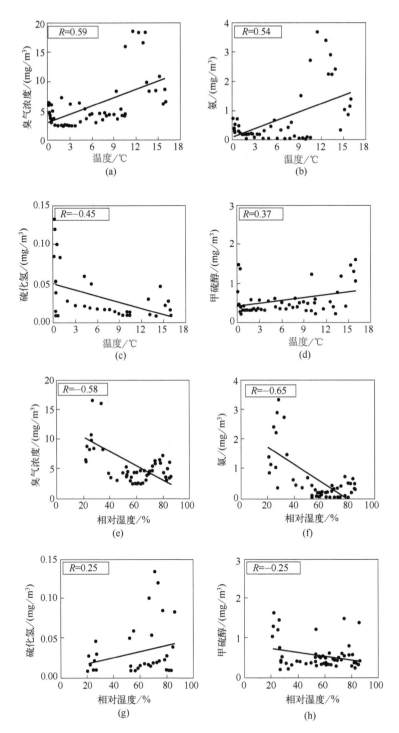

图 3-11　项目示范工程开挖及筛分车间恶臭气体浓度与温湿度相关性

（2）恶臭特征污染物浓度

在线监测数据显示：氨浓度最高，其下午峰值 3.8mg/m³，且两台仪器与离线结果相关性较高；其次是甲硫醇，峰值浓度超过 1.5mg/m^3，开挖区和筛分车间平均浓度相当；硫化氢峰值浓度出现在夜间，约 0.14mg/m^3；其余 5 类特征污染物检出率相对均较低，筛分车间无检出。整体而言，电子鼻对恶臭污染物检出率较高；而 PID 检测器可能受到活性炭过滤器影响导致其检出率较低；离线分析受样品时效性影响，其检出率最低。

（3）气象条件影响

臭气浓度和氨浓度与温度呈现正相关关系（$R>0.5$），与湿度呈现负相关关系（$R\leqslant -0.58$），说明高温低湿的气象条件更有利于臭气和氨的产生；硫化氢浓度则与温度呈现负相关关系（$R=-0.45$），与湿度相关性不大；甲硫醇浓度随温湿度变化并不显著。

3.2　病原微生物时空变化规律

3.2.1　填埋场微生物多样性

填埋场丰富的有机物与无机盐为微生物的繁殖提供了绝佳条件，而微生物也在填埋场垃圾稳定化的进程中起到了重要的作用。总的来说，垃圾将在微生物群落的作用下依次经历好氧期（aerobic phase，AP）、厌氧酸化期（anaerobic acid phase，ACP）、产甲烷初期（initial methanogenic phase）以及稳定产甲烷期（stable methanogenic phase）四个时期，最终达到稳定化，并将有机物降解为无机物。许多文献将后两个阶段合称为产甲烷期（methanogenic phase，MP）。就我国的情况而言，填埋场达到稳定化至少需 8～15 年。其中固体废弃物的降解需由细菌、古菌以及真菌共同完成，且就丰度与多样性而言，细菌>古菌>真菌。现阶段对填埋场微生物多样性的研究主要集中于填埋场稳定化中产甲烷期的细菌与古菌群落，对此阶段填埋场中细菌与古菌群落组成与功能已有了较深入的理解。

填埋场内微生物群落组成与多样性受多种环境因素影响，现一般认为 pH 值、填埋年限与填埋深度是影响细菌群落组成与丰度的最主要因素。有机物的成分以及重金属的种类等亦对微生物组成有较大影响。通过微生物群落组成与常见重金属元素的冗余分析发现，镍和铅分布为驱动细菌与放线菌群落组成变化的重要重金属元素；其中镍、铬对细菌群落有显著影响，而铌、锰、铅、镍则对放线菌有显著影响。

选择 pH 值、TN、NO$_3^-$-N、NO$_2^-$-N、NH$_4^+$-N、SUVA$_{254}$ 以及水分含量作为环境因子，并通过自动正向选择与 RDA 模型确定对细菌群落有显著影响的环境因子；就氮含量而言，TN、NH$_4^+$-N、NO$_2^-$-N 与 Firmicutes（厚壁菌门）细菌呈正相关，与 Actinobacteria（放线菌门）及 Proteobacteria（变形菌门）细菌呈负相关，而 NO$_3^-$-N 与细菌群落组成无显著相关性。在 DOM 的表征上，SUVA$_{254}$ 与 Proteobacteria（变形菌门）和 Spirochetes（螺旋体门）细菌呈正相关，与 Actinobacteria（放线菌门）细菌呈负相关，证明 Proteobacteria（变形菌门）和 Spirochetes（螺旋体门）细菌可促进有机物的芳构化转化。水分含量则与 Actinobacteria（放线菌门）以及 Chloroflexi（绿弯菌门）细菌呈正相关，与 Firmicutes（厚壁菌门）细菌呈负相关；pH 值被认为是细菌丰度与多样性的重要驱动因子，其与 Actinobacteria（放线菌门）和 Chloroflexi（绿弯菌门）细菌呈负相关。

3.2.2　生物气溶胶的潜在风险

垃圾填埋场中的有机物为细菌等微生物的繁殖提供了便利条件，而在挖采、运输、晾晒和筛分等垃圾资源化的过程中，微生物将被气溶胶化并释放至大气环境中形成生物气溶胶，同时垃圾资源化过程中带起的扬尘与资源化车间潮湿封闭的环境或将造成空气中本身存在的条件致病菌的黏附与大量繁殖。通过该方式形成的气溶胶与普通大气颗粒物粉尘不同，其中含有的真菌、细菌颗粒及细胞副产物等成分具有潜在的传染性及致敏性，这样的生物气溶胶对筛分车间工人与周边居民的健康构成了威胁。

垃圾填埋场不但是潜在人体致病菌（human pathogenic bacteria，HPB）的来源之一，也是抗生素抗性基因（antibiotic resistance gene，ARG）的主要蓄积场所。微生物耐药的原因在于 ARG 的存在，因此 ARG 也已被认定为环境污染物之一。ARG 的主要来源包括环境微生物的自然进化以及环境微生物之间，尤其是与病原菌之间的水平基因转移（horizontal gene transfer，HGT）。环境 ARG 可通过水平基因转移机制经由可移动遗传元件（mobile genetic elements，MGE）（如整合子、转座子和质粒等）转移至 HPB 中，造成病原菌的耐药。目前已在污水处理厂、堆肥厂、填埋场及其渗滤液和医院等多种环境中检测出大量 ARG 的存在，相关研究已趋于成熟；但对于填埋场垃圾资源化过程中 ARG 随气溶胶的传播情况以及其与环境微生物的相关性仍是未知，其对健康的影响有待进一步探讨。

3.2.3　填埋场内微生物时空分布

不同填埋龄样品的优势菌属构成不尽相同。填埋初期以产甲烷的菌群为主，随着填埋龄的增加，其相对丰度呈下降趋势，并被硝化细菌以及以硝酸盐做厌氧生长的生丝微菌属代替。

选取我国华东地区某填埋场 4 处不同填埋年限的填埋单元，使用大型钻孔机械采集 2m 和 8m 两种深度的垃圾样品装入灭菌袋中，即刻带回实验室置于-20℃冰箱中以备进一步分析，生活垃圾样品采集方案见表 3-2。

表 3-2　华东某填埋场生活垃圾样品采集方案

填埋单元	填埋年限/年	采集深度/m	样品编号
22 号	7	2	LG22.1
		8	LG22.2
6 号	15	2	LG6.1
		8	LG6.2
14 号	24	2	LG14.1
		8	LG14.2
32 号	30	2	LG32.1
		8	LG32.2

　　如图 3-12 和图 3-13 所示（书后另见彩图），在所采样品中，Proteobacteria（变形菌门）、Actinobacteria（放线菌门）、Euryarchaeota（广古菌门）、Chloroflexi（绿弯菌门）和 Firmicutes（厚壁菌门）均为优势菌。其中最主要优势菌群是 Proteobacteria。*Psychrobacter*（嗜冷杆菌属）在填埋龄为 7 年（LG22.1、LG227.2）和 24a（LG14.1、LG14.2）的样品中占据一定丰度，而在 15 年（LG6.1、LG6.2）和 30 年（LG32.1、LG32.2）的样品中丰度较低。此外，*Methanoculleus*（甲烷囊菌属）在 15 年样品的 2m 深处（LG6.2）中丰度较高，表明填埋 15 年左右时填埋场处于产甲烷阶段。填埋龄 24 年的前三优势菌属均为条件致病菌，*Methanogens*（产甲烷菌）等相对丰度进一步下降。填埋龄达 30 年后，各菌属间丰度差异明显减小，仍存在少量的条件致病菌假单胞菌。

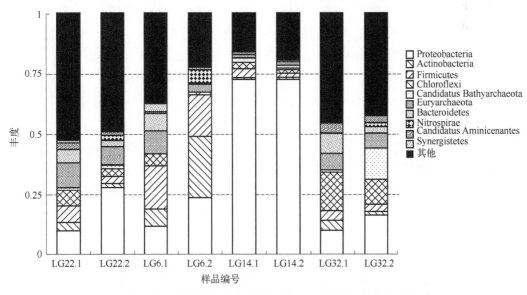

图 3-12　华东某垃圾填埋场门分类水平下微生物群落分布组成

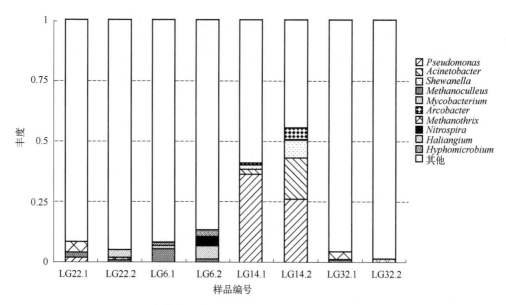

图 3-13　华东某垃圾填埋场属分类水平下微生物群落分布组成

　　在华东某垃圾填埋场的采样中，如图 3-12 所示，在同一填埋单元内，随着深度增加，Proteobacteria 的相对丰度也随之增加。在 8 个样品中，菌群 Chloroflexi 和 Firmicutes 相对丰度的波动较小，与样品 Proteobacteria 的变化趋势相反，Chloroflexi 和 Firmicutes 的相对丰度随深度增加而减少。其中 Firmicutes 在 15 年样品（LG6.1、LG6.2）中丰度较高，Chloroflexi 则主要存在于 30 年样品（LG32.1、LG32.1）中。此外，在所有样品中存在较丰富的 Actinobacteria 和 Euryarchaeota，Actinobacteria 在 15 年存量垃圾的深处（LG6.2）占据明显优势地位。

　　属分类水平上检测到的微生物如图 3-13 所示。在属水平，样品间的微生物群落结构具有明显差异，同一填埋龄不同深度样品的菌属组成具有较大差异。Pseudomonas（假单胞菌属）在 24 年样品（LG14.1、LG14.2）中具有显著高丰度，随着填埋深度增加，其优势地位受到 Acinetobacter（不动杆菌属）和 Shewanella（希瓦氏菌属）的影响。值得一提的是，Pseudomonas、Acinetobacter、Shewanella 均为条件致病菌，容易通过吸入、伤口侵袭等方式进入人体，从而导致相关疾病。Acinetobacter（不动杆菌属）为 LG6.2、LG14.1 和 LG14.2 的优势菌，在其余样品中所占比例较低。Psychrobacter（嗜冷杆菌属）在填埋龄为 7 年（LG22.1、LG22.2）和 24 年（LG14.1、LG14.2）的样品中占据一定丰度，而在 15 年（LG6.1、LG6.2）和 30 年（LG32.1、LG32.2）的样品中丰度较低。此外，Methanoculleus（甲烷囊菌属）在 15 年样品的 2m 深处（LG6.2）中丰度较高，表明填埋 15 年左右时填埋场处于产甲烷阶段。

3.2.4　存余垃圾资源化工程的微生物采集与分析

　　针对垃圾资源化可能会导致的抗生素抗性基因传播风险，即抗性基因转移至病原菌中的可能性以及抗生素抗性基因随气溶胶扩散的情况，对填埋场员工和周边居民的健康是一个潜在的威胁。通过采集开挖处、晾晒场、筛分车间、办公区、下风处和上风处的气溶胶样品，并利用 16S rDNA 测序法分析其中微生物丰度与分布，从而探究 ARG 与各微生物的关系，指导 ARG 污染防治。

总的来说，气溶胶从填埋场开挖处至晾晒场、筛分车间、办公区、下风处的传播过程中，微生物丰度与多样性无统计学上的显著差异，因晾晒场、筛分车间、办公区、下风处气溶胶样品中微生物来源与填埋场开挖处存在较大联系。上风处微生物丰富度与多样性显著高于其他地点。紧接着是筛分车间、下风处以及填埋场开挖处；而晾晒场、办公区的微生物丰富度与多样性最低。

选择存余项目示范工程进行采样分析。该工程垃圾开挖面上部为填埋时间 3~5 年的陈腐垃圾，下半部分为所在县其余散乱堆放地移置而来的，总堆放时长 13 年左右的农村生活垃圾。示范工程采用"异位移除，分类处置"的综合治理工艺，依次通过挖采、晾晒、筛分等工序，使垃圾中的腐殖土、废塑料、废金属通过分选设备得到科学的回收利用。在示范工程内进行气溶胶采样。采样期间，8 月份 25~33℃，9 月份 19~28℃，天气晴朗，北风或偏北风。采样方案见表 3-3。

表 3-3　安徽某存余垃圾资源化场所气溶胶采样方案

采样点位置	采样时温度/℃	采样时相对湿度/%	采样点风向
填埋场开挖处（R2）	28~34	41.4	东北风 2 级
晾晒场（R4）	28~32	55.3	北风 2 级
筛分车间（R3）	20~25	73.0	西北风 2 级转东北风
办公区（R5）	17~27	65.5	东南风 2 级
下风处（R6）	20~29	61.6	东北风 2 级
上风处（R7）	17~22	70.6	东北风 2 级

对样品进行门属水平微生物组成分析，如图 3-14 和图 3-15 所示，填埋场开挖处丰度最高的属是 *Bacillus*（芽孢杆菌属）、*Pseudomonas*（假单胞菌属）、*Exiguobacterium*（微杆菌属）、*Kosakonia* 和 *Paucisalibacillus*（少盐芽孢杆菌属）。筛分车间的情况则大为不同，*Acinetobacter*（不动杆菌属）、*Exiguobacterium*（微杆菌属）、*Pseudomonas*（假单胞菌属）和 *Pontibacter*（海洋杆菌属）丰度较高。晾晒场与办公区的优势属均为 *Bacillus*（芽孢杆菌属）、*Pseudomonas*（假单胞菌属）、*Kosakonia*、*Methylophilus*（甲基暖菌属）和 *Exiguobacterium*（微杆菌属），而晾晒场距办公区不到 100m，提供了晾晒场微生物传播至办公区的可能。下风处优势菌属为 *Pseudomonas*（假单胞菌属）、*Bacillus*（芽孢杆菌属）、*Kosakonia*（科萨克氏菌属）、*Pantoea*（泛菌属）和 *Klebsiella*（克雷伯菌属，主要为产气克雷伯菌），其中 *Pantoea*（泛菌属）和 *Klebsiella*（克雷伯菌属）细菌多为条件致病菌。上风处样品中丰度较高的属为 *Sphingomonas*（鞘氨醇单胞菌属）、*Methylorubrum*

（甲基杆菌属）以及 *Agrococcus*（土壤球菌属）。

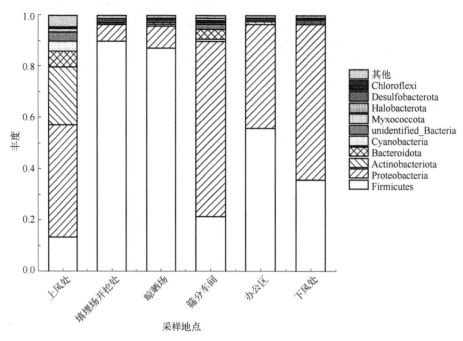

图 3-14　安徽某存余垃圾资源化场所采集的气溶胶中门分类水平下微生物群落分布组成

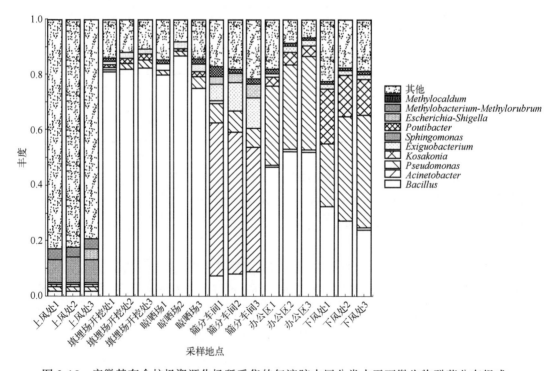

图 3-15　安徽某存余垃圾资源化场所采集的气溶胶中属分类水平下微生物群落分布组成

图 3-16 为筛分车间 *sul*2、*aadA* 的微滴式数字聚合酶链式反应（ddPCR）结果。在筛分车间和办公区检测到全部 4 个 ARG 亚型 *sul*1、*sul*2、*aadA*、*msrE*，填埋场开挖处、晾晒场、下风处、上风处均检测到 3 个 ARG 亚型。对存余垃圾的资源化处理或可导致 ARG 与抗生素抗性细菌被气溶胶化，而后传播至资源化作业的其他区域。

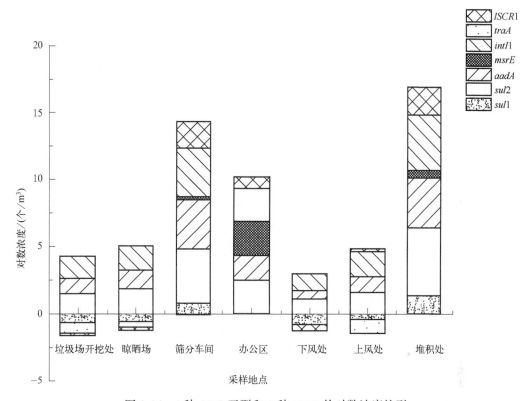

图 3-16　4 种 ARG 亚型和 3 种 MGE 的对数浓度柱形

通过 ddPCR 测定 4 个 ARG 亚型和 3 种 MGE 的绝对浓度，以比较不同采样点的基因污染。除 *msrE* 外，*sul*1、*sul*2、*aadA* 均在筛分车间浓度最高，分别为 6.83 个/m³、1.03×10^4 个/m³、4.61×10^3 个/m³。*msrE* 则在办公区浓度最高，为 3.45×10^2 个/m³。*intI*1、*traA*、*ISCR*1 这 3 种 MGE 同样在筛分车间有着最高的浓度，分别为 4.63×10^3 个/m³、7.5×10^{-1} 个/m³、8.75×10^1 个/m³，这可能是筛分车间极高的颗粒物浓度所致，筛分车间是监测潜在空气污染以及评估工人健康风险的重要场所。除筛分车间外，全部 4 个 ARG 亚型在办公区的浓度较高。就单个 ARG 亚型而言，*sul*2 与 *aadA* 在各样品中浓度变化较大，*sul*2 的浓度变化范围为 $1.28 \times 10^1 \sim 1.03 \times 10^4$ 个/m³，*aadA* 则为 $4.33 \times 10^3 \sim 4.61 \times 10^3$ 个/m³，这两种基因同时也在其他填埋场环境中被大量检出。值得注意的是，上风处同样存在低浓度的 ARG 与 MGE，其或表明 ARG 为大气环境中普遍存在的成分。

筛分车间内颗粒物的浓度与 *Acinetobacter*（不动杆菌属）病原菌的丰度较高，将对筛分车间工人的健康造成威胁，因此采取必要的防护措施，即通过改进资源化生产线的装置结构、采用封闭循环送风、增加喷淋降尘的设计、要求工人佩戴口罩等措施，以便在推动技术进步的同时避免造成健康上的损害。

对示范工程各个采样点气溶胶进行综合分析，各样品中优势菌门为 Firmicutes（厚壁菌门）、Proteobacteria（变形菌门）、Actinobacteria（放线菌门）、Bacteroidetes（拟杆菌门）。其中 Firmicutes（厚壁菌门）在填埋场开挖处、晾晒场的丰度最高，接着是办公区和下风处，在上风处丰度最低。而 Proteobacteria（变形菌门）的丰度在筛分车间、下风处最高。放线菌门主要集中于上风处样品中，而在其余样品中丰度均较低。Bacteroidetes（拟杆菌门）主要存在于上风处和筛分车间。Firmicutes（厚壁菌门）、Proteobacteria（变形菌门）、Bacteroidetes（拟杆菌门）也是其他填埋场土样中主要细菌门。Firmicutes（厚壁菌门），尤其是 Bacillus（芽孢杆菌属）在填埋场开挖处、晾晒场、办公区、下风处的高丰度或许与其能形成抵抗恶劣环境的芽孢并易于在空气中传播有关。

就单个属而言，Bacillus（芽孢杆菌属）在填埋场开挖处、晾晒场丰度较高，其次为办公区与下风处，提供了芽孢杆菌从填埋场原位经挖采运输传播至晾晒场的可能。Bacillus（芽孢杆菌属）常在垃圾填埋场中被检出，并参与纤维素的降解。而筛分车间 Acinetobacter（不动杆菌属）细菌相对丰度极高，这可能与筛分车间厂房相对封闭，车间内湿度较大，适宜不动杆菌繁殖有关，同时风选机吹出的扬尘为其提供了附着基质，使得不动杆菌在筛分车间内大量检出。Acinetobacter（不动杆菌属）多为条件致病菌，其高丰度或会对车间工人的健康造成影响。Pseudomonas（假单胞菌属），尤其是耐冷假单胞菌在办公区和下风处相对丰度较高，而在填埋场原位、晾晒场和上风处丰度较低。在许多填埋场样品中同样检出假单胞菌，且其为填埋场的污染物降解细菌，在有机物降解与反硝化中发挥作用。Pseudomonas（假单胞菌属）在办公区与下风处的高丰度或是由于其专性好氧性，而来源则可能与填埋场有关。

对存余垃圾的资源化处理或可导致 ARG 与抗生素抗性细菌被气溶胶化，而后传播至资源化作业的其他区域。开挖处与晾晒场的生物气溶胶存在传播至下风处与办公区的可能。

3.3 恶臭抑制低毒药剂开发及应用

3.3.1 低毒化学药剂

在恶臭污染控制技术中，化学除臭法处理效率高、操作简便、低毒低能耗。其中低毒高效药剂的开发和使用过程优化是化学除臭法控制恶臭污染的关键。因此，需要开发出高效的恶臭抑制低毒药剂，并通过小试、中试验证之后应用于实际工程中，以实现存余垃圾挖采和资源化过程中产生的恶臭气体的有效控制。

高效除臭的低毒化学药剂由多离子液、渗透剂和添加剂共同组成，其中多离子液是含一定浓度钙离子、钾离子、镁离子、锌离子和硅离子的新型除臭药剂，添加剂包括氢氧化钠和柠檬酸，同时十三烷醇聚醚-8 为主要成分的渗透剂被使用以加强多离子液与添加剂的复合。选取不同的添加剂进行复配，可以形成两种低毒化学药剂，即除臭剂 A 和除臭剂 B，两者搭配使用可用于定向去除硫化氢和氨气这两种典型恶臭气体。

　　采用多离子液和碱性添加剂复配，同时加入渗透剂以增强多离子液和添加剂的兼容能力，提高多离子液的螯合捕捉能力，从而获得复合离子液除臭剂原液，命名为除臭剂 A。在纯水中添加一定浓度的酸性试剂（如柠檬酸、葡萄糖酸等）、渗透剂形成酸养液，可快速去除氨气，将其作为除臭剂 B。除臭剂 A 和 B 中渗透剂的主要成分均为十三烷醇聚醚-8。

3.3.2　低毒化学药剂小试验证

　　除臭剂 A 和除臭剂 B 均是由溶剂、添加剂和渗透剂复配而成的低毒化学药剂，主要区别在于除臭剂 B 中以纯水为溶剂，添加剂采用柠檬酸和葡萄糖酸，而除臭剂 A 溶剂使用的是成分更为复杂的碱性多离子液，添加剂使用碱性物质，其中多离子液和碱性物质的具体成分和浓度选择需要经过具体研发过程进行优化。除臭剂 A 的具体研发过程如下。

3.3.2.1　多离子液制备

　　多离子包括钙离子、钾离子、镁离子、锌离子和硅离子，通过加入相应化合物得到一定浓度的多离子液。制备步骤如下：

　　① 将一定量的硅灰石研磨后置于去离子水中，进行第 1 次搅拌，常温下搅拌 3～8h；

　　② 在①得到的溶液中依次加入一定量的含钙化合物和含钾化合物，进行第 2 次搅拌，50～70℃下搅拌反应 3～8h；

　　③ 在②得到的溶液中加入一定量的含锌化合物，进行第 3 次搅拌，30～45℃下搅拌反应 2h；

　　④ 在③所得的溶液中加入一定量的含镁化合物，进行第 4 次搅拌，常温下搅拌 24h，随后静置 48h，取上清液即得多离子液。

　　制备了五种不同成分、不同浓度的多离子液，来源化合物及离子浓度如表 3-4 所列。通过对不同配比的多离子液进行除臭效果评价，确定多离子液成分和浓度。在图 3-17 所示的气袋中，分别对（150±1）×10⁻⁶的 H_2S 和（300±2）×10⁻⁶的 NH_3 进行除臭实验，结果如图 3-18 所示。

表 3-4 不同离子来源化合物和离子浓度的多离子液参数

	钙离子	钾离子	镁离子	锌离子	硅离子	搅拌过程参数
1	碳酸钙	碳酸氢钾	碳酸镁	醋酸锌	硅灰石	（1）常温下搅拌反应 3h （2）55℃下搅拌反应 3.5h （3）35℃下搅拌反应 2h （4）常温下搅拌反应 24h
	1500	800	1.8	131	448	
2	氢氧化钙	氢氧化钾	硫酸镁	葡萄糖酸锌	硅灰石	（1）常温下搅拌反应 4h （2）60℃下搅拌反应 3.5h （3）45℃下搅拌反应 2h （4）常温下搅拌反应 24h
	1200	900	45	108	426	
3	碳酸氢钙	氯化钾	硫酸镁	硫酸锌	硅灰石	（1）常温下搅拌反应 4h （2）60℃下搅拌反应 5h （3）40℃下搅拌反应 2h （4）常温下搅拌反应 24h
	1650	1000	25	253	540	
4	醋酸钙	氯化钾	硫酸镁	醋酸锌	硅灰石	（1）常温下搅拌反应 4h （2）60℃下搅拌反应 4h （3）45℃下搅拌反应 2h （4）常温下搅拌反应 24h
	1260	900	36	25	510	
5	碳酸氢钙	氢氧化钾	硫酸镁	硫酸锌	硅灰石	（1）常温下搅拌反应 4h （2）55℃下搅拌反应 4.5h （3）45℃下搅拌反应 1.5h （4）常温下搅拌反应 24h
	1700	1000	40	280	450	

注：表中各离子浓度单位为 mmol/L；搅拌过程参数一列中序号分别对应制备步骤中的搅拌次序。

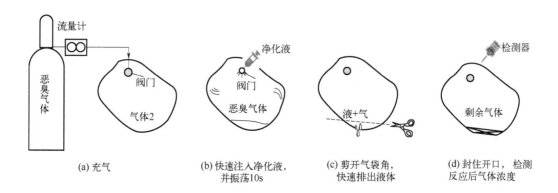

图 3-17 复合离子液除臭药剂效果测试流程图

其中 2 号、3 号和 5 号多离子液对硫化氢和氨气的去除率都能达到 99%左右，可以实现快速除臭。而 1 号和 4 号去除率分别只有 55%和 65%左右。除臭效果的差异主要在于离子浓度的不同。可以看出，1 号和 4 号与其他三种多离子液相比，钙离子、钾离子和硅离子的浓度水平均处于中间范围，浓度差异不明显，因此这三种离子的浓度水平并不是影响除臭效果的主要因素。但 1 号多离子液中镁离子浓度远低于其他多离子液，只有 1.8mmol/L，其他多离子液中镁离子的浓度是 1 号的 13～25 倍。而 4

号多离子液中锌离子同样远低于其他样品，仅 25mmol/L。因此可以判断，在多离子液中，钙离子、钾离子和硅离子同时存在的情况下，镁离子和锌离子的浓度水平对除臭效果影响显著，二者须同时达到一定的浓度水平，共同产生离子间协同作用，从而激发出更多的活性基团，才能更快地捕获恶臭气体，提高恶臭气体的去除率，以达到快速除臭的目的。

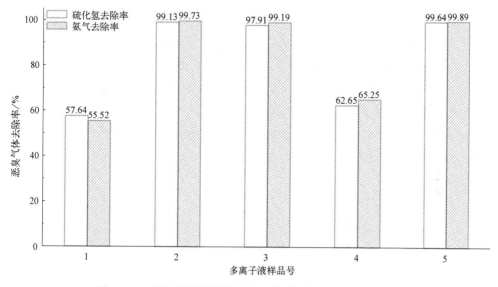

图 3-18　不同离子浓度的多离子液对恶臭气体的除臭效果

综上，选择 5 号样品（以下称 5 号多离子液）制备复合离子液除臭剂 A，钙离子、钾离子、镁离子、锌离子和硅离子的来源化合物分别为碳酸氢钙、氢氧化钾、硫酸镁、硫酸锌和硅灰石，各离子浓度分别为 1700mmol/L、1000mmol/L、40mmol/L、280mmol/L 和 450mmol/L。

3.3.2.2　复配成分兼容性测试

为优化多离子液的除臭性能，通过加入添加剂和渗透剂的复配方式，来提高 5 号多离子液对氨气和硫化氢的处理能力。复配前必须对复配成分（5 号多离子液、添加剂和渗透剂）进行兼容性测试。

选取氢氧化钾、氢氧化钠、碳酸氢钠、碳酸钠、硼酸、三聚磷酸钠、磷酸钠、乙醇胺作为添加剂备选试剂，分别考察其与多离子液及渗透剂的兼容性情况。将 5 号多离子液稀释 5 倍后与渗透剂形成复配溶液，将 2%、5%浓度添加剂溶液分别与复配溶液以体积比 1:3 进行再次复配，得到不同成分的复合离子液除臭剂。分别在 35℃和 3℃下放置10d 后，观察溶液是否有絮状、沉淀等不兼容情况。兼容情况如表 3-5 所列，其中"√"表示溶液稳定，兼容性较好。

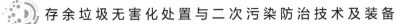

表 3-5　不同添加剂与多离子液及渗透剂的兼容性

项目	温度/℃	氢氧化钠	氢氧化钾	乙醇胺	磷酸钠	三聚磷酸钠	碳酸氢钠	硼酸	碳酸钠
5 号多离子液 1∶5+渗透剂+2%添加剂	35	√	√	√	√	√	√	√	√
	3	√	√	√	√	√	√	√	√
5 号多离子液 1∶5+渗透剂+5%添加剂	35	√	√	√	×	×	×絮状沉淀	×不溶	×
	3	√	√	√	√	√	√	√	√

所选择的添加剂以 2%的浓度与 5 号多离子液、渗透剂进行复配的兼容性很好,复配溶液在 3℃和 35℃下都能够稳定存在。但添加剂浓度提升至 5%时,加入磷酸钠、聚磷酸钠、碳酸氢钠、硼酸和碳酸钠的复配溶液在 35℃下出现了絮状沉淀、不溶等不兼容的情况,可见添加剂浓度不宜过高,否则除臭药剂不稳定。因此添加剂浓度可为 2%的氢氧化钾、氢氧化钠、碳酸氢钠、碳酸钠、硼酸、三聚磷酸钠、磷酸钠、乙醇胺或 5%的氢氧化钾、氢氧化钠、乙醇胺。

3.3.2.3　确定添加剂类型

在满足复配成分兼容性要求的前提下,需确定添加剂种类及浓度。各复配溶液具体成分及稀释比例如表 3-6 所列。在封闭气袋中进行除臭实验,除臭剂用量为 2.5mL,反应时间为 10s,硫化氢初始浓度为 86×10^{-6}。效果如图 3-19 所示。

表 3-6　不同复配溶液的成分和稀释比例

除臭剂序号	复配成分原液	用于处理硫化氢的稀释比例
1	5 号多离子液 1∶5	1∶20
2	5 号多离子液 1∶5+渗透剂	1∶20
3	5 号多离子液 1∶5+5%氢氧化钾	1∶1
4	5 号多离子液 1∶5+5%氢氧化钾	1∶20
5	5 号多离子液 1∶5+5%氢氧化钠	1∶20
6	5 号多离子液 1∶5+5%乙醇胺	1∶20
7	5 号多离子液 1∶5+渗透剂+2%氢氧化钾	1∶20
8	5 号多离子液 1∶5+渗透剂+2%氢氧化钠	1∶20
9	5 号多离子液 1∶5+渗透剂+2%乙醇胺	1∶20
10	5 号多离子液 1∶5+渗透剂+2%磷酸钠	1∶20
11	5 号多离子液 1∶5+渗透剂+2%三聚磷酸钠	1∶20
12	5 号多离子液 1∶5+渗透剂+2%碳酸氢钠	1∶20

续表

除臭剂序号	复配成分原液	用于处理硫化氢的稀释比例
13	5 号多离子液 1：5+渗透剂+2%硼酸	1：20
14	5 号多离子液 1：5+渗透剂+2%碳酸钠	1：20

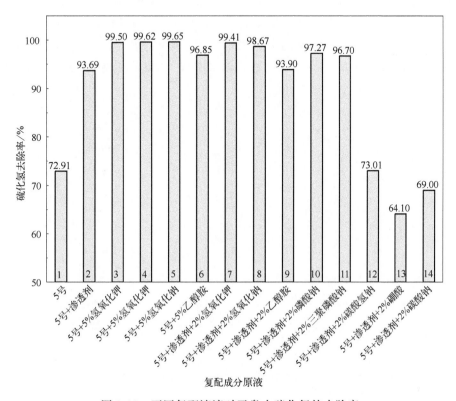

图 3-19　不同复配溶液对恶臭中硫化氢的去除率

从 1～6 号样品的除臭效果来看,渗透剂或添加剂能够大幅度提高溶液对硫化氢的去除率。7～14 号样品在相同条件下对比了 2%浓度添加剂对于硫化氢的去除效果,发现氢氧化钾、氢氧化钠、磷酸钠和三聚磷酸钠都是性能优异的添加剂,对硫化氢的去除率可达 96%以上,其中氢氧化钾和氢氧化钠去除率最高,分别为 99.41%和 98.67%。添加剂浓度提高至 5%时,气体去除率提升幅度不大,因此添加剂浓度宜为 2%。对比 3 号和 4 号样品可以看出复合离子液除臭剂原液稀释 20 倍后并不影响其除臭效果。综合考虑除臭效果、药剂成本等因素,选择 2%的氢氧化钠溶液作为复合离子液除臭剂的添加剂。

综上,5 号多离子液稀释 5 倍后加入渗透剂形成复配溶液,将 2%的氢氧化钠溶液与复配溶液以体积比 1：3 进行再次复配,得到复合离子液除臭剂 A。在纯水中添加酸性试剂和渗透剂形成酸养液,作为除臭剂 B。两种除臭剂稀释 20 倍后,搭配使用可直接用于恶臭抑制。还需对这两种低毒化学药剂的用量、使用配比和顺序进行优化。

进一步地,除臭剂用量也是实际操作中需要考量的因素。因此,通过对硫化氢和氨气的除臭效果测试，优化了除臭剂 A 和除臭剂 B 的各自使用剂量、使用顺序及两种除臭剂的使用配比。

利用气袋除臭实验进行了使用剂量优化，具体结果如图 3-20、图 3-21 所示，对于 95.69×10^{-6} 的 H_2S 来说，除臭剂 A 使用 2.5mL 以上，就能使其去除率高于 95%；除臭剂 B 对 H_2S 的去除率随着用量的增加有所提升，但提升不明显，最高只有 34.82%。对于浓度为 85.33×10^{-6} 的 NH_3 来说，除臭剂 A 虽然是 H_2S 的专用除臭剂，但随着用量的增加，对 NH_3 的去除率也有所上升，最高可达 75%；除臭剂 B 使用 2.5mL 时 NH_3 去除率大概在 88%，增加用量可达到 100%。可以看出除臭剂 A 对两种气体的处理效果都较好，合

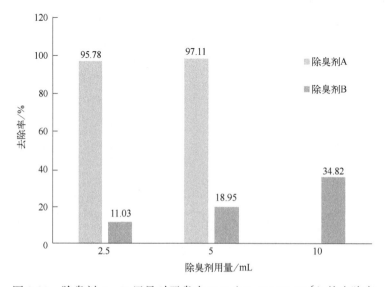

图 3-20　除臭剂 A、B 用量对恶臭中 H_2S（$C_0=95.69 \times 10^{-6}$）的去除率

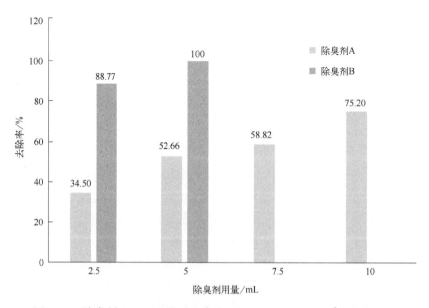

图 3-21　除臭剂 A、B 用量对恶臭中 NH_3（$C_0=85.33 \times 10^{-6}$）的去除率

理增加除臭剂 A 的用量可以同时实现对 NH_3 和 H_2S 的高效去除。除臭剂 B 只对 NH_3 去除率高，对 H_2S 去除率在 10%~30%。因此，单独处理 H_2S 至少需 2.5mL 的除臭剂 A，单独处理 NH_3 需使用 5mL 的除臭剂 B，才能实现两种恶臭气体去除率均达到 95% 以上。

为确定除臭剂 A 和 B 使用顺序对 H_2S、NH_3 混合气体去除效果的影响，测试了各 2.5mL 除臭剂 A、B 在不同注入顺序对 H_2S、NH_3 混合气体的去除效果。H_2S 和 NH_3 的浓度分别为 91.28×10^{-6}、95.36×10^{-6}，除臭效果如图 3-22 所示。从图 3-22 可知，对于 H_2S 和 NH_3 的混合气体来说，先注入除臭剂 A、后注入除臭剂 B 的处理效果最好，对两种恶臭气体去除率可达 98.25% 和 93.17%，这说明先 A 后 B 充分发挥了除臭剂 A 对两种气体都有较好的去除效果这一点优势，A 先把 NH_3 浓度降低也有利于除臭剂 B 对低浓度 NH_3 的去除。因此两种除臭剂在后续的使用过程可采取先喷洒除臭剂 A、再喷洒除臭剂 B 的使用顺序。

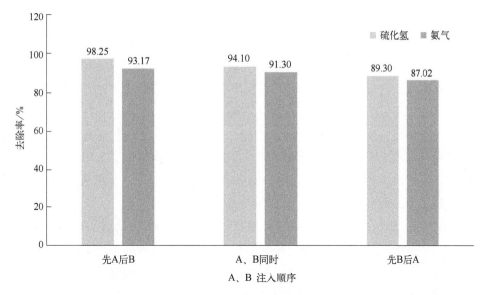

图 3-22　除臭剂 A、B 注入顺序对混合气体的去除率

在对除臭剂 A、B 搭配使用时用量比例进行优化的过程中，采用不同除臭剂 A 和除臭剂 B 用量搭配对 H_2S、NH_3 混合气体进行除臭效果评价，结果如图 3-23 所示。可以发现，当除臭剂 A 与除臭剂 B 使用比例增加至 4∶1 时，H_2S 和 NH_3 的去除率能够同时达到 98% 以上。因此除臭剂 A 和除臭剂 B 共同使用时，最佳用量比例可确定为 4∶1。

综上，通过气袋除臭实验确定了除臭剂 A 和除臭剂 B 最佳用量、使用配比及顺序。4mL 除臭剂 A、1mL 除臭剂 B 先后作用于 2L 恶臭气体后，H_2S 和 NH_3 的去除率均可达 98% 以上。因此，恶臭抑制的最佳方案为以 4∶1 的用量配比先使用除臭剂 A，后使用除臭剂 B。

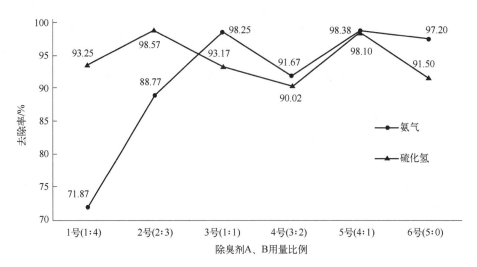

图 3-23　除臭剂 A、B 用量搭配对恶臭气体的去除率

3.3.3　低毒化学药剂中试验证

在低毒化学药剂的小试验证的半开放环境下，以 4∶1 的用量配比先使用除臭剂 A、后使用除臭剂 B 对氨气和硫化氢混合气体进行模拟除臭试验，发现该方案对硫化氢去除效果优异，但对氨气的去除率偏低，为 86.40%。另外，小试验证中，直接通入气瓶中的氨气和硫化氢来模拟恶臭气源，成分相对单一，不存在其他恶臭气体成分的影响，与存余垃圾现场挖采过程的二次污染恶臭气体仍存在差异。因此需以实际恶臭气体为气源继续进行除臭效果验证，并通过调节除臭剂 A 和除臭剂 B 中各自具体的成分配比，以进一步提高对氨气的去除效果。

中试选址在华东某垃圾填埋场，现场照片如图 3-24 所示。在垃圾填埋场的集气管道气体监测口上布置帐篷，将相应的气体检测仪放置在上开口处准备检测，填埋垃圾的恶臭气体均匀扩散至帐篷内，读取检测仪读数，达到最大值时开始用喷雾器持续喷洒除臭剂 A 和除臭剂 B。实时检测帐篷内恶臭气体的浓度，数值降到最低点时停止喷洒，继续读取气体浓度变化，待气体浓度稳定后停止试验。

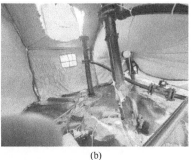

(a)　　　　　　　　　　　　　　　　(b)

图 3-24　华东某垃圾填埋场中试实验现场照片

除臭剂 A 和除臭剂 B 中具体成分配比如表 3-7 所列，配制后以除臭剂 A∶除臭剂 B 为 4∶1 的用量向帐篷内均匀喷洒，除臭剂喷洒前后现场均未检测到硫化氢的浓度，氨气随时间的浓度变化如图 3-25 所示，不同配比除臭剂对氨气的去除率如图 3-26 所示。氨气初始浓度为（11～16）×10^{-6}，开启喷雾器，均匀喷洒除臭剂 A 和除臭剂 B，最终氨气浓度稳定在（1～2）×10^{-6}，氨气去除率均为 85%以上，料液消耗量为 70～100kg。采用 A5B2 组合时，除臭剂对氨气去除率最高，可达 91.67%。

表 3-7　三组不同浓度除臭剂组合

组合		A1B2	A2B1	A5B2
除臭剂 A	成分	A1/%	A2/%	A5/%
	NaOH	0.025	0.05	0.50
	5 号多离子液	0.625	1.25	3.57
	去离子水	99.35	98.70	95.93
除臭剂 B	成分	B2/%	B1/%	B2/%
	酸养液	1.96	0.98	1.96
	去离子水	98.04	99.02	98.04

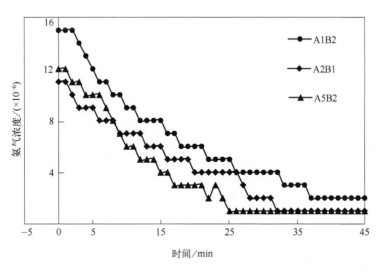

图 3-25　不同配比除臭剂喷洒时氨气的浓度变化

4mL 除臭剂 A、1mL 除臭剂 B 先后作用于 2L 恶臭气体后，硫化氢和氨气的去除率均可达 98%以上。在半开放环境进行的低毒除臭剂 A 和 B 小试验证中，持续喷洒两种除臭剂可将帐篷内的恶臭气体控制在极低浓度。在垃圾填埋场进行低毒除臭药剂中试验证中，以 A5B2 的配比喷洒两种除臭剂可使氨气去除率达 100%和 91.67%。在不同的应用场景中确定了除臭剂 A 和除臭剂 B 的用量、使用顺序以及使用比例等方面参数，为大规模应用打下了坚实的基础。

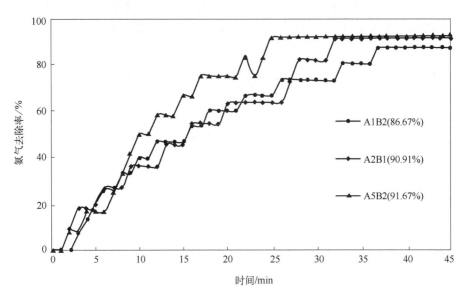

图 3-26　不同配比的除臭剂对氨气的去除率

3.4　短时成膜覆盖材料开发及应用

存余垃圾中途转运过程，因其时间较短、路途较为颠簸等特点，一直没有效果较好、应用性较佳的除臭技术。喷涂薄膜对垃圾中途转运过程中的恶臭气体去除具有较好的效果和应用性，较常应用于食品、医药领域，起到食品保鲜、抗菌、伤口治疗等作用。在喷涂至目标物表面后，膜液可较快形成物理薄膜，起到物理的阻隔气体作用。另外，薄膜还可作为载体，承载具有抗菌、除臭、治疗效果的物质，并将其缓释至目标物表面。因此，利用喷涂薄膜的以上两大特性，在喷涂至垃圾表面时可快速形成物理薄膜，起到物理阻隔恶臭气体的作用；同时，薄膜中承载的除臭物质可对进入薄膜的恶臭气体起到降解、去除的作用。

3.4.1　膜材料配方开发

短时成膜覆盖材料的配方包括成膜基质、表面活性剂和除臭物质。成膜基质是能单独形成有一定强度、连续的膜的物质，能够决定涂膜主要性能，如表面光泽、硬度、柔韧性、耐冲击性、耐候性、耐磨性、透明度等。表面活性剂能增强喷涂薄膜在垃圾表面的黏附能力，保证喷膜液喷洒至垃圾表面后不因路上颠簸等原因发生薄膜脱落。除臭物质可提升成膜覆盖材料对恶臭气体的截留率。

（1）膜材料配方概述

1）成膜基质

在食品、医药领域常用的成膜基质材料可以分为天然高分子成膜材料和人工合成高分子成膜材料两大类。在食品、医药等领域常用的五种成膜基质材料，包括天然高分子成膜材料（甲基纤维素、明胶、普鲁兰多糖）及人工高分子成膜材料（卡波姆、泊洛沙姆）。

2）表面活性剂

提高薄膜与垃圾表面的黏附能力，即要增强薄膜与垃圾表面的相对运动阻力，而添加表面活性剂可以降低薄膜的表面张力，从而增强薄膜与垃圾间的相对阻力。因此，选取了两种较为常用的表面活性剂，即十二烷基苯磺酸钠和吐温80。

3）除臭物质

应用于垃圾恶臭气体处理的除臭物质可以分为物理除臭物质（活性炭、沸石、硅胶等）、化学除臭物质（臭氧、氧化锰等）、生物除臭物质（微生物菌等）、植物除臭物质（茶多酚等）四大类。本喷涂薄膜选取了环保无害的植物型除臭物质作为提升薄膜气体截留率的添加物。

（2）成膜基质材料的筛选

首先进行预实验，选取天然有机高分子成膜材料（甲基纤维素、明胶、普鲁兰多糖），以及人工高分子成膜材料（卡波姆、泊洛沙姆）五种成膜基质材料，在100mL去离子水中加入适量成膜基质材料，使用磁力搅拌器搅拌至完全溶解，而后喷涂在上流式气体截留装置中，如图 3-27 所示，进行 H_2S、NH_3 截留率的测试。通过 H_2S、NH_3 截留率大小，以及膜液稳定性、成膜时间、薄膜机械强度等指标进行材料的筛选。

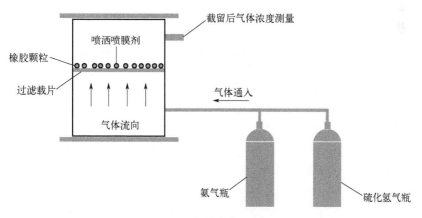

图 3-27　气体截留率测试装置

通过对普鲁兰多糖、卡波姆、甲基纤维素、明胶、泊洛沙姆五种材料进行五项指标的检测后，对五种材料的五种性能进行了评分，分为 A、B、C 三个等级，A 为性能优异，B 为性能良好，C 为性能较差。详细的评分如表 3-8 所列。

表 3-8　五种成膜基质材料性能对比

物质种类	气体截留率		溶液喷洒均匀性	溶液稳定性	成膜时间	抗拉强度
	H_2S	NH_3				
普鲁兰多糖	A	A	A	A	A	A
卡波姆	A	B	A	A	A	C
泊洛沙姆	B	A	A	A	C	B
明胶	B	C	B	C	A	A
甲基纤维素	C	B	B	C	B	B

注：A—优异；B—良好；C—较差。

由表 3-8 可以看出，普鲁兰多糖的各性能指标评分皆为 A，效果优异。因此，选取普鲁兰多糖作为该喷涂薄膜的成膜基质材料。

分别选取了 1%、3%、5%的普鲁兰多糖膜溶液进行测试，根据其对 H_2S、NH_3 气体截留效果，同一天气条件下成膜时间，薄膜拉伸强度的测试情况（见图 3-28～图 3-30），综合实际应用场景，确定了该喷涂薄膜的成膜基质材料（普鲁兰多糖）的浓度为 1%。经实验发现，1%普鲁兰多糖膜溶液，在 30min 内对 H_2S 的平均截留率为 85.14%，对 NH_3 的平均截留率为 93.67%。

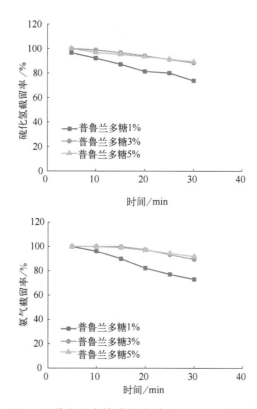

图 3-28　1%、3%、5%普鲁兰多糖膜溶液对 H_2S、NH_3 气体截留率测试结果

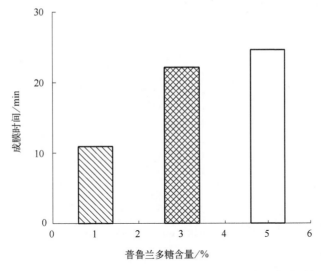

图 3-29　1%、3%、5%普鲁兰多糖膜溶液在同一天气条件下成膜时间测试结果

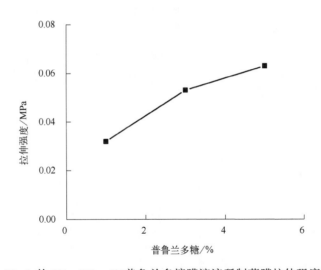

图 3-30　50mL 的 1%、3%、5%普鲁兰多糖膜溶液所制薄膜拉伸强度测试结果

（3）表面活性剂的筛选

选取了吐温 80 和十二烷基苯磺酸钠两种常用的表面活性剂进行接触角测试实验,通过接触角的大小进行表面活性剂的筛选。

图 3-31 为分别添加了 0.1%吐温 80、十二烷基苯磺酸钠前后的薄膜接触角测试结果。从图中可以看出，分别添加了两种表面活性剂后的普鲁兰多糖薄膜的接触角明显比未添加表面活性剂的薄膜接触角小，而薄膜接触角越小，黏附性越强。证明了表面活性剂的加入，明显起到了增强薄膜黏附性的作用。而添加了 0.1%吐温 80 的薄膜，接触角要小于添加了 0.1%十二烷基苯磺酸钠的薄膜，说明对于普鲁兰多糖薄膜来说，吐温 80 的黏附性增强效果更好。因此，选取吐温 80 作为该喷涂薄膜的表面活性剂。

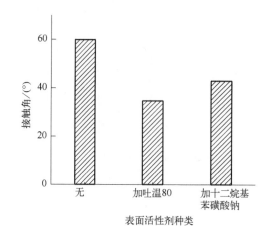

图 3-31 添加 0.1%吐温 80、十二烷基苯磺酸钠前后的
1%普鲁兰多糖薄膜接触角大小

分别选取了 0.1%、0.3%、0.5%的吐温 80 进行接触角测试，结果如图 3-32 所示。添加了 0.3%吐温 80 的 3%普鲁兰多糖薄膜的接触角最小，黏附性最大。可以确定表面活性剂浓度为成膜基质材料浓度的 10%时，对薄膜的黏附性增强效果最好。因此，喷膜配方中选择 0.1%吐温 80 添加 1%的普鲁兰多糖膜溶液中，用于喷涂薄膜的制备。

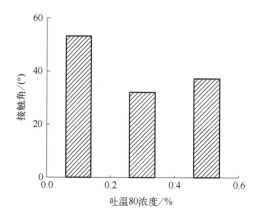

图 3-32 添加 0.1%、0.3%、0.5%吐温 80 的 3%普鲁兰多糖薄膜接触角大小

（4）气体截留率的提升
选取除臭领域较常使用的植物型环保除臭物质——茶多酚，进行喷涂薄膜的气体截留率的优化。向该喷涂薄膜配方中添加了 0.15%茶多酚，进行气体截留率的测试。
图 3-33 为添加 0.15%茶多酚前后的 1%普鲁兰多糖薄膜气体截留率测试结果。由图可以看出，在添加茶多酚后喷膜剂对 H_2S、NH_3 的截留率都有所提升，其中对 NH_3 的截留率从 93.67%提升至 96.54%，对 H_2S 的截留率从 85.14%提升至 93.03%。因此，添加茶多酚对喷涂薄膜的气体截留率提升具有良好的效果。最终确定喷涂薄膜的配方为 1%普鲁兰多糖、0.1%吐温 80、0.15%茶多酚。

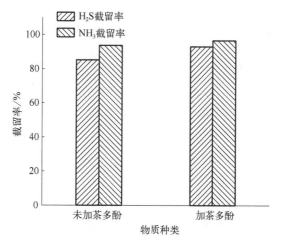

图 3-33　添加 0.15%茶多酚前后的 1%普鲁兰多糖薄膜气体截留率

3.4.2　膜材料物理化学表征

（1）扫描电子显微镜表征分析（SEM）

图 3-34 为配方组成为 1%普鲁兰多糖、0.1%吐温 80、0.15%茶多酚所制成薄膜的扫描电子显微镜（SEM）表面图（书后另见彩图），图 3-35 为其截面图（书后另见彩图）。

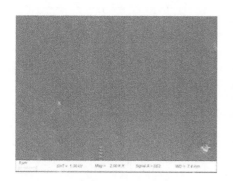

图 3-34　1%普鲁兰多糖、0.1%吐温 80、0.15%茶多酚喷膜配方所成薄膜 SEM 表面图

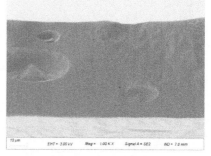

图 3-35　1%普鲁兰多糖、0.1%吐温 80、0.15%茶多酚喷膜配方所成薄膜 SEM 截面图

从图 3-34 可以看出，该喷膜剂所成薄膜表面均匀、光滑、致密、没有孔隙，能够起到良好的阻隔效果。薄膜中略有少量杂质，是由于该薄膜采用的是自然风干的方法晾制而成的，在自然风干过程中外界空气中的少量灰尘飘落至膜溶液中。从图 3-35 的膜截面扫描图可以看出，薄膜的内部和表面一样，呈致密、光滑的形态，进而更加验证了该喷膜剂所成薄膜的致密性，证明了其良好的物理阻隔效果。

（2）傅里叶红外光谱分析

利用傅里叶红外光谱仪测试分析正交实验所确定的喷膜液的特征官能团情况。图 3-36 是添加了 0.1%吐温 80、0.15%茶多酚、1%普鲁兰多糖膜的傅里叶红外光谱图。由图可以看出，在 3300cm^{-1} 波数处，代表了羟基中 O—H 的拉伸振动和聚合物中的氢键，普鲁兰多糖分子中含有丰富的羟基结构，其自身分子间在混合搅拌过程中，能够形成大量氢键。此处透过率较小，说明普鲁兰多糖混合均匀，形成了大量氢键。在 2920cm^{-1} 和 1350cm^{-1} 波数处，为 CH、CH$_2$ 拉伸吸收带。1640cm^{-1} 波数处对应的吸收带，应为吸收的水（O—H—O）。在 1150cm^{-1}、1080cm^{-1}、1000cm^{-1} 波数处出现的吸收带，主要是由 C—O 键、C—C 键的振动以及 C—H 键、C—OH 键、H—CO 键的变形振动形成的。从红外光谱可以看出，该膜溶液中，在混合溶解的过程中，高分子链间形成了丰富的氢键，以致膜剂干燥后可形成致密光滑的薄膜，对气体分子起到物理阻隔的效果。

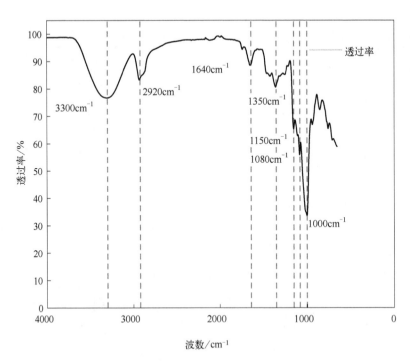

图 3-36　成分为 1%普鲁兰多糖、0.1%吐温 80、0.15%茶多酚的
喷涂配方成膜后的傅里叶红外光谱图

3.4.3　膜材料性能验证

（1）气体浓度对喷涂薄膜气体截留率的影响

在实际垃圾转运、填埋过程中，垃圾恶臭气体（H_2S、NH_3）浓度均远远小于 $70mg/m^3$。因此，选取了浓度为 $10mg/m^3$、$40mg/m^3$、$70mg/m^3$ 的 H_2S、NH_3，进行气体浓度对气体截留率的影响测试，实验结果如图 3-37 所示。

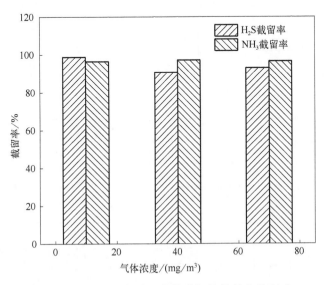

图 3-37　气体浓度对喷涂薄膜气体截留率的影响

由图 3-37 可以看出，气体浓度对 NH_3 的截留率影响不大，平均截留率为 96.5%；对 H_2S 的截留率影响较大。H_2S 的截留率随着气体浓度的减小而增加，在气体浓度为 $10mg/m^3$ 时截留率最高，为 93.03%。

（2）天气因素对膜液成膜时间的影响

表 3-9 为天气因素（温度、湿度和光照条件）对膜液成膜时间的影响。温度越高，喷膜剂的成膜时间越短。温度同为 32℃时，有光照条件的喷膜剂成膜时间明显短于无光照条件的。在等温、光照条件相同的情况下，湿度的高低也影响喷膜剂的成膜时间，湿度越高成膜时间越长。这主要是因为喷膜剂是靠溶剂的挥发而成膜的，在温度高、有光照、湿度低的条件下，溶剂更易挥发。综上所述，喷膜剂的成膜时间受气候条件的影响，在温度高、湿度低、有光照的条件下成膜最快。

表 3-9　喷膜剂成膜时间与天气条件的关系

温度/℃	相对湿度/%	光照	成膜时间/min
26	90	无	35.42
26	83	无	22.07

温度/℃	相对湿度/%	光照	成膜时间/min
27	71	有	11.67
29	77	有	9.23
32	37	有	4.28
32	59	有	5.90
32	70	无	13.52
32	73	无	19.10
36	60	有	5.70
36	54	无	7.82
28	33	无	12.45
32	68	无	36.60
30	60	无	12.20
27	62	无	11.00
28	57	有	9.23

3.5 腐殖土固定床处理有组织排放气体

3.5.1 腐殖土固定床原理

为验证多级串联腐殖土固定床对恶臭气体的去除效果，中试研究于华东某垃圾填埋场渗滤液处置设施内进行。工艺流程如图 3-38 所示，其中，恶臭气体由天井洼填埋场生化池上方的臭气以及氨气与硫化氢标准气体进行配制，渗滤液来源于填埋场自身产生的老龄渗滤液，腐殖土为利辛生活垃圾填埋场生活垃圾开挖后分选得到的筛下腐殖土。

恶臭气体主要由三级串联腐殖土固定床进行处理，从第一级固定床下方进入，自下而上地经过填料层，从固定床上方出风口排出，进入下方第二级固定床，并依照该流程通过第二级、第三级固定床后排空。在此过程中臭气通过腐殖土中微生物的生物降解和自身结构的物理截留作用得到净化；渗滤液由腐殖土固定床串联缺氧序批式活性污泥反应器（SBR）协同进行处理，进水池中的渗滤液从上方进入第一级缺氧 SBR，经序批式反应后从 SBR 下端排出，并由水泵泵入第一级腐殖土固定床上方进水口进行布水，经腐殖土固定床处理后重力自流，从上方的进水口进入第二级缺氧 SBR，并依照该流程依次通过第二级缺氧 SBR、第二级腐殖土固定床、第三级缺氧 SBR、第三级腐殖土固定床，最后处理后的渗滤液经第三级腐殖土固定床下方的出水口排放出水池，在此过程中渗滤液中的污染物主要由腐殖土固定床内的微生物进行生物降解，缺氧 SBR 可提升固定床在总氮去除方面的效果，从而使渗滤液得到净化。

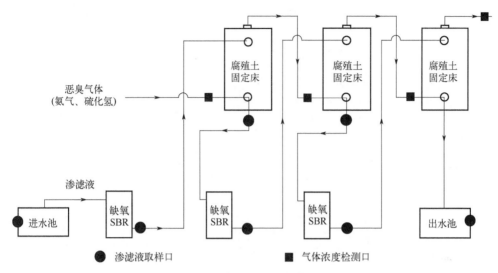

图 3-38　腐殖土固定床处理有组织排放气体工艺流程

3.5.2　腐殖土固定床用于处理有组织排放尾气的设计

中试实验装置设计如图 3-39 所示，包括腐殖土固定床、缺氧 SBR、压力过滤器等实验装置，以及离心泵、潜水泵、风机、温度探头、在线检测仪等辅助设备。离心泵用于腐殖土固定床与缺氧 SBR 的进水，风机用于固定床的进气，温度传感器用于监测固定床内腐殖土的温度，在线检测仪用于实时检测氨气与硫化氢的浓度。

腐殖土固定床为 6 段内径 600mm、高 1m 的 PVC 管，每两根管用法兰连接，组成 3 台总高 2m 的固定床，对恶臭气体进行串联处理。填料为填埋场筛下物腐殖土，每个固定床填料高度为 1.56m，填料体积为 0.441m³。

腐殖土固定床下部装有进气排水装置，由主壳体、排水布气罩、进气排水管组成，主壳体为 DN200 的 PVC 管，长 90mm，上部粘接外径 260mm 的法兰，下部用 90mm 长、DN200 管帽进行粘接密封。主壳体与排水布气罩之间填充粒径为 15～30mm 的碎石，防止腐殖土进入排水布气罩内部堵塞装置。排水布气罩为 DN110、长 70mm 的 PVC 管，上部用 DN110 的管帽粘接密封，下部与主壳体粘接，中间开有栅条，栅条长度 40mm，宽度 15mm，栅条间距 15mm。主壳体粘接的管帽中间打直径 50mm 的孔，DN50 的进气排水管从管帽穿过并与管帽粘接，进气排水管伸入进气排水罩的长度为 30mm。整个进气排水装置通过上部粘接的法兰悬挂在圆盘上，并与之粘接，圆盘下部用 DN400 的 PVC 管粘接支撑，支撑圆管上打直径 50mm 的孔，进气排水管从中穿过。圆盘下部用腐殖土和碎石混合压实，对上部的填料进行支撑。

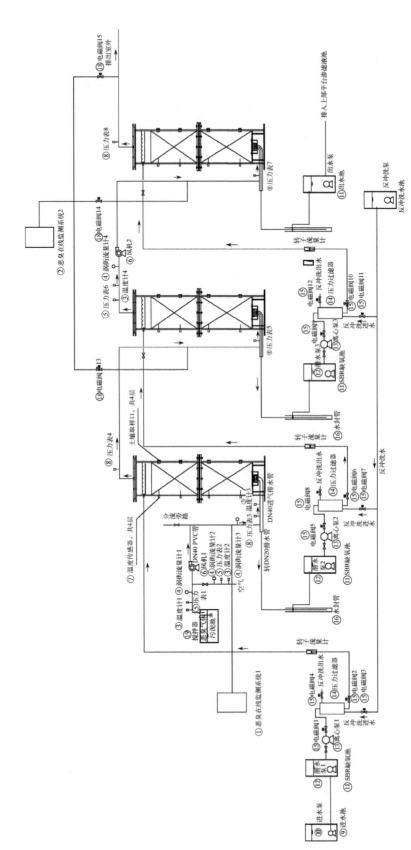

图 3-39 腐殖土固定床处理有组织排放气体中试装置

缺氧 SBR 为 3 个内径 315mm、高 1.5m 的 UPVC（硬聚氯乙烯）柱体，与腐殖土固定床协同对渗滤液进行串联处理。其中，每个缺氧 SBR 的有效高度为 1m，有效容积为 0.096m³，反应与静置时间比为 11：1，污泥浓度约为 8000mg/L。缺氧 SBR 的出水从下方进入压力过滤器，并由压力过滤器的上方出水至腐殖土固定床上方的进水口。压力过滤器为 3 个内径 200mm、高 1.5m 的 UPVC 柱体，主要功能为对缺氧 SBR 内的出水和污泥进行分离。

3.5.3 有组织排放尾气处理中试验证

目前臭气水力负荷、污染物负荷、气体表面负荷对多级腐殖土固定床处理臭气效果的影响正交实验中，已进行多个工况点测试。

现阶段正交实验中氨气去除率部分如表 3-10 所列，氨气的去除率与硫化氢负荷并不存在明显的关系，在气体表面负荷与水力负荷一定的情况下，氨气的去除率与氨气负荷呈正相关，随氨气负荷的提高而提高，且在较低氨气负荷的情况下去除率不理想，组别内较高的氨气负荷不会使固定床发生穿透；由于固定床不处于恒温状态，个别去除率较低的组别还有可能受天气气温的影响。此外，较低的水力负荷有利于氨气去除率的提升，原因可能与固定床的处理效能或渗滤液中的氨氮吹脱有关，较低水力负荷的渗滤液中氨氮总量较少，使得渗滤液处理过程中的污染物负荷较低，有利于微生物对臭气中氨的降解。

表 3-10 现阶段氨气正交实验设计及结果

实验号	气体表面负荷/（m/h）	水力负荷/（m/d）	氨气负荷/（mg/h）	硫化氢负荷/（mg/h）	氨气去除率/%
1	7.5	0.12	3.0	1.6	79.6
2	7.0	0.12	5.5	2.6	91.1
3	7.4	0.12	9.2	0.6	92.8
4	6.7	0.12	6.3	1.5	85.4
5	7.9	0.12	6.7	2.0	96.0
6	6.5	0.12	20.7	1.2	98.6
7	5.6	0.12	13.3	3.5	95.9
8	7.5	0.06	2.7	1.1	97.9
9	5.4	0.06	6.7	2.1	98.4
10	7.3	0.06	21.9	0.4	99.0
11	7.0	0.06	13.8	2.8	98.5
12	7.4	0.24	3.0	0.6	95.1
13	7.3	0.24	7.8	1.4	97.0
14	8.2	0.24	13.9	1.1	95.3
15	6.2	0.24	18.6	3.4	95.5

现阶段正交实验中硫化氢去除率部分如表 3-11 所列，绝大部分工况下腐殖土固定床对硫化氢气体都具有较好的去除效果。硫化氢的去除率与氨气负荷并不存在明显的关系，与氨气去除率变化情况相同，在气体表面负荷与水力负荷一定的情况下，硫化氢的去除率与硫化氢负荷呈正相关，随硫化氢负荷的提高而提高；分析数据发现，经三级腐殖土固定床处理后不同硫化氢负荷的出气浓度基本一致，说明腐殖土固定床对硫化氢的降解仍然有巨大的空间；由于固定床不处于恒温状态，个别去除率较低的组别还有可能受天气气温的影响。此外，与氨气去除率变化不同，水力负荷与硫化氢去除率并不存在明显关系。

表 3-11 现阶段硫化氢正交实验设计及结果

实验号	气体表面负荷/（m/h）	水力负荷/（m/d）	氨气负荷/（mg/h）	硫化氢负荷/（mg/h）	硫化氢去除率/%
1	7.5	0.12	3.0	1.6	98.2
2	7.0	0.12	5.5	2.6	99.2
3	7.4	0.12	9.2	0.6	96.3
4	6.7	0.12	6.3	1.5	97.5
5	7.9	0.12	6.7	2.0	98.9
6	6.5	0.12	20.7	1.2	96.8
7	5.6	0.12	13.3	3.5	99.3
8	7.5	0.06	2.7	1.1	98.1
9	5.4	0.06	6.7	2.1	99.0
10	7.3	0.06	21.9	0.4	94.9
11	7.0	0.06	13.8	2.8	98.8
12	7.4	0.24	3.0	0.6	94.4
13	7.3	0.24	7.8	1.4	98.0
14	8.2	0.24	13.9	1.1	98.6
15	6.2	0.24	18.6	3.4	99.1

将现阶段三级腐殖土固定床的氨气与硫化氢去除率分别如图 3-40 和图 3-41 所示，可发现三级串联腐殖土固定床对氨气与硫化氢的降解效率呈对数曲线趋势。其中每级固定床对氨气去除率的提升效果较为明显；而对于硫化氢，第一级固定床就展现了较好的去除性能，因此在各组别中，固定床对高浓度硫化氢的处理更具优势。

根据对原始数据的分析，还可得到如下初步结论：对于氨气去除率而言，硫化氢与氨气去除基本上独立，此外各级固定床对相近浓度的氨气处理效果相似；对于硫化氢去除率而言，较高温度与较高的硫化氢负荷有利于硫化氢去除率的提升，而水力负荷与氨气负荷对硫化氢去除率影响不大。

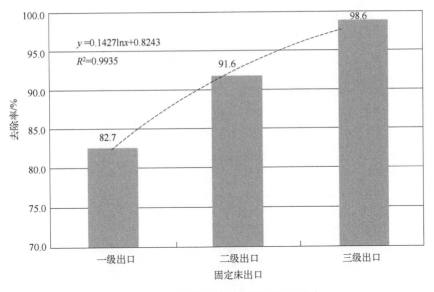

图 3-40　三级腐殖土固定床氨气去除率

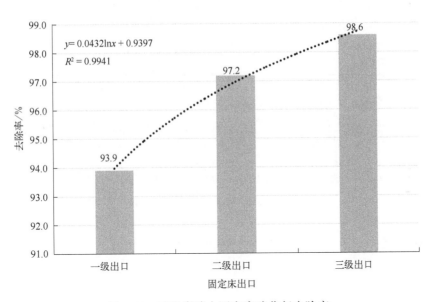

图 3-41　三级腐殖土固定床硫化氢去除率

3.6　高能质子装置处理有组织排放气体

3.6.1　高能离子超导次声净化技术原理及工艺路线

高能离子超导次声净化设备由电气模块、风机和水泵等组成，主要设备的参数见表 3-12，整体外观见图 3-42。设备外形为集装箱模块式，便于安装和转移。

表 3-12　高能离子超导次声净化设备组件参数

组件名称	电压/V	功率/W	数量/套	备注
电气模块	220	6000	1	净化设备功率低于垃圾填埋区风炮功率，可以从风炮电源处接线为净化设备供电，不需要额外提供电源设备
水泵	220	1300	1	高能离子超导次声净化设备工作时需要接入清水，但设备的耗水量很低，因此在试验中可以使用水箱为设备供水。同时，该设备在净化过程中会产生少量的废水，这部分废水可以直接排入渗滤液导排系统进行集中处理
风机	380	1500	1	将空气膜中臭气利用引风机引入净化设备，风量可根据现场臭气浓度调节

图 3-42　高能离子超导次声净化设备外观

　　高能离子超导次声净化设备拥有两级降解处理功能：第一级运用高能离子技术；第二级运用超导次声技术。对处理包含硫化氢、甲烷等有毒有害气体的烟气具有巨大的优势。

　　第一级所用的高能离子技术原理是利用磁通量化约束高能离子流，进行持续微核裂变反应，利用粒子定规理论和磁流体力学的运动规律，裂解有害物质分子链结构，打开分子链，使其转化成中性体和单质体、二氧化碳和水。利用这一原理可分解化工业有害气体，降解各种锅炉、窑炉产生的烟气，消除各种腐败气体异味，净化各种污水、废水。

　　第二级所用的超导次声技术是利用超低频频率产生的振荡波，将废气中常见的硫化氢等污染成分经微钠离子源谐振，以10MHz以上的超高频将硫分离出来，将其中的氧原子释放掉，硫结晶成单质硫。同时使有机微生物综合菌群发生共振，使有机微生物综合菌群裂解灭亡，气味随即消失。有机微生物综合菌群经裂解群灭后产生的有机固体可作为肥料回收利用。

该技术是利用超导产生超低温电弧分解废气中的有机气体包括异味气体（NH_3、H_2S、CH_4、VOCs 和少量 SO_2 等），生成固体单质或无害气体；再通过超导电弧在 1000 万次/s 高速撞击下，使小分子团凝聚成大分子团，水汽凝结成水滴，粉尘凝结成颗粒物，一起打入回收装置，回收装置中的水和粉尘经过水处理装置，处理后清水可回用，粉尘经过分解后形成无毒中性固体物；生成的无害气体（如 CO_2、N_2 和水蒸气等）随尾气排出。

3.6.2　高能离子超导次声净化技术除臭工程试验方案设计

选用某大型填埋场生活垃圾填埋区作业面 1000m^2 区域作为试验区域，中试试验工艺流程见图 3-43。

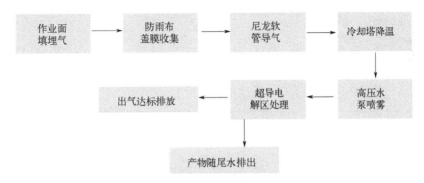

图 3-43　高能离子超导次声净化设备除臭中试试验工艺流程

本工程采用轻便、韧性好且经特殊加工的防水、不透气尼龙布材料，单膜覆盖面积 1000m^2，且四周边缘为加厚双重膜材质，具有雨水收集导排功能。

生活垃圾作业面膜覆盖系统采用防水尼龙布配备支架制成，支架高度 500～600mm，人工作业将薄膜覆盖固定在支架上。在覆盖膜内设定监测点，监测位置按 1000m^2 为单元模块设置，在两对角线上共设置 5 个监测点。监测点既用于进行膜内臭气浓度监测，作为处理前的一个指标；又是净化设备智能控制系统的感应器，即覆盖膜内任何一监测点位中所监测 H_2S 和 NH_3 任何一者浓度高于设定值（H_2S：60×10^{-6}；NH_3：30×10^{-6}），抽吸处理系统将启动。此外，在夜间抽吸处理结束后，应使膜内浓度保证低于一定限值方可取膜。针对 H_2S 和 NH_3 两种主要污染物，取膜时其浓度应满足国家职业卫生标准，即《工作场所有害因素职业接触限值　第 1 部分：化学有害因素》（GB Z 2.1—2019）有关浓度限值，要求 $H_2S \leqslant 10mg/m^3$、$NH_3 \leqslant 20.0mg/m^3$。

为了明确设备处理效果，以及为工程项目的顺利实施和填埋场周边空气质量保障做科学依据，采用基于电化学原理的便携式气体检测设备对空气膜内、试验设备的进气口和出气口目标污染（NH_3、H_2S、VOCs 和 SO_2）浓度进行检测。

3.6.3　高能离子超导次声净化技术除臭效果分析

　　针对试验区域覆盖膜内、设备进气口和出气口进行监测，结果如表3-13所列。根据现场中试结果，对 4 种目标污染物的平均处理效率为：$H_2S > 98\%$、$NH_3 > 99\%$、$VOCs > 95\%$、$SO_2 > 92\%$。

表 3-13　试验区域不同取样位置目标污染物浓度

取样位置	检测数据/（mg/m³）
作业面覆盖膜内（处理前）	H_2S：>100 NH_3：0~66 VOCs：>100 SO_2：>100
作业面覆盖膜内（抽气处理 20min）	H_2S：54~75 NH_3：0~34 VOCs：70~100 SO_2：61~62
设备进气口	H_2S：47~100 NH_3：0~65 VOCs：>100 SO_2：>100
设备出气口	H_2S：0.00~2.15 NH_3：0.00~0.61 VOCs：2.08~12.62 SO_2：0.00~18.25

第 **4** 章

存余垃圾原位快速稳定化预处理与可回收物清洁回收和陈腐有机物利用技术装备及示范

- ▶ 多相注入原位生物反应器强化快速稳定化及污染负荷削减预处理工艺
- ▶ 高压风箱快速去水-循环风无轴滚筛-斜板振动和动力风选精细筛分设备
- ▶ 筛分产物资源化利用工艺
- ▶ 工程示范设计施工运维集成技术装备
- ▶ 示范工程建设与运行

4.1 多相注入原位生物反应器强化快速稳定化及污染负荷削减预处理工艺

4.1.1 好氧曝气加速稳定化效果

（1）好氧曝气加速稳定化装置设计

根据存余垃圾填埋场现状调查数据、堆体内厌氧生物反应产甲烷速率与浓度和堆体内渗滤液水位及含水率等信息，设计了存余垃圾快速好氧预处理小试装置。装置为圆柱形，高度为 2000mm，内径为 800mm，设置了填埋气采样口、渗滤液采样口、探头预留口、进水口、进气口及出气口、渗滤液出水口、通气装置、渗滤液导排系统、渗滤液回流布水系统。

（2）存余垃圾堆体气体变化规律

通过存余垃圾氧气浓度的变化情况，进行间歇曝气操作。经检测，原状存余垃圾含水量为 60%～70%，甲烷浓度为 2%LEL（LEL 为爆炸下限），氧气浓度（体积分数）为 15%，CO 含量为 $18×10^{-6}$，H_2S 含量为 $5×10^{-6}$。对比可以发现，通过导气管向装置通入氧气 20min 后，甲烷的含量由 2%LEL 迅速降低到 0%，且在随后的运行过程中一直保持为 0%；填埋气体中氧气含量从 15.0% 上升至 18.0% 以上，随后一直在 18.0%～22.2% 范围内交替变化，并且反应装置中氧气含量一直低于外界氧气含量。CO 的削减降低了堆体发生火灾和爆炸的风险，H_2S 的削减降低了垃圾堆体的恶臭程度。

（3）存余垃圾堆体含水率变化规律

采用湿度检测仪检测存余垃圾堆体的含水率。监测发现，存余垃圾含水率从 60.4%～67.8% 降低到 36.3%～53.4%，表明在好氧通风过程中填埋场垃圾堆体的含水率显著下降。下降的原因很有可能是大量的通风带走了堆体中多余的水分，以及好氧反应导致的高温对水分的蒸发。同时，最底层垃圾含水率最高，中间层次之，最上层垃圾含水率最低。

4.1.2 污染负荷削减过程

4.1.2.1 有机质变化

在好氧快速稳定化技术中，存余垃圾的降解有几个关键环节，即有机物的降解、微生物的增殖和外部条件的控制。填埋堆体由厌氧状态转换成为好氧初期调整阶段，好氧微生物为增殖做准备。调整阶段过后，垃圾中有机物较为充足，好氧微生物处于高速增长阶段。由于垃圾有机质在好氧微生物的降解下，浓度越来越低，细菌繁殖速度下降并伴随产生毒性代谢产物，好氧微生物增殖和垃圾有机质降解的速率放缓。当营养物质浓度无法支撑微生物生长时，微生物生长进入内源呼吸期。生物量逐渐减少，有机质降解速率进一步降低。

垃圾有机质的成分较为复杂，因此有机质的降解过程无法像化学反应那样定量地去分析。为解决问题，采取测量垃圾的可挥发性固体（VS）、生物可降解物质（BDM）、纤维素和木质素含量来半定量地反映垃圾的降解过程。通过控制空压机曝气和渗滤液回流，可以控制垃圾有机质中的氧气浓度和含水率。垃圾有机质降解效率较快的含水率和氧气浓度时的堆体温度，可以确认是垃圾降解的最适温度。在以上最优条件下，有机物的降解和微生物的增殖过程是相互关联的关系。

（1）可挥发性固体的变化趋势

垃圾中可挥发性固体（VS）的含量可代表生活垃圾中有机质的含量。VS 中并不是所有物质都是易生物降解的，其中含有难生物降解的物质。然而，VS 含量的变化趋势可以大致反映垃圾堆体稳定化的趋势。如图 4-1 所示，厌氧期（第 1 天到第 27 天），VS 含量虽然上下波动，但变化不大。数据的波动可能是垃圾的不均质性造成的。好氧曝气从第 28 天开始，可以分为初期调整期和好氧稳定期两个阶段。在初期调整期（第 28 天到第 51 天），VS 含量由 18.6%上升到 22.3%，这可能是由于好氧微生物分泌胞外酶，将厌氧状态下难降解的大分子有机物分解成为更多小分子易降解有机物，为好氧微生物快速增殖储备营养物质。小分子易降解有机物中很多为 VS，因此 VS 含量缓慢升高。在好氧稳定期（第 52 天到第 316 天）VS 含量总体呈下降趋势，这是由于小分子易降解有机

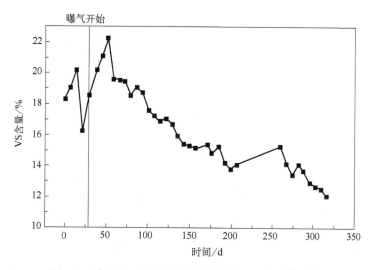

图 4-1　多相注入原位生物反应器 VS 含量变化趋势

物进一步被好氧微生物代谢分解。整个好氧曝气期（第 28 天到第 316 天）VS 的削减率为 34.9%。综上所述，厌氧状态下生活垃圾中的 VS 含量基本不变，好氧状态下生活垃圾中的 VS 得到了有效削减。

（2）生物可降解物质（BDM）的变化趋势

生物可降解物质（biological degradable material，BDM）是具有生物活性的有机质。生活垃圾的微生物代谢过程十分复杂，生化进程难以控制。BDM 的检测方法是一种以化学手段模拟生物过程的间接性测试方法，一定程度上反映可生物降解物质的变化趋势。如图 4-2 所示，厌氧期（第 1 天到第 27 天）垃圾 BDM 基本没有下降。在初期调整阶段（第 28 天到第 80 天），BDM 降解速率较快，大量难溶性有机物在好氧微生物的作用下变为可溶性有机物，进入渗滤液中。在固体中，BDM 含量由 11.2%下降至 6.9%，说明可溶性有机物的浸出。在好氧稳定期阶段（第 80 天到第 316 天），BDM 降解速率变缓。整个好氧曝气期（第 28 天到第 316 天）BDM 削减率为 63.4%。厌氧状态下 BDM 基本无变化，好氧状态下则大幅度降低。

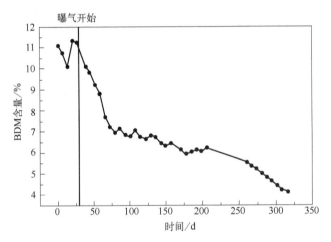

图 4-2　多相注入原位生物反应器 BDM 变化趋势

（3）纤维素的变化

厌氧和好氧过程中存余垃圾里的纤维素含量变化情况如图 4-3 所示，可以看出厌氧期（第 1 天到第 27 天）垃圾纤维素含量在波动中小幅下降。第 28 天好氧曝气开始，纤维素含量显著下降，由 2.1%下降至 0.9%。整个好氧曝气期（第 28 天到第 316 天）纤维素的削减率为 57.1%，表明好氧修复对垃圾中纤维素的降解作用显著。

（4）木质素变化

存余垃圾中木质素含量较高，也是垃圾有机质的重要组成部分之一。木质素是一种由肉桂醇聚合而成的、分子结构复杂而且不规则的近球状芳香族高聚物。其分子量大且不易溶解，含有各种生物难降解的稳定键型，所以很难被微生物降解。如图 4-4 所示，监测了木质素变化趋势，无论是厌氧期（第 1 天到第 27 天）还是好氧曝气期（第 28 天到第 316 天），木质素的含量在 7.6%～6.7%范围内波动，波动范围很小，基本保持不变。结果说明，好氧快速稳定化技术对存余垃圾中的木质素降解能力有限。其占比较低，对存余垃圾的稳定化影响较小。

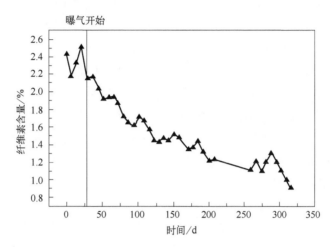

图 4-3　多相注入原位生物反应器纤维素变化趋势

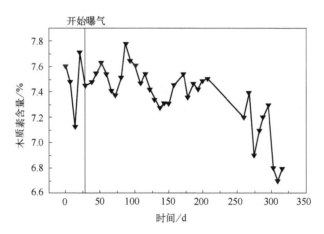

图 4-4　多相注入原位生物反应器木质素变化趋势

4.1.2.2　渗滤液变化

（1）渗滤液水量变化

反应器垃圾柱的水量平衡可以写成：

$$\Delta V + V_{回} = V_{渗\text{-}排} + V_{气\text{-}排} \tag{4-1}$$

式中　ΔV——反应器垃圾柱含水量变化，L；

　　　　$V_{回}$——渗滤液回流量，L；

$V_{渗-排}$——渗滤液排出量，L；

$V_{气-排}$——随气体排出的水量，L。

填埋龄为 3 年的存余垃圾自身含水率不高，因有机物降解而产生的水量也比较少。由于反应器顶部填埋气排出口口径较小，垃圾降解产生的热量导致水以水蒸气形式流失的量也较小。因此可以推断，渗滤液主要来自外部水添加和渗滤液回灌，反应器垃圾柱内存储的水量变化可以看成渗滤液回灌和渗滤液排放的差值。

初期反应器垃圾柱含水率较低，仅为 25.4%。向其中灌注清水 20L。第 31 天厌氧阶段结束，向其中灌注清水 80L，产生渗滤液 18.9L。根据含水率试验，在曝气条件下 3 年期存余垃圾反应器垃圾柱的最佳含水率为 38%。考虑到如果将含水率阈值设为 38%，蠕动泵启停过于频繁，且微生物降解会导致反应器垃圾柱持水性能不断下降，故将含水率阈值设为 35%。含水率试验中，当反应器垃圾柱的含水率低于 35% 时，启动蠕动泵向反应器垃圾柱回灌渗滤液，回灌量为产生的 18.9L 渗滤液。渗滤液产量情况如图 4-5 所示，第 31 天到第 200 天，渗滤液累计产量从 18.9L 逐渐上升到 47.5L，在第 200 天达到最高点，间接表明 3 年期存余垃圾的持水性能不断下降。200d 后，渗滤液量小幅下降，在第 316 天下降至 37.8L，可能由于温度变高导致蒸发量增加，随空气带出反应器，造成渗滤液量小幅下降。

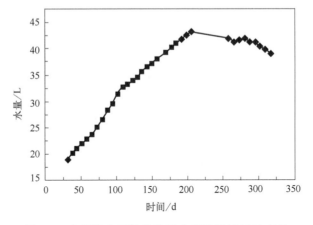

图 4-5　多相注入原位生物反应器渗滤液累计产量

（2）渗滤液 COD、BOD_5 变化

渗滤液回灌装置可以看作一个好氧曝气滤池，存余垃圾可以看作能析出污染物的填料。存余垃圾为微生物附着提供了大量的孔隙结构，渗滤液回流使得渗滤液以液膜状态流过生物膜。空压机鼓风曝气，提供了充足的氧气，而渗滤液的 COD 和 BOD_5 的降解过程与污水处理类似，降解速率大于析出速率时，渗滤液水质就得到提升。如图 4-6 和图 4-7 所示，好氧曝气开始后，初期调整期（第 28 天到第 51 天）渗滤液 COD 和 BOD_5 上升，好氧稳定期（第 52 天到第 316 天）渗滤液 COD 和 BOD_5 逐步下降。推断从第 28

天开始反应器垃圾柱由厌氧状态变为好氧状态，好氧微生物分泌胞外酶，将难降解不溶有机物分解成可溶性有机物。在厌氧环境下降解速率很慢的有机物被微生物水解成小分子有机物溶于渗滤液，造成渗滤液有机物浓度升高。整个好氧曝气期，渗滤液中 COD 由 2564mg/L 下降至 587mg/L，削减率为 77.1%。渗滤液中 BOD_5 浓度由 187mg/L 下降至 16mg/L，削减率为 91.4%。说明好氧曝气过程有效降低了渗滤液中 COD 与 BOD_5 浓度。由于主要依赖好氧微生物的代谢作用实现它们的削减，因此 BOD_5 的削减效率更高。

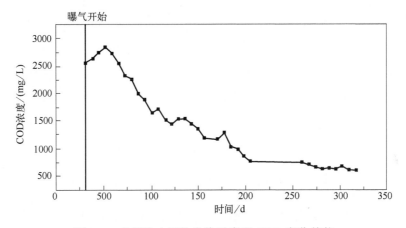

图 4-6　多相注入原位生物反应器 COD 变化趋势

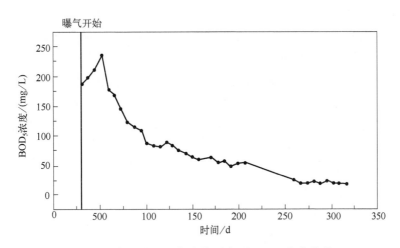

图 4-7　多相注入原位生物反应器 BOD_5 变化趋势

（3）渗滤液 NH_4^+-N、TN 变化

在厌氧生物反应器中，蛋白质被微生物分泌的胞外酶、蛋白质水解酶水解，分解成氨基酸。氨基酸再通过脱氨基作用和脱羧基作用，生成 NH_3、CH_3COOH、CO_2、H_2S 以及胺等一系列物质。在厌氧生物反应器中，蛋白质属于易降解有机物，通过微生物的水解作用不断生成氨氮；然而只有少部分氨氮能被厌氧微生物利用，大部分流入渗滤液中。渗滤液的回灌并不能解决氨氮过高的问题，只是在填埋场内部转移。过高的氨氮浓度还

会对厌氧微生物降解有机物产生抑制作用，所以渗滤液氨氮浓度过高是厌氧生物反应器存在的一个问题。

好氧反应器引入曝气系统，使得垃圾填埋体内变成好氧状态。回灌渗滤液流经填埋体时，渗滤液发生亚硝化和硝化两个反应。其中起主要作用的菌种为亚硝化菌和硝化菌，氨氮最终转化为硝态氮。反应过程如下：

亚硝化反应： $NH_4^+ + 3/2\,O_2 \xrightarrow{\text{亚硝化菌}} NO_2^- + H_2O + 2H^+$ （4-2）

硝化反应： $NO_2^- + 1/2\,O_2 \xrightarrow{\text{硝化菌}} NO_3^-$ （4-3）

总反应： $NH_4^+ + 2O_2 \longrightarrow NO_3^- + H_2O + 2H^+$ （4-4）

停止好氧曝气时，填埋体部分区域会形成一定区域的缺氧带。在缺氧条件下，反硝化细菌会进行反硝化作用，渗滤液中的硝态氮和亚硝态氮会被还原成氮气。反应方程式如下：

$$NO_3^- + 5H（电子供体——有机物）\longrightarrow 1/2\,N_2 + 2H_2O + OH^-$$ （4-5）

$$NO_2^- + 3H（电子供体——有机物）\longrightarrow 1/2\,N_2 + H_2O + OH^-$$ （4-6）

在厌氧期和好氧曝气期，NH_4^+-N 和 TN 的变化如图 4-8 和图 4-9 所示。厌氧期间没有产生渗滤液。好氧曝气开始，NH_4^+-N 浓度总体呈下降趋势，浓度由 624mg/L 下降至 8.43mg/L，削减率为 98.6%。TN 在第 1 天到第 27 天呈上升趋势，一方面氨氮在亚硝化菌和硝化菌的作用下转化为硝态氮，另一方面有机质中部分难降解含氮有机物在好氧菌的作用下降解，溶于渗滤液造成渗滤液总氮浓度上升。在停止曝气时，填埋体部分区域形成缺氧区，此区域可以进行反硝化反应，将硝酸盐和亚硝酸盐反硝化成氮气。第 28 天开始，渗滤液 TN 浓度总体呈下降趋势。整个好氧曝气期间（第 28 天到第 316 天），TN 浓度由 1425mg/L 下降至 496mg/L，TN 削减率为 65.2%。

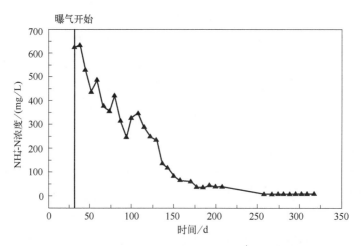

图 4-8　多相注入原位生物反应器 NH_4^+-N 变化趋势

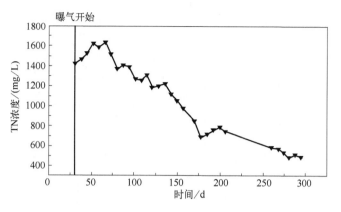

图 4-9　多相注入原位生物反应器 TN 变化趋势

4.1.3　污染降解动力学模型

生物反应器中，利用水解动力学和 Monod 方程描述反应污染物降解、微生物生长和底物浓度之间的关系，通过一级水解模型对降解垃圾表征指标（VS、BDM、纤维素）进行分析，利用 Monod 方程描述渗滤液中有机污染物（COD、BOD_5）降解的动力学过程，都取得了良好的模拟效果。具体结果见图 4-10（a）～（e）。

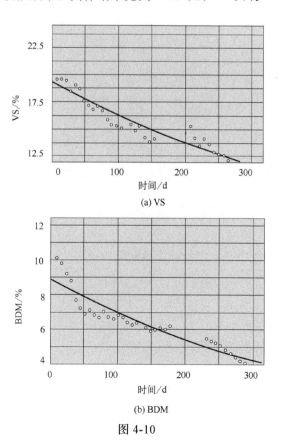

(a) VS

(b) BDM

图 4-10

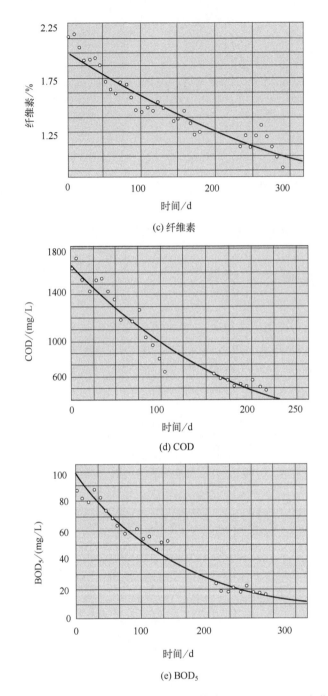

图 4-10 多相注入原位生物反应器 VS、BDM、纤维素、COD、BOD$_5$ 变化趋势模型拟合

4.1.4 降解表征指标相关性分析

（1）表征指标的科学含义

选取了垃圾有机质和渗滤液的一些表征指标，如挥发分、可生物降解有机物、纤维

素、COD、BOD₅、TN 等，垃圾有机质指标和渗滤液表征指标的科学含义如表 4-1 所列。进行好氧曝气后填埋气 CH_4 的含量很低，基本可以忽略不计。

表 4-1　表征指标的科学含义

类别	指标	科学含义	表征特性
存余垃圾	VS	可挥发性固体，代表垃圾中有机质含量，已有研究表明，有机质≈0.47VS	大体能够反映存余垃圾的稳定化程度，测试方法简单方便，可用于表征存余垃圾有机质的降解过程
	BDM	可生物降解有机物，代表垃圾中一系列能被生物降解利用的有机物含量	存余垃圾的稳定化过程实质上是微生物作用过程，故 BDM 是一项能够显著表征垃圾稳定化进程的重要指标
	C	纤维素，由 $C_6H_{12}O_6$ 分子通过 $1,4\text{-}\beta$ 糖苷键连接聚合成的高分子化合物	C 作为城市生活垃圾的主要可降解组分，能从垃圾组成层面较准确地反映有机物的降解情况
	L	木质素，L 是含甲氧基（—OCH₃）芳香环的一类聚合有机物，难降解	木质素难降解，难以表征有机质的降解情况
	C/L	纤维素/木质素，代表垃圾中可降解有机物的相对含量	C/L 可用于表征稳定化进程
渗滤液	COD	化学需氧量	反映还原性有机物的量
	BOD₅	五日生化需氧量	反映渗滤液中可生物降解有机物的量
	BOD₅/COD 值（B/C 值）	五日生化需氧量与化学需氧量比值	在污水处理领域，B/C 值常用来反映污水的可生化性
	$NH_4^+\text{-}N$	游离氨和铵离子的总和	反应垃圾含氮有机物降解情况
	TN	各种形态有机氮和无机氮的总和	

（2）表征指标相关性分析统计学意义

用 SPSS 软件对垃圾有机质降解指标和渗滤液降解指标进行相关性分析，其中相关性系数的意义见表 4-2。置信度一般取 0.01 或 0.05。

表 4-2　相关性系数的意义

相关性系数的值	相关程度
$|R|=0$	完全不相关
$0<|R|\leqslant 0.3$	微弱相关
$0.3<|R|\leqslant 0.5$	低度相关
$0.5<|R|\leqslant 0.8$	显著相关
$0.8<|R|<1$	高度相关
$|R|=1$	完全相关

（3）垃圾有机质表征指标相关性分析

用 SPSS 软件对有机质指标 VS、BDM、纤维素和 C/L 进行相关性分析，结果发现，VS、BDM、纤维素和 C/L 都能够较好地反映存余垃圾有机质的降解过程。通过对比分析各个表征指标的相关性系数，以及与其他指标的相关性，可以得出，有机质降解的代表性 BDM > 纤维素 > C/L > VS。

（4）渗滤液有机物表征指标相关性分析

用 SPSS 软件对渗滤液表征指标 COD、BOD_5、NH_4^+-N、TN 和 BOD_5/COD 值（B/C）进行相关性分析，结果发现，COD、BOD_5 和 BOD_5/COD 值能够反映渗滤液有机物削减规律，NH_4^+-N 和 TN 能够反映渗滤液氮的降解过程。通过对比分析各个表征指标的相关性系数，可以得出：NH_4^+-N 和 TN 相关性较好，都能代表渗滤液含氮化合物的衰减规律；渗滤液有机物消减指标代表性 BOD_5 > COD > BOD_5/COD 值。

4.2 高压风箱快速去水-循环风无轴滚筛-斜板振动和动力风选精细筛分设备

4.2.1 存余垃圾筛分工艺技术路线

如图 4-11 所示，垃圾经过挖掘机挖出后由车转运至暂存区，再由装载机给鳞板布料机上料，鳞板布料机具有均匀给料功能，为后续分选工艺创造良好的前提条件。经过鳞板布料机后的物料到达人工分选平台，在此由分拣工人选出大棉被、大件家具、大树枝树干等大件干扰物。然后垃圾直接进入振动筛中，振动筛的粒径为 175mm，振动筛

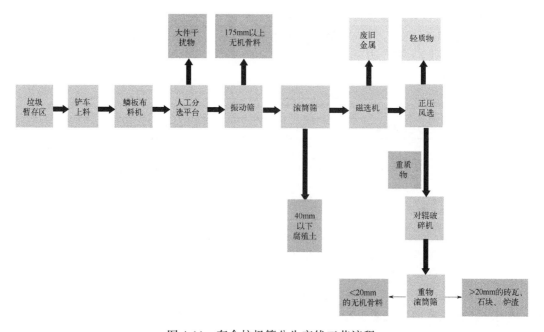

图 4-11　存余垃圾筛分生产线工艺流程

将垃圾中 175mm 以上大块建筑垃圾/砖瓦石块等分出。粒径 < 175mm 的垃圾由皮带机送入滚筒筛，滚筒筛的筛板孔径为 40mm，滚筒筛将垃圾分为 40mm 以上和 40mm 以下两种物料。

粒径在 40mm 以上的物料经磁选分选出铁以后由输送设备输送至正压风选系统处理。正压风选系统可将物料分为重质物（多为砖瓦、石块、炉渣等无机骨料，以及少量硬质类塑胶等）和轻质物（主要为塑料、塑胶、尼龙、泡沫、织物纤维等）。

重质物经重物输送皮带机输送至对辊破碎机进行破碎，然后通过重物滚筒筛进行筛分，筛下物为粒径 < 20mm 的无机骨料及砖瓦粉料的混合物，筛上物为粒径 > 20mm 的塑胶、木头等硬质物。垃圾经过粗筛生产线处理以后，主要得到筛上轻质物、筛上砖瓦/石块/炉渣、筛下腐殖营养土和筛下废旧金属四大类物质。

4.2.2　主体设备性能

（1）高压风箱快速去水筛

物料通过上料系统、给料系统，被送入风箱中，通过风叶辊高速旋转，使风箱内产生巨大的气流，气流作用使垃圾物体表面产生强大的气涡流力和摩擦力，物料表面的水分和杂质从筛孔中排出，物料在高速相互摩擦中又与辊上叶片和打棒相互碰撞，使物料产生离心力抛向风箱壁，从而使物料表面的水分和杂质脱离排出风箱外部，因叶片有一定角度，在摩擦去水和杂质同时又进行前行，物料通过后端排料口排出机外，风叶辊产生的风由外部引风机进行负压引风，引出的风经过处理净化又返回机内循环使用，所以无废气排出。随着进料量的增加，物料含水率及含土杂质去除率相应衰减，由于薄膜类物料易包裹，物料量大，在设备运行中难以打散分散，水分较难挥发，且泥土不易排出。

（2）正压风选装置

风选是以空气为分选介质，将轻物料从较重物料中分离出来的方法。随着进料量的增加，风机开度需逐步增加方能满足产能需求；同时，物料增加，包裹现象明显，轻物易成团，密度相应增大，难以被风力吹至尾部从轻物出料端排出，形成重物从重物出料端排出，筛分率有所下降。

（3）振动负压循环风选

分选物料从立式风选箱经过中上部给料送入风力负压分选机中，风选机下端有高速上升的气流，并通过各个 S 风道下料振动板把物料进行打散，同时还可使结团的物料振动打散分层和被曲折 S 弯道高速气流吹散开，物料在立式风选箱中下落过程中以物料密度、质量、受风面积的不同进行负压分离，密度大、质量重、受风力小的物料从机下端排出，密度小、质量轻、受风力大的组分从顶部负压引出，轻物类分选气流经旋风分离器和气体净化设备进行气固分离净化，净化后的气体通过风机再次送入负压风选箱风道中进行循环利用。

109

（4）生活垃圾自洁型滚筒筛

自洁型滚筒筛包括机架、滚筒、下料漏斗、螺旋输送机、风沥干系统和清淤泥系统，滚筒可转动且安装在机架上，滚筒的中心线相对于水平面倾斜设置，从而使滚筒的进料端高于出料端，滚筒的筒壁上分布有筛孔；风沥干系统包括风机、送风管道和吹风管道；清淤泥系统包括刮刀，刮刀的纵向与滚筒的纵向一致，并且刮刀与滚筒的内壁之间存在间隙，以用于刮除滚筒内壁上的泥土。可通过滚筒对生活垃圾进行筛选，并可对滚筒内的生活垃圾进行吹风干燥及清淤，从而对生活垃圾进行分组筛选及处理。

（5）垃圾斜板振动风选组合装置

垃圾斜板振动风选组合装置包括箱体、箱体内部的斜板振动输送机和风循环系统。箱体的外部安装有旋风集料器，旋风集料器的进风口连接有回风管、出风口并与引风管连接，回风管连接有多个安装在箱体外表面且与箱体内部连通的收风罩；该组合装置在利用斜板振动输送机进行分选的同时利用吹风管进行风选，提高了分选效果，能够使轻物和重物分离得更彻底，还通过旋风集料器将吹风管扬起的粉尘、细物通过回风管进行收集，避免粉尘污染。该风循环系统通过初级吹风管和次级吹风管进行两次风选，能够将轻物进行再次风选，分离出轻物中较轻的轻物和较重的轻物，还将吹出的风进行循环，避免排出异味。

4.3 筛分产物资源化利用工艺

4.3.1 轻质物料无水干洗装置

无水干洗装置通过破碎机将较大的物料破碎，破碎后进入滚筒摩擦干洗机中，通过滚筒旋转使塑料与滚筒内的石块或金属块和物料之间互相碰撞摩擦，使油泥和水分较大的物料从第一个出口排出水和较细泥沙，较大的砂砾从第二个筛孔中排出。通过滚筒摩擦干洗机使塑料表面的油泥和水分大部分脱离，脱离的同时上端有收尘收气设备，对物料进行收尘和除湿。干洗后的物料进入磁选重选机，把金属和石块与塑料分离，使金属块和石块又返入滚筒摩擦机中循环利用。磁选重选分离后的物料再进入揉搓干洗机中，将物料上残留的细砂石和细灰尘等杂物从塑料表面摩擦干洗脱离，砂石从下端排出，细的灰尘从上端收尘口吸走。干洗后的物料从该机塑料出口排出，从而实现了塑料干洗。在滚筒筛转速不变情况下，摩擦打棒转速越高，产量就相对有所减小，而杂质和水分去除率提高。滚筒筛转速加大，产量相对增加，但除杂质和除水分相应减少。

4.3.2　垃圾烘干清洗机

垃圾烘干清洗机，通过设置具有进料斗、螺旋输送单元、导料斗和出料单元等部件的机箱，通过螺旋输送单元的对应设置，可有效实现物料的输送，并在输送过程中以螺旋叶片的拍打实现物料表面尘土、杂质的拍落，实现物料的清洗过程；通过进风单元的对应设置，实现热风向筒体内的稳定输送，实现物料的烘干过程。其结构简单，控制简便，能有效实现物料的输送，并在物料输送过程中实现物料的清洗和烘干，提升物料清洗、烘干的效率，为物料的后续筛分提供便利。

4.3.3　EDTA/腐殖酸与柠檬酸/腐殖酸对腐殖土中重金属淋洗效果

土壤具有较强的与重金属污染物结合的能力，因此成了重金属污染的主要集中地之一。如果腐殖土不经事先处理直接用作绿化土壤，土壤中的重金属含量将超过允许的阈值，植物生长会受到不利影响。植物对重金属的毒性具有很强的反应能力。土壤中不同形态的重金属对植物的影响不尽相同，其中游离态重金属最容易被植物吸收。另外，当土壤中重金属含量超过一定浓度时也会对微生物的生长代谢造成不利影响，影响土壤生态平衡。

降低土壤重金属浓度的常用技术包括物理修复、化学修复、电动修复和生物修复技术。其中，土壤淋洗被认为是最有效、快速且经济高效的技术之一，化学淋洗由于其在相对短的时间内的高去除效率而被广泛使用。

乙二胺四乙酸（EDTA）是应用非常广泛的一种螯合剂，对土壤中重金属的去除率较高，因为其对各种金属的螯合能力都很强。柠檬酸（CA）是一种可被生物降解的螯合剂，也被应用于去除土壤中的重金属。但是去除率高的螯合剂也存在着一些不可避免的缺点，例如改变土壤理化性质、存在二次污染问题等。腐殖酸（HA）是一种天然表面活性剂，由于其丰富的含氧官能团，尤其是羧基和酚羟基，不仅可以有效地络合许多不同的金属，而且还可以改善土壤性质。因此，腐殖酸被认为是一种非常有前景的土壤淋洗剂。腐殖酸是腐殖土中腐殖质的成分之一，是腐殖土自身的一部分，不会对环境造成不利影响。若将腐殖土作为淋洗剂来去除腐殖土中的重金属，腐殖质作为改良吸附剂加入受重金属污染的土壤中，不仅可以减少重金属污染，避免土壤结构破坏，同时还可增加土壤肥力。

4.3.3.1　不同体系对腐殖土重金属的去除率

图 4-12 显示了使用单独 EDTA、CA、HA 以及复合 EDTA/HA、CA/HA 的不同淋洗体系对腐殖土中 3 种重金属 Cu、Zn、Mn 的去除结果。可以看出，使用不同的淋洗剂对

于存余垃圾腐殖土中重金属均有一定的去除效果。当使用 EDTA 单独淋洗时，对 Cu、Zn、Mn 的去除率分别为 29.66%、36.53% 和 33.75%；当使用 CA 单独淋洗时，分别为 35.72%、38.24% 和 29.66%。在本实验腐殖土中，单独使用 EDTA 与 CA 的淋洗效果差别不大，3 种金属的去除率从高到低依次为 Zn > Mn > Cu。用 HA 单独淋洗时，对 Cu、Zn、Mn 的去除率依次为 40.23%、25.46% 和 21.45%。可以发现，HA 对 Zn 和 Mn 的去除率不及 EDTA 和 CA，但是对 Cu 的去除率均高于 EDTA 和 CA 单独淋洗。

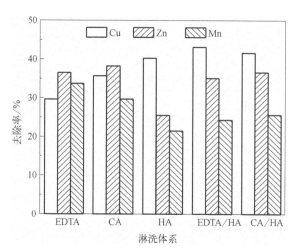

图 4-12   不同体系对存余垃圾腐殖土不同金属的去除率

在 HA 单独淋洗体系中，对金属的去除率从高到低依次为 Cu > Zn > Mn，这是因为金属对腐殖酸有不同的亲和力，对于腐殖酸，二价金属离子的亲和力从高到低为 $Pb^{2+} > Cu^{2+} > Ni^{2+} > Zn^{2+} > Mn^{2+}$。因此，在对腐殖土的淋洗过程中，HA 对 Cu 的去除率高于 Zn 和 Mn。在复合淋洗中，EDTA/HA 对 Cu、Zn、Mn 的去除率分别为 43.14%、35.13% 和 24.32%，HA/CA 对 Cu、Zn、Mn 的去除率分别为 41.64%、36.68% 和 25.62%。EDTA/HA 和 CA/HA 对腐殖土中 Cu 的去除效率高于 EDTA 和 CA，这是因为 HA 对腐殖土中 Cu 的去除效果明显优于 EDTA 和 CA 淋洗；对于 Zn 和 Mn，EDTA 和 CA 的去除效率高于 HA。因此，将 HA 与 EDTA 或者 CA 混合淋洗腐殖土，能够弥补单独淋洗剂处理腐殖土的不足，提高 3 种重金属的去除率。

4.3.3.2   腐殖土淋洗前后基本理化性质分析

在淋洗过程中，淋洗剂不仅能够去除土壤中的重金属，也会在一定程度上改变土壤的理化性质。分别对淋洗前后腐殖土中 pH 值、有机质含量、有效氮、阳离子交换量（CEC）、交换性 K、交换性 Ca、交换性 Mg、电导率（EC）这些指标进行测定后，得出可以作为评估淋洗对土壤有效性的指标。

表 4-3　不同淋洗体系淋洗后存余垃圾腐殖土理化性质测定

性质	初始	EDTA	CA	HA	EDTA/HA	CA/HA
pH 值	7.86	8.32	7.99	7.92	8.19	7.75
有机质含量/（g/kg）	31.9	52.4	53.5	38.1	41.7	32.3
有效氮/（mg/kg）	71	150	85.3	141	138.5	100
CEC/（cmol/kg）	17.2	13.3	14.5	13.0	12.3	12.5
交换性 K/（mg/kg）	430	327	363	375	354	346
交换性 Ca/（mg/kg）	193	208	144	205	187	171
交换性 Mg/（mg/kg）	243	166	132	153	156	137
EC/（μS/cm）	2548	4370	3470	2430	3800	4730

表 4-3 显示了原始腐殖土和使用单独 EDTA、CA、HA 以及复合 EDTA/HA、CA/HA 的不同淋洗体系淋洗后腐殖土的理化性质测试结果，由于使用不同的淋洗剂，腐殖土的理化性质也发生了不同程度的变化。与淋洗前相比，EDTA 和 EDTA/HA 淋洗后，土壤 pH 值略有升高；CA、HA 和 CA/HA 淋洗后，腐殖土的 pH 值几乎没有变化，腐殖土总体呈弱碱性。与原腐殖土相比，EDTA、CA、HA、EDTA/HA 和 CA/HA 淋洗后的腐殖土有机质含量分别提高了 64.26%、67.71%、19.43%、30.72%和 24.76%。有效氮是植物生长的主要营养元素，在 EDTA 和 HA 淋洗后腐殖土中有效氮含量明显增加，这可能与 EDTA 和 HA 残留有关，EDTA 是氨基聚羧酸盐，HA 中富含氮，这两种淋洗剂中氮含量均比较高。

淋洗之后，腐殖土的 CEC 有所下降，CEC 代表了土壤可能保持的养分数量，即代表了保肥性的高低，说明在不同淋洗剂淋洗过后的腐殖土保肥能力均有所下降。在后续绿化用土时应注意这个问题。对于交换性 K、交换性 Ca、交换性 Mg 的变化，在 EDTA、CA、HA、EDTA/HA 和 CA/HA 淋洗后腐殖土中交换性 K 的含量分别下降 40.31%、25.58%、31.86%、33.25%和 22.32%；交换性 Ca 的含量分别下降 28.27%、50.34%、29.31%、35.52%和 41.03%。交换性 Mg 的含量分别下降 31.69%、45.64%、37.04%、35.80%和 43.62%。这是由于在淋洗过程中，腐殖土中的可交换阳离子 K、Ca 和 Mg 部分也会与淋洗剂络合，会同时被去除。与单独 EDTA 淋洗和单独 CA 淋洗相比，添加 HA 后可交换的 K、Ca、Mg 的减少在一定程度上有所降低。EC 为土壤的导电率，用来形容土壤的盐分状况，在一定范围内即绿化标准中提出的 1500～9000μS/cm 范围内，适当高的含盐量有利于植物的生长。混合淋洗后，腐殖土中的含盐量均有较大幅度的增加。因此，综合上述指标的分析，EDTA/HA 淋洗和 CA/HA 淋洗后的腐殖土均保留了大部分养分，理论上来说具有作为绿化栽培基质的潜力。

4.3.3.3　淋洗前后腐殖土中重金属形态分析

在淋洗过后，还有部分金属残留在腐殖土中，残留的重金属以什么形式存在也是评估淋洗效果的指标。重金属的形态根据 BCR 萃取的结果可以分为四种形态，分别是可交换态、可还原态、可氧化态和残渣态。在四种形态中，可交换态和可还原态具有生物可利用性、相对可溶性和易提取性，与可氧化态和残渣态相比，对环境造成的风险更大。

图 4-13、图 4-14 和图 4-15 分别显示了原始腐殖土与使用单独 EDTA、CA、HA 以及复合 EDTA/HA、CA/HA 的不同淋洗体系淋洗后腐殖土中三种重金属 Cu、Zn、Mn 的残留形态分析。结果表明，金属形态随金属种类的不同而变化，四种组分的比例也不尽相同。原始腐殖土中 Cu 的可氧化态占主导地位，其次是残渣态、可还原态和可交换态。原始腐殖土中的 Zn 主要以残渣态存在；原始腐殖土中残渣态 Mn 含量最多，可氧化态 Mn 含量次之，可交换态 Mn 含量最少。与原始腐殖土相比，经过不同淋洗剂淋洗后的腐殖土中 Cu、Zn、Mn 各个形态的含量均有一定程度的降低。

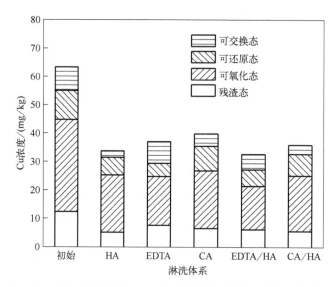

图 4-13 存余垃圾腐殖土 Cu 在不同淋洗条件下金属形态分布

HA 对金属的可交换态和可还原态的去除率较高，而这两种形态的重金属可被生物利用，对环境的危害较大。对于可交换态和可还原态，单独 EDTA 淋洗对 Cu 的去除率分别为 8.56% 和 54.56%，对 Zn 的去除率分别为 45.53% 和 36.34%，对 Mn 的去除率分别为 31.10% 和 49.41%，单独 CA 淋洗对 Cu 的去除率分别为 46.93% 和 18.65%，对 Zn 的去除率分别为 51.61% 和 38.67%，对 Mn 的去除率分别为 28.15% 和 47.34%。而单独 HA 淋洗对 Cu 的去除率分别为 73.13% 和 39.11%，对 Zn 的去除率分别为 62.22% 和 22.39%，对 Mn 的去除率分别为 55.33% 和 49.41%。从这个结果可以发现，HA 对这三种金属可交换态的去除率均高于单独 EDTA 淋洗和单独 CA 淋洗。在混合淋洗 EDTA/HA 体系中，对于可交换态和可还原态，对 Cu 的去除率分别为 34.69% 和 43.14%，对 Zn 的去除率分别为 55.81% 和 30.52%，对 Mn 的去除率分别为 50.48% 和 47.34%。在 CA/HA 体系中，对 Cu 的去除率分别为 61.32% 和 25.49%，对 Zn 的去除率分别为 59.02% 和 33.74%，对

Mn 的去除率分别为 48.54%和 47.34%。HA 的加入提高了可交换态的去除率，同时可还原态的去除率也比单一淋洗的效果更为均衡。因此，混合淋洗可降低腐殖土中残留的重金属的毒性和对环境的危害。

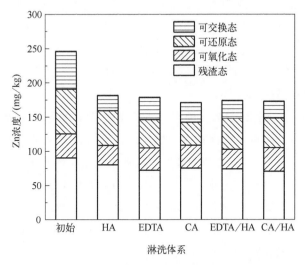

图 4-14　存余垃圾腐殖土 Zn 在不同淋洗条件下金属形态分布

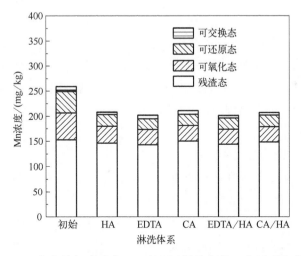

图 4-15　存余垃圾腐殖土 Mn 在不同淋洗条件下金属形态分布

4.3.3.4　不同条件对存余垃圾腐殖土金属去除率的影响

（1）淋洗剂浓度对淋洗效果的影响

淋洗剂浓度是影响淋洗效果的一个重要因素。在两种淋洗体系中，三种重金属的去除率均随淋洗剂浓度的增加而增大。当浓度为 0.15mol/L/1.5g/L 时，EDTA/HA 体系中

Cu、Zn、Mn 的去除率分别达到了 43.20%、37.39%、27.38%，CA/HA 体系中 Cu、Zn、Mn 的去除率分别达到了 49.15%、37.83%、25.12%。随着淋洗剂浓度的增大，重金属和腐殖土颗粒之间的离解作用增强。同时较高浓度的淋洗液可产生很多基团与配体，与更多的重金属离子结合，直接促进金属离子-配体络合反应形成螯合物，促进金属离子-配体的络合反应向螯合物形成的方向移动，从而提高重金属的去除率。而且土壤中同时会存在其他的非目标重金属，这些金属也会在淋洗过程中与淋洗剂络合，与目标重金属 Cu、Zn、Mn 存在竞争关系，因此适当提高淋洗剂浓度能够达到更好的去除效果。

（2）pH 值对淋洗效果的影响

淋洗液的 pH 值可能会影响金属种类、离子交换活性和吸附/解吸反应，从而影响螯合剂去除金属的能力。两种淋洗体系对土壤 Cu、Zn、Mn 的去除率均随淋洗液的 pH 值从 3.0 增加到 11.0 而降低。当 pH 值为 3 时，两种体系下腐殖土中 Zn 的去除率可达 50%以上，而 pH 值为 11 时 Zn 的去除率不到 15%，当 pH 值为 3 时 Mn 的去除率在 35%左右，而 pH 值为 11 时，EDTA/HA 体系 Mn 的去除率为 14.32%，在 CA/HA 体系中去除率仅为 8.49%。在酸性条件下，大量的 H$^+$ 降低了土壤颗粒的表面负电荷，促进了金属离子的离解，因此去除率通常随 pH 值的降低而提高。

在碱性条件下，铜的去除率也有所下降，但与 Zn、Mn 相比，pH 值对铜的去除率影响没有那么明显。这是在酸性条件下，H$^+$ 与金属离子争夺腐殖酸中 COOH—结合位点的缘故，而腐殖酸对 Cu 的去除率较高，在 EDTA/HA 和 CA/HA 体系中 HA 对 Cu 的去除占主导作用，且 HA 对 Cu 的去除率会随着 pH 值的增大而增大。对于 EDTA 和 CA，在碱性条件下，淋洗剂的螯合常数可能会降低，而金属离子的水解效果会增强，因此对重金属的去除效果会下降。对于 Zn、Mn，EDTA 和 CA 的去除效果强于 HA，因此随着 pH 值的改变去除率的变化程度较大。总体来说，对腐殖土中这三种重金属的去除在酸性条件下淋洗效果更佳。

（3）淋洗时间对淋洗效果的影响

淋洗时间是影响去除率的另一个重要因素。Cu、Zn、Mn 的去除率分两步提高，随着时间从 0h 增加到 3h，金属去除率显著增加，随着时间延长到 5h，三种重金属的去除率不再显著增加，在淋洗时间为 5h 时去除率仅比 15h 时低 1.67%～8.92%。淋洗率在 0～3h 之间的快速变化可能是由于重金属易提取部分最先被提取，在更长时间的活化和螯合之后，其余的较稳定成分才被提取到淋洗液中。从实验结果来看，在淋洗时间为 5h 时已经达到了较高的去除率，EDTA/HA 淋洗体系中 Cu、Zn、Mn 的去除率分别为 42.39%、35.19%、24.31%，CA/HA 淋洗体系中 Cu、Zn、Mn 的去除率分别为 43.66%、36.07%、25.74%。

（4）固液比对淋洗效果的影响

固液比（S/L）也是一个对腐殖土中重金属去除效果影响较大的因素。随着 S/L 值的减小，Cu、Zn、Mn 的去除率都有所提高。因为在较低的 S/L 值下，腐殖土颗粒能较好地在淋洗剂之间扩散开，使腐殖土颗粒周围的淋洗剂更多，螯合剂的可用性越高，与金属的螯合作用也更完全。然而，考虑到实际应用，低 S/L 值将导致更多的残余金属淋洗液需要处理，成本较高。

4.3.4　EDTA/腐殖酸与柠檬酸/腐殖酸淋洗腐殖土中重金属参数优化及绿化应用

响应面曲线法（RSM）是一种非常实用的模型，用于探究不同独立变量之间存在的交互关系。采用 Box-Behnken 方法建立 RSM 模型，对三种重金属去除效果进行参数优化，以 Cu、Zn 和 Mn 的去除率作为因变量进行分析，选择淋洗液浓度、时间和 pH 值作为三个独立变量。使用方差分析对独立参数和输出响应进行建模和优化，通过 Design-Expert 8.0.1 软件进行模型建立和数据分析。用于预测最佳实验条件。

在 EDTA/HA 淋洗体系中，Cu、Zn 和 Mn 的 F 值（F 值表示方差分析中整个拟合方程的显著性，F 值越大，表示方程越显著，拟合程度也就越好）分别为 19.48、31.81、79.37，在 CA/HA 淋洗体系中 Cu、Zn 和 Mn 的 F 值分别为 10.97、30.59 和 34.51，且 p 值（p 值是衡量控制组与实验组差异大小的指标）<0.05，这些数据表明该二次模型是有意义的，可用于优化研究。所有淋洗体系对 Cu、Zn 和 Mn 去除的响应都非常显著。同时，在 EDTA/HA 淋洗体系和 CA/HA 淋洗体系中的 R^2 和 R_{adj}^2 值都接近 1，这表明了预测值和实际值之间的一致性。两种淋洗体系中三种金属的变异系数（CV）在 3%～9% 之间，表明该模型具有较高的精度和可靠性。如果 CV$<$10%，则二次模型是可重现的。Adeq precision 的值代表着信噪比，信噪比介于 10～32 之间，体现了模型的适用性，因为当信噪比大于 4 时证明模型适用性高。方差分析充分表明了模型的可靠性，以 EDTA/HA 淋洗体系中 Cu 的去除率（Y_1）为例，A、B、C、A^2、C^2、BC 显著，而 B^2、AB、AC 则不显著，这证明了淋洗过程中不同变量的重要性。

为进一步研究自变量在响应上的相互作用，根据拟合模型方程绘制了二维轮廓图（图 4-16 和图 4-17，书后另见彩图）。圆形轮廓图意味着可以忽略相应变量之间的相互作用，而椭圆形轮廓图则相反。如图 4-16 所示，在 EDTA/HA 淋洗体系中，椭圆形等高线图表明 pH 值和浓度之间存在很强的相互作用。在 pH=3.00 时，随着 EDTA/HA 的浓度从 0.05mol/L/0.5g/L 升高到 0.15mol/L/1.5g/L，Cu、Zn 和 Mn 的去除率稳定增加。然而，在 pH=5.00 时，去除效率随 EDTA/HA 浓度的升高而缓慢增加。CA/HA 淋洗体系中可以获得相似的结果。淋洗剂浓度和淋洗时间的增加都将破坏土壤中重金属的化学键，因此能提高重金属的去除率。金属去除率随着淋洗时间从 120min 增加到 300min 而稳定增加，并且去除率的增加在较高浓度下看起来更明显。此外，pH 值和淋洗时间之间的相互作用非常显著。当 pH 值从 3 增加到 5 时，随着淋洗时间从 120min 增加到 300min，去除率却降低。这是由于在低 pH 值的条件下，大量的 H^+ 会导致金属离子从土壤胶体表面解吸，并随着淋洗时间的延长而增强。

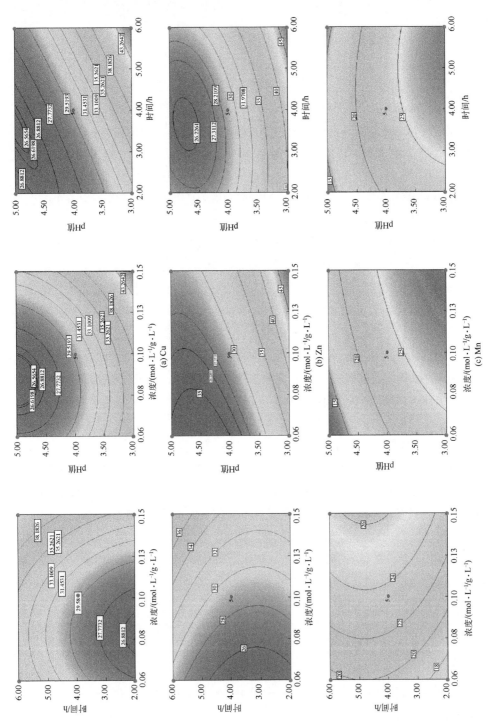

图 4-16　EDTA/HA 淋洗过程两个独立变量对存余垃圾腐殖土中 Cu、Zn 和 Mn 去除的影响（将另一个变量保持在中心值）

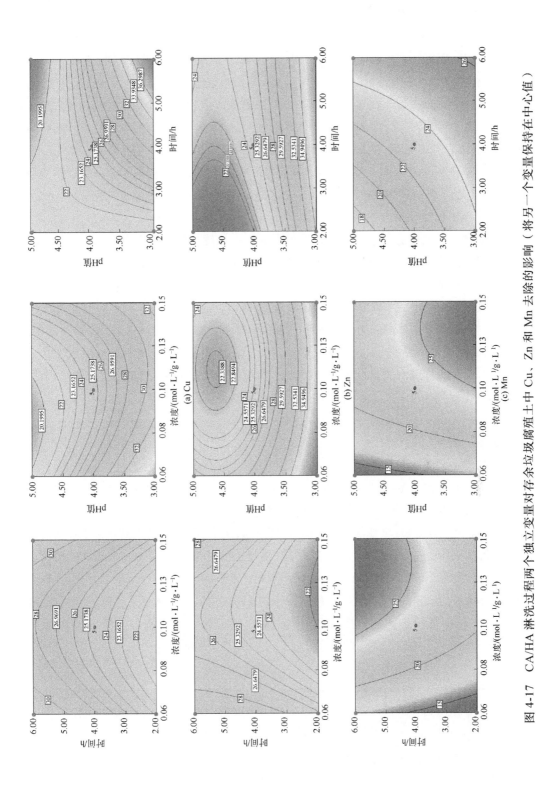

图 4-17　CA/HA 淋洗过程两个独立变量对存余垃圾腐殖土中 Cu、Zn 和 Mn 去除的影响（将另一个变量保持在中心值）

（1）金属淋洗去除优化结果

通过建立的 RSM 模型优化了重金属去除的条件，该优化将淋洗剂浓度、pH 值和淋洗时间设置在其范围内，然后优化变量来确定达到最大重金属去除率时的条件。对于 EDTA/HA 淋洗体系，去除金属的最佳条件是 EDTA/HA 浓度为 0.15mol/L/1.5g/L，pH 值为 3.03，淋洗时间为 286.3min。在这些条件下，Cu、Zn 和 Mn 的预计去除效率分别为 49.12%、44.96% 和 31.03%。对于 CA/HA 淋洗体系，去除金属的最佳条件是 CA/HA 浓度为 0.15mol/L/1.5g/L，pH 值为 3.06，淋洗时间为 292.5min。在这些条件下，预计的 Cu、Zn 和 Mn 去除率分别为 45.45%、42.27% 和 29.14%。在最佳条件下重复两组实验以评估模型的有效性，实验结果与预测数据密切相关，因百分比误差均＜5%，表明该模型是可靠的。

（2）腐殖土作绿化用土的可行性

垃圾腐殖土作为绿化基质使用可以增加土壤中有机质及养分质量分数，本实验将淋洗后的垃圾腐殖土和绿化土壤按照腐殖土添加质量分数 0%、25%、50%、75%、100% 五种配比混合，并放入花盆中，在花盆中分别播种黑麦草、千日红和长春花，定期观测植物生长生理指标，考察淋洗后的土壤对植物的影响。

随着时间的推移，不同腐殖土比例下三种植物株高、株长均逐渐增大。对于黑麦草，在腐殖土质量分数为 25% 时生长状况最好；对于千日红及长春花，在不添加腐殖土时生长状况最好。垃圾腐殖土质量分数为 100% 时，栽植的三种植物生长情况表现最差。添加淋洗后腐殖土比例为 25% 时，能提供腐殖土中原有的营养物质而有害元素含量又较低。因此考虑到植物生长和腐殖土中重金属对植物和土壤的危害作用，垃圾腐殖土在绿化应用中添加量（质量分数）为 25% 较适宜。

（3）植物体内重金属含量测定

通过对植物体内重金属的吸收累积状况进行分析，可了解利用淋洗后腐殖土作为栽培基质种植的植物体内重金属的代谢状况。使用淋洗后腐殖土与绿化土混合的土壤作为栽培基质，以长春花、千日红以及黑麦草三种植物为研究对象来考察添加腐殖土对植物生长状况的影响以及腐殖土内重金属在植物体内的迁移。在植物生长周期结束后，对不同植物体内重金属的含量进行测量。使用垃圾腐殖土作为绿化基质，以添加质量分数为 50% 的一组盆栽为对象，测定长春花、千日红、黑麦草三种植物体内不同部位的重金属浓度，根据《粮食（含谷物、豆类、薯类）及制品中铅、铬、镉、汞、硒、砷、铜、锌等八种元素限量》（NY 861—2004），三种植物体内叶子和根部的重金属含量均远小于标准，满足绿化要求。

（4）腐殖土重金属浸出实验

土壤重金属污染具有持久性、隐蔽性和不可逆性等特点。重金属对环境的影响并不仅取决于重金属总量，更取决于重金属在土壤中的形态。重金属的浸出率可以用来分析重金属在土壤中的迁移性和对生物的有效性。

在存余垃圾腐殖土中，不同重金属的浸出量有所不同，浸出量 Mn＞Zn＞Cu。原样中 Cu、Zn、Mn 的浸出量分别为 11.05mg/kg、275mg/kg、226.4mg/kg，在经过 EDTA/HA 以及 CA/HA 淋洗后的腐殖土中重金属浸出量大大减少，分别为 5.45mg/kg、78.1mg/kg、

96.4mg/kg 和 3.2mg/kg、165.4mg/kg、113.5mg/kg。从总体上来看，在经过 EDTA/HA 和 CA/HA 淋洗的腐殖土与原样的浸出毒性相比有较大程度的下降，且 EDTA/HA 淋洗后的腐殖土浸出毒性低于 CA/HA 淋洗后的腐殖土。

在腐殖土未经处理时，金属的浸出率较高，特别是 Zn 和 Mn，两者的浸出率达到了 40% 左右，毒性较大，对环境有较大的危害。在经过淋洗处理后，Cu、Zn、Mn 三种金属的浸出率均下降，且在 20% 以下，降低了环境污染的风险。

4.4 工程示范设计施工运维集成技术装备

4.4.1 垃圾堆放场开挖技术评价指标体系

随着填埋场开挖技术逐渐得到重视，建立填埋场开挖技术评价体系显得尤为重要。目前尚未出现填埋场开挖技术的评价标准，相关研究也较少。填埋场开挖技术评价是根据填埋场自身的特点及项目要求对被开挖填埋场的安全、环保、社会影响等方面进行综合性考察的方法，其目标是评价垃圾填埋场开挖修复工程本身的等级和优劣，而非判断某个垃圾填埋场是否适合采用开挖利用的方式进行修复。

对于一个填埋场来说，要进行开挖修复，仅仅从经济效益或者环境污染的角度对其进行分析是不够的，还涉及安全、环保、社会影响在内的方方面面，需要考虑不同因素在内的综合影响。例如，开挖施工前需对填埋场的稳定化程度、周边环境、水文地质条件进行调查，对开挖过程可能存在的环境污染和施工风险进行评估，并且在挖掘后期还需判断挖掘物料的分选回收水平，以保证开挖修复工程的经济效益。综上所述，填埋场开挖技术评价具有影响因素较多、调查范围较广等特点。

在实际工程应用中，应根据项目的适用范围、评价阶段、预测需求、统计数据等实际情况选择合适的方法。

4.4.1.1 层次分析法的建立

构建层次分析结构模型的主要目的是建立适当的评价体系，基于最高目标层对评价结果进行逐层分解，直至最下层因素。填埋场开挖技术评价体系可分为安全因素、环保因素、技术经济因素三个主要因素（或层次），这三个因素分别从填埋场开挖的安全性、环保性和经济可行性对其做出评价。构建了层次分析结构模型后，采用专家打分的方式对各层次因素进行比较打分，并以此建立三角模糊数判断矩阵。对评价体系中的其他层次进行逐一计算分析，可以计算出该评价体系中所有影响指标相对于上一层对应的指标的权重，继而得到每个影响指标对评价体系的影响力大小，从而实现评价指标体系的建立。填埋垃圾开挖评价体系根据影响因素的优先等级，可分为安全指标、环境指标以及社会经济指标三个一级指标，其中安全指标又可分为封场年限、开挖边坡比、开挖深度、渗滤液水位比、填埋气甲烷浓度、填埋气产生速率、有机质含量等二级指标，环境指标可分为恶臭指标、扬尘指标、噪声指标、渗滤液水质指标、病原体污染指标等二级指标，社会经济指标可分为单位工程建设投资、单位处理成本等二级指标，评价体系如图 4-18 所示。

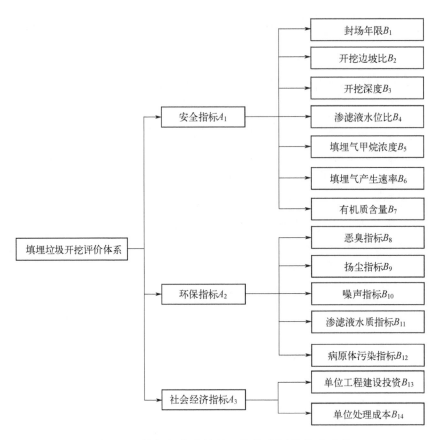

图 4-18　填埋场存余垃圾开挖技术评价体系示意

4.4.1.2　评价指标的选取

填埋场开挖技术评价指标的选择和分级遵循以下原则：

① 通过参考填埋场开挖领域的相关文献或研究对填埋场开挖影响指标进行评分分级。

② 通过参考填埋场开挖影响指标在国家或行业的技术规范和法律政策中的类似规定，对填埋场开挖影响指标的范围或限定值进行分级。

③ 根据关于边坡稳定性的研究成果确定某些指标的分级范围。

（1）安全指标

安全指标（A_1）分为封场年限、开挖边坡比、开挖深度、渗滤液水位比、填埋气甲
烷浓度、填埋气产生速率、有机质含量，主要从防爆、防塌、防滑坡等角度评价填埋场
开挖的安全性。

1）封场年限 B_1

填埋场的封场年限决定了其堆体内部的腐熟程度，封场年限越久，堆体内部的垃圾
腐熟程度越高，填埋场开挖的效果越好。随着填埋时间延长，垃圾中的有机物逐步转化
为稳定的无机物，可降解有机成分逐渐分解为矿物质如水和二氧化碳、可浸出无机盐成
分并随渗滤液流出。当垃圾场沉降速率很小后，便认为填埋场达到了稳定化。根据相关
文献，将封场年限进行分级，如表 4-4 所列。

表 4-4　封场年限评分值及对应效果等级

封场年限/年	0 ~ 4	4 ~ 8	8 ~ 15	> 15
评分值	1	4	7	10
对应效果等级	差	中	良	优

2）开挖边坡比 B_2

填埋堆体的边坡比对填埋场开挖安全具有十分重要的影响，边坡比的大小对应着边
坡安全系数的大小：边坡比越大，边坡越陡，则边坡安全系数越小，边坡越容易发生崩
塌等风险。对于填埋场放坡开挖时边坡比的取值范围，根据相关文献和已开展的填埋场
开采项目收集了开挖边坡比的数据，综合分析不同边坡比时浅层垃圾和深层垃圾的安全
系数，并考虑实际工程中的清除效率，将开挖边坡比进行分级，如表 4-5 所列。

表 4-5　开挖边坡比评分值及对应效果等级

开挖边坡比	≥1/0.75	1/0.75 ~ 1/1	1/1 ~ 1/2	1/2 ~ 1/3
评分值	1	4	7	10
对应效果等级	差	中	良	优

3）开挖深度 B_3

填埋场开挖过程中，除了对堆体垃圾进行放坡开挖，还会出现从平地向下开挖的
情况，如平原型填埋场、地下式填埋场。对于这一类开挖工况不仅要考虑开挖边坡比
对安全性的影响，也需要考虑开挖深度对安全性的影响。参考《生活垃圾卫生填埋场
岩土工程技术规范》（CJJ 176—2012）中的相关要求，将开挖深度进行分级，如表 4-6
所列。

表 4-6 开挖深度评分值及对应效果等级

开挖深度/m	≥60	45~60	30~45	<30
评分值	1	4	7	10
对应效果等级	差	中	良	优

4）渗滤液水位比 B_4

渗滤液水位比是垃圾堆体开挖过程中影响边坡稳定性的一个重要因素,主要表现在:

① 填埋堆体吸水后土体软化,工程性质发生变化;

② 堆体内部孔隙水压力升高导致土体强度降低;

③ 渗滤液中重金属对构筑物产生侵蚀腐坏,从而降低填埋堆体稳定性。

渗滤液水位比分级如表 4-7 所列。

表 4-7 渗滤液水位比评分值及对应效果等级

渗滤液水位比	≥0.6	0.6~0.4	0.4~0.2	≤0.2
评分值	1	4	7	10
对应效果等级	差	中	良	优

5）填埋气甲烷浓度 B_5

陈腐垃圾分解产生的甲烷、硫化氢等填埋气体在开挖过程中可能引起爆炸、火灾等安全风险。为了降低风险,垃圾填埋场开挖项目通常是在封场年限较长的稳定填埋场上进行。事实上,填埋气体的产量也和封场年限有关,但对于评价体系的建立来说,依然有必要将填埋气中的可燃气体浓度纳入考虑范围。以甲烷为例,甲烷的爆炸极限在5%~15%之间,但是对于垃圾填埋场来说,填埋气体中的甲烷浓度则有可能高达50%甚至超过该数值,所以甲烷浓度对填埋场的安全开挖具有相当重要的指示意义。根据《生活垃圾填埋场稳定化场地利用技术要求》(GB/T 25179—2010)中关于填埋气体的相关要求以及《生活垃圾填埋场污染控制标准》(GB 16889—2008)第9.2.2条规定,将填埋气体浓度进行分级,如表 4-8 所列。

表 4-8 填埋气体浓度评分值及对应效果等级

填埋气甲烷浓度	>5%	≤5%且不影响植物生长	5%~1%	<1%
评分值	1	4	7	10
对应效果等级	差	中	良	优

6）填埋气产生速率 B_6

填埋气体是一种易燃易爆的大气污染物,根据标准和文献等相关资料,将填埋气产生速率进行分级,如表 4-9 所列。

表 4-9　填埋气产生速率评分值及对应效果等级

填埋气产生速率/a^{-1}	> 0.2	0.1 ~ 0.2	0.05 ~ 0.1	≤ 0.05
评分值	1	4	7	10
对应效果等级	差	中	良	优

7）有机质含量 B_7

我国的城市生活垃圾具有高食物含量与高含水率的特点，有机质含量一般超过 50%。其中可降解组分主要包括厨余类、纸类、木竹类、纺织类，可降解的化学物质有蛋白质、脂肪、木质素、碳水化合物以及纤维素等。垃圾中的可降解物质在经过长时间复杂的生化反应后逐步稳定腐熟、转化为陈腐垃圾并产生渗滤液或者填埋气体排出堆体，从而引起填埋堆体局部陷落并进一步形成填埋堆体的塌陷和沉降，对填埋堆体稳定性造成不利影响。根据相关标准与文献成果，将有机质含量指标进行分级，如表 4-10 所列。

表 4-10　有机质含量指标评分值及对应效果等级

有机质含量	≥ 20%	稍高，< 20%	较低，< 16%	低，< 9%
评分值	1	4	7	10
对应效果等级	差	中	良	优

（2）环保指标

环保指标 A_2 主要分为恶臭指标、扬尘指标、噪声指标、渗滤液水质指标、病原体污染指标 5 个指标，从环保、防污、卫生健康等角度评价填埋场开挖的环保性。

1）恶臭指标 B_8

堆体内部由于厌氧反应会产生难闻的有毒有害气体，而填埋场开挖时无法避免地会将这些气体暴露在大气中。因此开挖过程中应及时覆膜或利用雾炮机喷洒除臭剂，避免对周围居民环境造成恶劣影响。根据《恶臭污染物排放标准》（GB 14554—93）以及《环境空气质量标准》（GB 3095—2012），将恶臭指标量化为臭气浓度并分级，如表 4-11 所列。

表 4-11　恶臭指标评分值及对应效果等级

臭气浓度/%	≥ 60	30 ~ 60	10 ~ 30	≤ 10
评分值	1	4	7	10
对应效果等级	差	中	良	优

2）扬尘指标 B_9

填埋场开挖工程施工中，不可避免地会出现因为挖掘施工而造成现场扬尘污染的情况。为了减少扬尘对周围环境和居民生活的影响，建议施工中及时覆膜并在开挖堆体表面洒水防止扬尘。根据《环境空气质量标准》（GB 3095—2012）和《生活垃圾卫生填埋场环境监测技术要求》（GB/T 18772—2017），以总悬浮物为参考对象，将扬尘指标量化为总悬浮颗粒物浓度并分级，如表4-12所列。

表4-12　扬尘指标评分值及对应效果等级

总悬浮颗粒物/（μg/m³）	≥300	300~200	200~120	≤120
评分值	1	4	7	10
对应效果等级	差	中	良	优

3）噪声指标 B_{10}

挖掘类工程不可避免地会出现噪声污染的情况，尤其是夜间施工会对周边居民的正常生活造成极其严重的干扰。机械选型上也应尽量选择低噪声机械并对施工机械如挖掘机、破碎机、运输机等采取降噪措施，同时在挖掘现场周围或居民集中地周围也应该设立临时的声障装置阻碍噪声污染。根据《声环境质量标准》（GB 3096—2008）中第4条声环境功能区分类的相关规定，填埋场开挖施工项目应属于3类声环境功能区，根据《工业企业厂界环境噪声排放标准》（GB 12348—2008）将噪声指标量化为环境噪声排放限值并分级，如表4-13所列。

表4-13　噪声指标评分值及对应效果等级

环境噪声排放限值/dB（A）	白天>65，夜晚>55	白天≤65，夜晚>55	白天>65，夜晚≤55	白天≤65，夜晚≤55
评分值	1	4	7	10
对应效果等级	差	中	良	优

4）渗滤液水质指标 B_{11}

和安全指标中的渗滤液水位比对填埋场开挖的安全性影响一样，渗滤液水质同样对填埋场开挖技术存在不可忽视的影响，除了对周边水环境的污染问题，另一个较为严重的影响就是重金属离子会对填埋场内部的构筑物造成电化学破坏。根据《生活垃圾填埋场污染控制标准》（GB 16889—2008）中相关要求，将渗滤液水质指标量化为 BOD_5 与 COD 的比值并分级，如表4-14所列。

表4-14　渗滤液水质指标评分值及对应效果等级

BOD_5/COD 值	>0.5	0.5~0.3	0.3~0.1	<0.1
评分值	1	4	7	10
对应效果等级	差	中	良	优

5）病原体污染指标 B_{12}

填埋场中垃圾成分较为复杂，填埋堆体和渗滤液中存在大量病原体，在开挖过程中

存在对人体的健康卫生威胁。根据《生活垃圾填埋场污染控制标准》（GB 16889—2008）
的相关要求以及《地表水环境质量标准》（GB 3838—2002），将病原体污染指标量化为
粪大肠菌群数并分级，如表 4-15 所列。

表 4-15   病原体污染指标评分值及对应效果等级

粪大肠菌群数/（个/L）	> 2000	1500 ~ 2000	1000 ~ 1500	< 1000
评分值	1	4	7	10
对应效果等级	差	中	良	优

（3）社会经济指标

填埋场开挖修复工程开挖施工阶段的费用主要包括直接工程费用、工程其他费用和
基本预备费。根据经验，工程费用可以依据垃圾库容计算，主要对设备（如勘测设备、
开采设备、运输设备）费用、基础设施（如给排水、电力、通信）费用、设计费用、人
工费用进行评估。其中直接工程费用包括平整费、好氧稳定费、开挖费、挖掘物料外运
费、臭气污水处理费、厂区环保措施费等。开挖工程中的建设内容包括堆体开挖前整形、
堆体好氧预处理、非开挖区覆盖、堆体给排水设施、开挖和运输机械设备、污水收集处
理设施、除臭降尘设施、防爆设施等，而平均每个开挖单元所需的建设投资即为单位工
程建设投资 B_{13}，平均每个开挖单元所需的处理成本即为单位处理成本 B_{14}。我国目前暂
时没有针对填埋场开挖修复治理的投资估算标准，因此根据实际工程经验，将填埋场开
挖的技术经济指标 A_3 进行分级，如表 4-16 和表 4-17 所列。

表 4-16   单位工程建设投资评分值及对应效果等级

单位工程建设投资/（元/m³）	> 50	30 ~ 50	10 ~ 30	< 10
评分值	1	4	7	10
对应效果等级	差	中	良	优

表 4-17   单位处理成本评分值及对应效果等级

单位处理成本/（元/m³）	> 100	80 ~ 100	50 ~ 80	< 50
评分值	1	4	7	10
对应效果等级	差	中	良	优

4.4.1.3   评价指标权重的确定

构建层次模糊互补判断矩阵，依据标度表的打分标准，邀请 6 名专业人士接受"垃
圾场开挖评价指标重要性"调查，根据专业经验分析不同层次的影响指标，然后进行两

两对比。通过一致性检验以及层次排序，得出了各项影响指标对决策目的的影响程度以及权重占比后，计算出垃圾堆放场开挖技术评价体系的综合指数。通过计算可将垃圾堆放场开挖技术评价体系综合指数（R）随机分布在 1～10 之间，采用等间距法，将垃圾堆放场开挖技术评价体系划分为 3 个等级，如表 4-18 所列。

表 4-18　垃圾堆放场开挖技术评价等级

等级划分	优	中	差
综合指数（R）	$7 < R \leqslant 10$	$4 < R \leqslant 7$	$1 < R \leqslant 4$

本研究利用模糊层次分析法建立了垃圾堆放场开挖技术评价指标体系，从安全、环保、技术经济 3 个方面设计了 3 个一级指标与 14 个二级指标，并对各个层次的指标进行了评分和等级分级，通过专家评分法构造三角模糊数判断矩阵，利用 yaahp（yet another AHP）综合评价辅助软件计算出各指标所占权重，得到了填埋场开挖技术评价体系影响指标权重。

4.4.2　填埋场开挖技术及边坡稳定性分析

填埋场开挖一般在封场后进行，且开挖方式常为放坡开挖，所以考虑到填埋堆体的边坡稳定性需要分析填埋场开挖时的边坡稳定性影响因素。根据资料，填埋场的封场年限、稳定（或沉降）程度、开挖垃圾性质、渗滤液水位和填埋操作方式等都会影响开挖工程的进行。而影响垃圾填埋场边坡稳定性的因素根据一般土体边坡稳定规律可以概括为垃圾土的抗剪强度参数（总应力或有效应力强度指标）、填埋场的几何尺寸（坡高、坡角）、垃圾土的重力密度及孔隙水应力等几点。由此垃圾堆体开挖需要考虑的因素主要包括填埋场年限（即垃圾龄期）、垃圾土的物理性质（组成成分、容重或密度、含水率、孔隙比、粒径）、化学性质（有机物含量）、力学性质（抗剪强度、内摩擦角、黏聚力）、渗滤液主水位以及社会因素（法规、社会接受度、经济性和可行性）等几个方面。本节主要从垃圾堆体边坡稳定性的角度来分析不同影响因素对垃圾堆体开挖安全性的影响。通过探讨不同条件对垃圾边坡稳定性的影响，研究不同条件下垃圾堆体开挖的最小安全系数 F_s，并将安全系数 F_s 作为填埋堆体开挖稳定性的代表参数。利用 GeoStudio 软件的 Slope/W 模块模拟新鲜垃圾和老龄垃圾在不同条件（渗滤液水位、垃圾龄期或填埋年限、填埋气体、边坡比等）下的填埋堆体边坡安全系数，探究不同填埋龄期垃圾堆体开挖的建议参数。

4.4.2.1　填埋场稳定性分析方法

垃圾堆放场地在进行开挖修复时，常存在失稳滑坡的安全隐患，比较常见的滑坡方式有填埋堆体内部的滑塌、填埋衬垫层的滑移等。如果对边坡内部结构和填埋垃圾没有清楚系统的认识，很可能会在挖掘过程中发生堆体滑坡和崩塌的情况。

普遍意义上的边坡稳定性分析在传统工程中较为常见，如水利工程中的库岸稳定、土木工程中的基坑开挖、道路工程中的路基边坡稳定分析，分析方法主要分为强度折减和极限平衡两大类，而极限平衡法又包括普通条分法、摩根斯坦-普莱斯法（Morgenstern-Price 法）。

影响垃圾填埋场开挖的因素主要包括垃圾填埋场年限、开挖垃圾性质、垃圾堆体边坡比及渗滤液水位。综合这些因素之间互相的影响还有工程实际应用条件，选择边坡比、容重、内摩擦角、黏聚力、渗滤液的水位高度 5 个因素进行建模，计算不同影响因素下的边坡最小安全系数，分析不同影响因素下填埋场开挖的最佳工程参数，并得到新鲜垃圾和老龄垃圾的开挖建议值。

建立垃圾堆体模型时，垃圾的物理参数与力学参数对整个模型的计算至关重要。本模型中涉及的结构包括垃圾坝、填埋垃圾、边坡 3 个部分。其数值确定主要依据研究过程中收集到的各个文献中垃圾场的土工试验结果数据以及《生活垃圾卫生填埋处理技术规范》（GB 50869—2013）、《生活垃圾卫生填埋场岩土工程技术规范》（CJJ 176—2012）中的相关标准要求。

4.4.2.2　垃圾堆体土力学参数范围及模型参数确定

（1）垃圾堆体土力学参数范围

不同垃圾场之间的土力学参数甚至可能出现趋势完全相反的情况，单就黏聚力而言，黏聚力可能会随埋深增大而增大，也可能会随埋深增大而减小，也可能在短期内呈现出黏聚力随埋深的增大先增大后减小的趋势。但从总体上来看，容重、含水率、内摩擦角表现出随埋深增大而增大，黏聚力随埋深增大而减小的规律，孔隙比则无规律性变化。理论上，在同一个填埋场中，下层垃圾受到上层垃圾的重力作用逐渐被压实，下层垃圾容重逐渐变大，而渗滤液也会在重力作用下流向埋深较深的垃圾土层，导致下层含水率升高。

（2）极限平衡算法选择

根据《生活垃圾卫生填埋处理技术规范》（GB 50869—2013）中提到的边坡稳定性计算方法，不同类型的边坡与不同的破坏形式所采用的计算方法也不同，如规模较大的岩质边坡宜采用的圆弧滑动法，而对于复杂结构的岩质边坡则应采用实体比例投影法计算。如果破坏机制无法通过简单分析得到，则应该结合数值分析法进行分析。在衬垫的影响下，填埋场边坡破坏以平移滑动居多，极限平衡法在模拟填埋场边坡的非圆弧滑动计算时有一定的优势。

（3）边坡稳定安全系数规范要求

根据《生活垃圾卫生填埋处理技术规范》（GB 50869—2013）进行填埋场边坡的稳定性计算时，要求根据地质特征、场地形貌以及施工方案等选择有代表性的剖面。边坡稳定性验算时，为保障开挖施工安全，填埋堆体的稳定性系数 F_s 要求不小于表 4-19 规定的稳定安全系数限定值，否则应暂停挖掘施工并对填埋场边坡进行稳定化处理后再行开展。

表 4-19　边坡稳定安全系数

计算方法	不同安全等级对应的稳定安全系数		
	一级边坡	二级边坡	三级边坡
平面滑动法	1.35	1.30	1.25
折现滑动法	1.35	1.30	1.25
圆弧滑动法	1.30	1.25	1.20

根据《生活垃圾卫生填埋场岩土工程技术规范》（CJJ 176—2012），垃圾堆体边坡的运用条件可分为正常运用条件、非常运用条件Ⅰ和非常运用条件Ⅱ三种（表4-20），其中第一种正常运用条件为填埋场工程投入运行后长时间持续或者经常发生的情况，例如垃圾场的填埋、封场以及渗滤液水位正常水平运行状态。

表 4-20　填埋场边坡抗滑稳定最小安全系数标准

运用条件	不同安全等级对应的稳定最小安全系数标准		
	一级边坡	二级边坡	三级边坡
正常运用条件	1.35	1.30	1.25
非常运用条件Ⅰ	1.30	1.25	1.20
非常运用条件Ⅱ	1.15	1.10	1.05

（4）垃圾堆体边坡参数选择

根据《生活垃圾卫生填埋处理技术规范》（GB 50869—2013），填埋场封场时堆体整形顶面坡度应≥5%。对于边坡比>10%的堆体宜采用多级台阶，台阶间边坡坡度应该≤1/3。

垃圾堆体不同安全等级对应的边坡坡高见表 4-21。

表 4-21　垃圾堆体不同安全等级对应的边坡坡高

安全等级	堆体边坡坡高 H/m
一级边坡	$H \geqslant 60$
二级边坡	$30 \leqslant H < 60$
三级边坡	$H < 30$

（5）垃圾容重对边坡稳定性的影响

随着垃圾容重增大和边坡比增大（即垃圾堆体边坡变陡），垃圾堆体的安全系数逐渐减小。同时，在边坡比逐渐变大的情况下，老龄垃圾的安全系数始终大于 1.25 的最小限值，而新鲜垃圾随容重的增大其安全系数浮动较大，不利于填埋场开挖工程的施工。

（6）内摩擦角对边坡稳定性的影响

随着垃圾内摩擦角增大和边坡比变小，垃圾堆体的安全系数逐渐增大。在同等边坡比的条件下，老龄垃圾的安全系数稍大于新鲜垃圾，开挖风险相对而言更小。结合实际工程与相关规范标准，建议边坡开挖的边坡比 > 1/2，新鲜垃圾的内摩擦角建议在 22° 以上，老龄垃圾的内摩擦角建议在 10° 以上。

（7）黏聚力对边坡稳定性的影响

随着垃圾黏聚力降低和边坡比增大（即垃圾堆体边坡变陡），垃圾堆体的安全系数逐渐减小。新鲜垃圾在边坡比为 1/3 的条件下仍存在安全系数 < 1.25 的情况，即开挖风险较高；而在同等边坡比的条件下，老龄垃圾的安全系数明显大于新鲜垃圾，且当边坡比为 1/2 时安全系数普遍大于 1.25。结合工程实际和经济可行性考虑，按照《生活垃圾卫生填埋处理技术规范》（GB 50869—2013）以及《生活垃圾卫生填埋场岩土工程技术规范》（CJJ 176—2012），建议边坡开挖的边坡比 > 1/2，同时建议垃圾开挖之前先进行稳定化处理，增加其强度指标。

（8）渗滤液水位对边坡稳定性的影响

随着垃圾中有机质的降解，填埋场中不同深度或填埋龄期垃圾降解程度存在显著差异，不同埋深的垃圾成分的力学性质和物理性质也必然存在较大差异。基于之前的研究，随填埋龄期的增加垃圾黏聚力减小，内摩擦角增大，容重则有随埋深增大而增大的趋势。因此，在分析渗滤液水位对边坡稳定性的影响时，填埋堆体的力学性质与物理性质应根据龄期进行分层并选择合适的参数。

随着渗滤液水位比的升高和边坡比增大，垃圾堆体的安全系数逐渐减小；且当边坡比为 1/1 与 1/0.75 时，安全系数始终 < 1.25。填埋场渗滤液水位越低，填埋场的稳定安全系数越大，堆体边坡的稳定性也就越高。结合工程实际和经济可行性考虑，建议垃圾开挖时先减小填埋体中的含水量，对填埋堆体中的渗滤液进行疏导和排出，同时保证开挖过程中堆体边坡比 ≤ 1/2，渗滤液水位比 ≤ 0.6。

（9）边坡比对边坡稳定性的影响

不管新鲜垃圾还是老龄垃圾，其边坡稳定最小安全系数均随边坡比增大（边坡变陡）而减小，且当边坡比 > 1/2 时，边坡稳定最小安全系数 < 1.25 情况居多。结合工程实际和经济可行性考虑，根据填埋场相关技术规范，在取最小安全系数为 1.25 的条件下，建议边坡开挖的边坡比 ≤ 1/2。

4.4.2.3　边坡稳定性分析工程应用

为验证本章研究结果的适用性，现利用武汉市岱山垃圾填埋场的工程地质数据进行验证。

武汉市岱山垃圾填埋场位于武汉江岸区后湖乡岱山村，总占地约 296 亩（1 亩= 666.67m²），于 2007 年库容饱和后停止使用。

将岱山垃圾填埋场堆体土层模拟为四层，一层为建筑垃圾，二层为生活垃圾，三层、四层为黏土。参考湖北及中部地区填埋场垃圾的土力学性质，将其土力学特性取值如下：容重 19kN/m³、内摩擦角 26°、黏聚力 30kPa。渗滤液水位埋深介于 2.60～10.50m 之间，取平均值 6.50m，则渗滤液水位比为（填埋堆体厚度-6.50）/填埋堆体厚度≈0.675＞0.6，渗滤液水位比过高。考虑到该填埋场封场年限较短，垃圾土力学性质较不稳定，因此将渗滤液水位比降低至 0.2，即渗滤液埋深在 16m 左右。

利用 GeoStudio 求解，可以得到模型边坡稳定的最小安全系数为 1.252，满足 1.25 的要求，即在边坡比为 1/2 的条件下对堆体进行开挖风险较低。而当开挖边坡比为 1/1 时，模型边坡稳定的最小安全系数为 0.954，小于规范中最小安全系数 1.25 的要求。综上所述，在进行实际工程分析时不建议以 1/1 的边坡比进行开挖，将开挖边坡比定为 1/2 是合理的；当堆体内部垃圾土力学特性较不稳定时，应通过适当举措来降低渗滤液水位以保证开挖安全。

4.4.3　堆体开挖工程施工建议

分析了垃圾土力学参数及渗滤液水位比对边坡稳定性的影响，发现安全系数整体随垃圾容重的增大而减小，随黏聚力的增大而增大，随摩擦角的增大而增大；当垃圾土力学指标上下浮动时，老龄垃圾的安全系数均明显大于新鲜垃圾的安全系数，说明老龄垃圾的开挖稳定性大于新鲜垃圾，不建议对填埋龄期＜5 年的垃圾填埋场进行开挖修复。填埋堆体内部渗滤液的水位高度对其边坡稳定性有重要影响。随着渗滤液水位比的升高，垃圾堆体的安全系数逐渐减小。根据本章研究结果，建议开挖过程中对填埋堆体内部的渗滤液进行导排处理，并且建议渗滤液水位比不得高于 0.6 以保障开挖施工安全。分析了不同边坡比对填埋场稳定性的影响，通过边坡比与安全系数的关系曲线知，降低边坡比可以提高垃圾堆体边坡的稳定性，当边坡比＞1/2 时不管是浅层垃圾还是深层垃圾安全系数均较小，综合分析不同边坡比下浅层垃圾和深层垃圾的安全系数，并考虑实际工程中的清除效率，建议垃圾开挖边坡比取值≤1/2。因此，提出了垃圾堆体开挖施工的主要建议，具体如下：

①　垃圾开挖前，应对堆体进行稳定化处理，提高填埋堆体的腐熟度，增加其抗剪强度指标；垃圾填埋场开挖时，应对堆体进行反复碾压以尽量减小填埋堆体的孔隙率，同时增加其抗剪强度指标。

②　开挖前还应勘测垃圾堆体中的渗滤液水位深度，并通过渗滤液导排装置、临时集水沟等措施对开挖过程中浸出的渗滤液进行排出和导流，及时覆膜以防止降水渗入开挖堆体，控制填埋堆体中的水位保持在低水平，增加开挖堆体的边坡稳定性。

③　当开挖方式为放坡开挖时，保证施工过程中开挖堆体的边坡比≤1/2；且挖掘顺

序应当从堆体顶部从上至下挖掘到堆体底部，分区域分单元进行开挖，不得对堆体底脚
进行土方开挖。

4.5　示范工程建设与运行

4.5.1　示范工程依托项目

长山口生活垃圾卫生填埋场地处武汉市正南方向，位于江夏区郑店街办事处以西约
5km。服务区域总面积 2685.96km^2，服务区域常住人口 370.12 万人。长山口生活垃圾卫
生填埋场总占地 5.521×10^{5}m^2，填埋场库区占地 4.171×10^{5}m^2，填埋库区占地系数 75.55%，
垃圾平均填埋高度 45.0m，垃圾最大填埋高度 70.0m，填埋场总库容 1.880×10^{7}m^3，有效
库容 1.692×10^{7}m^3。长山口生活垃圾卫生填埋场工程共划分为四个填埋区：填埋一区面积
8.04×10^{4}m^2，设计库容 3.38×10^{6}m^3，使用年限 3.6 年；新建填埋库区（填埋二区）面积
7.39×10^{4}m^2，设计库容 3.60×10^{6}m^3，使用年限 3.8 年；填埋三区面积 1.562×10^{5}m^2，设计
库容 6.02×10^{6}m^3，使用年限 5.4 年；填埋四区面积 1.065×10^{5}m^2，设计库容 5.80×10^{6}m^3，
使用年限 5.2 年。填埋一区已封场覆盖，填埋垃圾总量为 2.15×10^{6}t。示范工程为武汉市
长山口生活垃圾卫生填埋场 1.5×10^{5}t 末端分类资源化利用示范工程。

4.5.2　示范工程总体工艺流程

基本流程为好氧快速稳定化—垃圾堆体开挖—垃圾粗分和精分—筛分物资源化，总
体工艺流程如图 4-19 所示。采用好氧快速稳定化工艺和高效垃圾分选系统，将挖掘出的

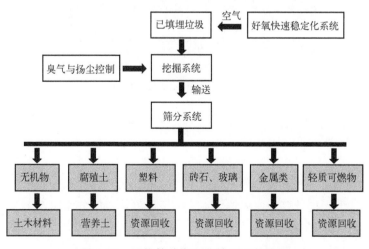

图 4-19　原位筛分资源化治理工艺流程

垃圾在分选车间内进行粗分和精分,安全高效地筛分出可燃物质、腐殖土、金属、塑料、玻璃、砖头石块等筛分物,分门别类进行资源化利用,在司木车间内对筛分物予以资源化处理,极少量难以资源化利用的垃圾可返场回填。工艺全过程中均配备有防臭、除尘、废水与清洗水设备,整个处理过程无二次污染问题。

4.5.3 示范工程建设情况

该示范工程位于长山口生活垃圾卫生填埋场内,占地面积 20 亩,生产厂房 2 座,包括筛分车间与资源化车间,建筑面积 $1.1 \times 10^4 m^2$,电力配套 4500kW,设备总装机 5000kW。

该示范工程的主要特点是:

① 聚焦垃圾后端处置技术研发,实现陈腐垃圾的高效利用。

② 大力开发各种资源化利用产品,能够大量消解陈腐垃圾。

③ 在设计、建设、运行过程中,坚持全过程不焚烧、不填埋的理念,能够将垃圾高效利用且无残留,实现了垃圾高效协同处理。处理过程不动火、不动水、不产生二次污染,同时也大大减少了碳排放,对于"双碳"目标的实现具有重要意义。

示范工程现场航拍照片如图 4-20 所示。

图 4-20 示范工程现场航拍照片

4.5.4 垃圾筛分系统

垃圾筛分综合使用大孔径筛分机具、中孔径筛分机具、小孔径筛分机具,配合重力选、磁选、风选、涡电选等相应的垃圾筛分手段,将垃圾筛分为腐殖土、可燃垃圾、塑料、玻璃、金属、砖头石块等。

筛分分选流程描述如下。

①　生活垃圾通过抓斗车投放至给料机中，均匀喂料给开包破碎风选机内，对一次性方便塑胶袋打包的生活垃圾和其他生活垃圾进行破碎，破碎的同时对生活垃圾进行风选处理，将风选后的较轻垃圾（塑料类、橡胶类、木料类、布料类、废纸、纤维类等轻型及薄片状物）通过集料器进行收集分类处理回收再利用。

②　风选破碎后密度较大的垃圾通过上料输送机输送至振动负压风选磁选组合机内，通过振动负压风选磁选组合机内的振动负压风选将残留的较轻垃圾（塑料类、橡胶类、木料类、布料类、废纸、纤维类等轻型及薄片状物）等进行再次风选通过集料器进行收集。振动负压风选磁选组合机同时把垃圾中的铁等磁性物分选出来。

③　分选出铁后的较重生活垃圾经过滚筒筛将物料分为 <20mm、20~60mm 和 >60mm 的三种生活垃圾物料。<20mm 的细小有机物料直接输送至集料区通过添加其他成分，做相关发酵及工艺流程处理后，作为资源再生利用。

④　通过磁涡分选机将废弃物中的铁、有色金属（铜、铝、金等）、非铁金属杂物各自分选出来。分出的非铁金属杂物通过反弹棍分选机将杂物内的重硬物（石砖、建筑废料、玻璃等）与较轻可燃物以及有机物（有机物、木料类等）分选开，分出的重硬物（石砖、建筑废料、玻璃等）经过再次处理回收或作为其他资源再生利用。分选出的较轻可燃物和有机物（有机物、木料类等）经细粉碎后，输送至腐殖土混拌、杀菌、快速发酵后，作为培养土、土壤改良剂及有机栽培介质等用途。

⑤　20mm 以上的物料通过涡电分选机将有色金属和其他非铁金属杂物分选出，分选出的非铁金属杂物通过输送机输送至斜板弹跳分选机内，弹跳分选机将杂物中的重硬物（建筑废料、石头类、有色金属、砖、陶瓷等）分选出来，分选后的物料通过多级振棒分选机将衣物纤维类、布料类、编织类物料分选出来，分选后的剩余物料通过输送机输送至卧式风选机内，风选机物料内的重物（橡胶类、电池、废五金类）、中轻类（塑胶瓶、纸板、衣料类、纤维类、农业废弃物、废果类、木料类等）和塑胶膜及轻物经机械及物理原理分选开后进行后续资源再生分类处理。

⑥　两次风选后回收至集料器内的物料中较轻的粉尘由脉冲除尘进行收集处理，收集后的细土粉尘输送至腐殖土混拌器内通过添加其他成分再作为后端再生利用处理。

⑦　两次风选后回收至集料器的物料通过滚筒筛将 <20mm 的物料分选出输送至指定地点，通过添加其他成分待作营养土。>20mm 的物料通过湿解输送至振动负压风选机，风选后的浸水物料（湿纸、衣物、海绵、农业废弃物、食品下脚料、厨余等）从分选机下端排出。风选后的较轻物料回收至集料器内，回收至集料器内的较轻物料通过输送机送至塑胶干洗机内，对回收来的轻物料（塑胶薄膜等）进行摩擦干洗，将干洗轻物产生的粉尘细土输送至腐殖土混拌器内，通过添加其他成分待作营养土或有机栽培介质从而实现后端再生利用。干洗干净后的塑胶薄膜打包后送至再利用厂，作为原料再生利用。

⑧　筛分后，有色金属类通过连接输送系统送入集料粉碎系统后，再经由密度振动筛分系统分类后，送至资源再生厂。

⑨ 筛分后，石头、砖瓦、玻璃等重质物通过连接输送系统送入集料粉碎系统后，可作为集配料，实现资源再生利用。

⑩ 纸类经筛分后，进入连接输送系统，打包，再生利用。

⑪ 衣料类、纤维类、橡胶类、家具木料类等废料，输送至集料粉碎系统后，挤压、造粒，作为原料再生利用。

⑫ 其他铁类、非铁金属类，均输送至集料区，实现资源再生利用。

以上各分选过程中，均设有除臭、集尘、废水、循环水再利用等设备系统，以确保无二次污染问题。

4.5.5　筛分物资源化系统

资源化处理包括可燃垃圾的资源化处理、腐殖土的资源化处理、塑料的资源化处理、玻璃的资源化处理、砖头石块的资源化处理、难以辨识成分的垃圾的资源化处理等（图 4-21）。

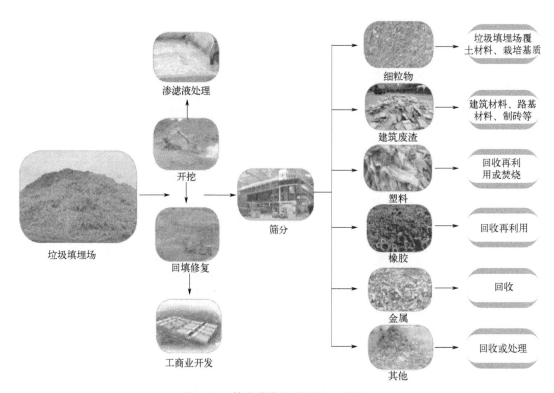

图 4-21　筛分物资源化利用去向图

（1）可燃垃圾的资源化处理

可燃垃圾在研磨粉碎之后，与塑料按照一定比例制造木纹塑料制品。

（2）腐殖土的资源化处理

腐殖土直接交相关绿化部门，面向市政苗木花卉市场，作为培养土使用。

（3）塑料的资源化处理

生活垃圾中塑料种类较为繁杂，且含有较多杂质。要使塑料能够资源化利用，应将杂质含量合格后的塑料打成小片，进行进一步精细分类，将聚乙烯（PE）、聚丙烯（PP）、聚氯乙烯（PVC）、丙烯腈-丁二烯-苯乙烯共聚物（ABS）、聚对苯二甲酸乙二醇酯（PET）等区分出来，然后与可回收物等按照一定比例制成木纹塑料制品。

（4）玻璃的资源化处理

玻璃清洗之后送资源回收厂，清洗水进入污水处理系统处理，达标排放。

（5）砖头石块的资源化处理

砖头石块经清洗后按要求破碎，作为未来填埋场铺路的建筑基材。清洗水进入污水处理系统处理，达标排放。

（6）难以辨识成分的垃圾的资源化处理

难以成分辨识的垃圾（3%～5%），进行研磨粉碎之后，与塑料、可燃垃圾粉末以及高炉灰渣一起制成木纹塑料制品进入市场。

4.5.6　腐殖土利用技术应用与推广

腐殖土销售的主要目标市场是花卉苗木、园林绿化。用有机肥、腐殖土作为绿化基质与其他基质混合，合适的配比可以使矿化垃圾的营养成分被植物得以充分利用，同时也可以避免腐殖土对植物造成的毒害。

腐殖土经过造粒后作为农村生活污水处理工程中的填料。腐殖土活性污泥法的基本原理是基于模拟天然土壤的环境特性，将生化反应过程中产生的化能异养型及化能自养型微生物通过微生物反应器培养成优势菌群，培养好的优势菌群（土壤微生物）通过回流系统，从污水流入处回流至整个系统中。污水中氨、硫化氢、二甲胺、甲硫醇、二甲基二硫等有害物质被微生物分解吸收或被微生物活动代谢产生的有机物质吸附、凝聚、结合反应，然后经过缺氧池、好氧池发生重缩合、氧化、还原、分解等反应，最终去除污染物质。被吸附的有机污染物质又成为微生物及其代谢产物的增殖能源，从而在根源上达到去除污染物质的目的。

腐殖土作为绿化基质对草坪生长的工程应用。既能够保证草坪草有较高的发芽率，又对草坪草生长有明显的促进作用，颜色加深，生产速度加快。腐殖土基质中有极其细小的玻璃残片、小碎石、砖瓦残片，玻璃残片的主要成分为二氧化硅和其他氧化物，对绿化土壤暂无危害，可通过粉碎机粉碎后使用，减轻视觉上的不适感。

腐殖土作为盆栽及园林植物用肥的工程应用。主要用于小区景观园林绿化、花店盆栽、花卉等领域，解决了工程中大批量腐殖土的销售问题。

第 **5** 章

存余垃圾异位预处理及智能化组合分选和分质资源化技术装备及示范

▶ 存余垃圾异位强化稳定化技术
▶ 存余垃圾填埋场无人机勘察及智能组合分选技术
▶ 轻质物多效洁净以及分类资源转化技术
▶ 陈腐有机物加工生产绿化用土、生物反应器腐殖填料技术
▶ 存余垃圾预处理过程中二次污染控制技术
▶ 工程验证与示范推广

5.1　存余垃圾异位强化稳定化技术

5.1.1　存余垃圾稳定化程度评价方法及异位快速稳定化运行工艺优化

5.1.1.1　存余垃圾稳定化程度小尺度评价方法

存余垃圾在稳定化后期可以用总有机碳（TOC）的变化趋势代表 AT_4（4 日累计耗氧量，也称 4 日呼吸强度，反映微生物 4 日内分解有机物消耗的氧气）的变化趋势，以此建立的一种通过 TOC 的变化趋势和 AT_4 的数值综合快速有效评价存余垃圾稳定化程度的新方法，既缩短了检测周期，又提高了存余垃圾稳定化程度评价的客观性。

5.1.1.2　存余垃圾稳定化程度大尺度评价方法

运用小尺度评价方法评价存余垃圾稳定化程度时，存在样品代表性差以及评价周期长等问题带来的局限性，因此建立存余垃圾稳定化程度大尺度评价方法更具有实践意义。

首先进行存余垃圾初始放热公式推导，建立大尺度评价标准。其次进行存余垃圾初始温度变化规律的研究。结果表明，利用存余垃圾初始温度变化规律评估了垃圾单位时间单位干重的放热量 Q_0，Q_0 与 AT_4 之间具有显著的一次相关性，最终建立了一种存余垃圾稳定化程度大尺度评价方法。当初始阶段单位时间单位干重放热量 Q_0 低于 $0.10c$（c 为比热容）时，即可认为存余垃圾已达到可用于后续资源化利用的稳定化程度。

5.1.1.3　存余垃圾异位强化快速稳定化运行工艺优化

氧浓度是影响异位好氧稳定化反应进程的关键因素，同时也关系到风机开启时长进而关系到稳定化运行成本。优化氧浓度上限和下限，使得存余垃圾稳定化在合适的氧浓度范围内运行，可兼顾稳定化效率和运行成本。运用已建立的大、小尺度稳定化程度评价方法，定期监测存余垃圾堆体的 TOC 和 AT_4，最后得到不同存余垃圾的最佳氧浓度范围、稳定化周期和风机开启总时间等工艺参数。

（1）最佳氧浓度范围

采用氧浓度控制的通风方式，在开放环境下通风进行氧浓度上升曲线分析确定氧浓度上限，在闭路循环下进行氧浓度下降曲线分析确定氧浓度下限，得到最佳氧浓度范围。

（2）稳定化周期

利用存余垃圾小尺度评价方法监测存余垃圾在 40℃以及优化后的氧浓度范围下的稳定化进程，存余垃圾稳定化周期在 2d 至 8d 不等。氧浓度优化后和优化前存余垃圾稳定化周期基本不变。

（3）氧浓度优化前后风机运行时间对比

氧浓度下限优化后，在各自适宜氧浓度范围内进行实验，结果表明：在优化后条件下稳定化运行时 9 种存余垃圾风机运行总时间缩短 5～10min，优化氧浓度一定程度上能够起到节能作用。

5.1.2 低温蒸发含水率控制技术

5.1.2.1 技术原理

低能耗高效率的低温蒸发含水率控制技术，通过强制大风量通循环干燥风实现存余垃圾挖采物毛细水的强制逸散蒸发，并根据当地情况利用生石灰的脱水作用或者制冷机组的冷凝作用减少循环风中的气态毛细水使系统形成闭环，从而达到持续快速降低存余垃圾挖采物含水率的目的。该技术成功应用的关键在于存余垃圾挖采物毛细水蒸发效率及生石灰脱水气固反应器的反应效率，因此需通过研究固定床反应器中存余垃圾挖采物强制通风毛细水逸散规律，指导反应器工艺参数的优化，并构建配套生石灰高效脱水反应器。

5.1.2.2 存余垃圾挖采物强制通风毛细水逸散规律

（1）存余垃圾简单模型的建立与修正

构建存余垃圾毛细管堆积体系简单物理模型（以下简称存余垃圾简单模型）来简化和量化研究存余垃圾异位强化好氧稳定化过程中的毛细水蒸发过程。推导存余垃圾简单模型——毛细水蒸发通量理论计算模型。

$$\Phi_{\mathrm{M}}(v,\varphi_0,T,H) = \frac{3.6\times10^6\,\rho vM}{1000+M}(1-\varphi_0)\left[1-e^{-\frac{(1000+M)(A_1+B_1v^a)nS_0Hp_0}{1000v\rho M}+C}\right] \tag{5-1}$$

式中 v ——进风风速，m/s；

T ——进风温度，℃；

φ_0 ——进风相对湿度，%；

H ——堆积高度，m；

$\varPhi_M$ ——毛细管堆积填料毛细水蒸发通量，g/(h·m²)；

p_0 ——水饱和蒸气压，kPa；

M ——空气饱和含湿量，g（水）/kg（干空气）；

ρ ——空气密度，kg/m³；

n ——毛细管数量，个；

S_0 ——单个毛细管横截面积，m²；

A_1，B_1，a，C——模型未知参数。

模拟存余垃圾异位强化好氧稳定化过程，通过毛细水蒸发小型实验装置，进行存余垃圾简单模型在不同外部运行条件下的毛细水蒸发实验，得到存余垃圾简单模型毛细水蒸发通量并代入式（5-1），通过 MATLAB 数学软件进行多元非线性拟合进而求解模型参数，得到模型参数最优解。

通过简单模型与存余垃圾实际样品之间等效体积特征系数和等效结构特征系数对模型进行修正，从而建立存余垃圾异位强化好氧稳定化过程毛细水蒸发半理论-半经验模型，并通过存余垃圾毛细水蒸发模型，验证实验模型的准确性，以及通过标准毛细管堆积填料简单模型，量化复杂堆积体系毛细水蒸发过程方法的可行性。

（2）存余垃圾毛细水蒸发半理论-半经验模型的建立与修正

存余垃圾毛细水蒸发实验得到相同外部运行条件下，各存余垃圾实际样品毛细水蒸发通量 $\varPhi$ 和简单模型毛细水蒸发通量 $\varPhi_M$ 比值 k，比值 k 的算术平均值 $\bar{k}$ 即可作为经验系数，修正存余垃圾简单模型，反映了所有理化性质差异对存余垃圾毛细水蒸发通量的综合影响。

采用存余垃圾毛细水蒸发实验装置对标准毛细管堆积填料进行淹没实验，得到简单模型最大毛细水体积含量。将各存余垃圾与简单模型最大毛细水体积含量的比值称为等效体积特征系数 k_1。经验系数 k 与等效体积特征系数 k_1 的比值，称为等效结构特征系数 k_2。通过两个等效特征系数修正存余垃圾与简单模型之间毛细孔隙体积和结构的差异，建立不同存余垃圾异位好氧稳定化过程中毛细水蒸发通量半理论-半经验计算模型。

不同存余垃圾异位好氧稳定化过程中毛细水蒸发通量计算半理论-半经验模型可表示为：

$$\varPhi_W(v,\varphi_0,T,H) = k_1 k_2 \varPhi_M \tag{5-2}$$

式中　$\varPhi_W$——存余垃圾毛细水蒸发通量（半理论-半经验模型），g/(h·m²)；

　　　$\varPhi_M$——存余垃圾简单模型毛细水蒸发通量（理论计算模型），g/(h·m²)；

　　　k_1——存余垃圾等效体积特征系数；

k_2——存余垃圾等效结构特征系数。

5.1.2.3　滚筒式生石灰脱水反应器的设计

滚筒式生石灰脱水反应器结构示意如图 5-1 所示。

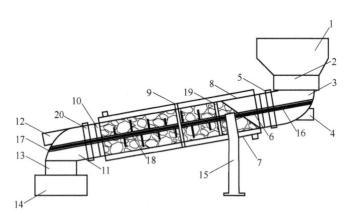

图 5-1　滚筒式生石灰脱水反应器结构示意

1—进料仓；2，13—旋转启闭器；3—进料管道；4—出气单元；5，20—动密封装置；6—中心驱动主轴；7—外筒壁；8—内筒壁；9—焊接；10—筛孔板；11—出料管道；12—进气单元；14—出料口；15—主机架；16—固定搅拌轴套上固定段；17—固定搅拌轴套下固定段；18—中间搅拌轴套；19—十字固定架

使用方法为：首先向进料仓中投加足量生石灰，选择合适的转速启动滚筒反应单元；待滚筒反应单元稳定运行后开启旋转启闭器，向反应腔内投加生石灰；物料填满滚筒反应腔后从进气单元通入含湿气体，经处理后的气体从出气单元排出；反应后的熟石灰因摩擦从生石灰颗粒表面被剥离，滑落至反应器底部通过筛孔板分离，从出料口排出进行后续的分选与资源化利用；反应放出的热量由热循环气体收集，经风机吹扫后进入热交换系统回收利用。

5.1.3　毛细均匀配水技术

利用活塞流反应器技术实现污染控制过程中，进水（或反应物）在过水断面上的均匀分配极大影响反应器的处理效率。存余垃圾异位好氧稳定化反应器需要具备调湿配水功能，而传统配水技术无论是大阻力配水还是小阻力配水，均无法实现长距离小流量均匀配水，而毛细均匀配水技术采用特定纤维材料制作配水管，利用纤维管的毛细作用，能够经济有效地实现长距离小流量的毛细均匀配水。并且该技术配水时不受小水头波动影响，可有效克服现有配水技术受水力条件制约影响均匀配水的问题。

5.1.4　异位好氧稳定化集装箱设备

5.1.4.1　异位好氧稳定化集装箱的设计

异位好氧稳定化集装箱的设计思路如图 5-2 所示，在保留便于运输、组合安置等便利性特点的基础上，使其能够定位、固定功能内衬，并能将内衬所受力传导至刚性框架；功能内衬中集成了低温蒸发含水率控制技术、毛细均匀配水技术等多项关键技术，并通过更精细化的设计实现更均匀的排水布气，以及更佳的保温供热效果，维持适宜的异位稳定化条件。

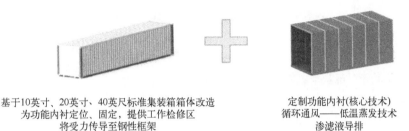

基于10英寸、20英寸、40英尺标准集装箱箱体改造　　　定制功能内衬(核心技术)
为功能内衬定位、固定，提供工作检修区　　　　　　循环通风——低温蒸发技术
将受力传导至钢性框架　　　　　　　　　　　　　　渗滤液导排
便于运输、组合安装　　　　　　　　　　　　　　　供热保温

图 5-2　异位好氧稳定化集装箱的设计思路

异位好氧稳定化集装箱主要包括循环风低温蒸发系统、配水导排系统、供热保温系统三大部分；结构上主要由集装箱箱体、功能内衬、定位固定系统、控制及检修区四大部分组成，其中实现核心功能的功能内衬由再生塑料生产的侧板、顶板、底板、背板拼接而成。

5.1.4.2　集装箱组合异位好氧稳定化系统设计

充分利用集装箱易于上下堆叠放置节约占地面积的优势，开发了集装箱组合异位好氧稳定化系统，主要包括集装箱箱体、串联布水系统、并联脱水系统与水热循环系统。下面详细介绍串联布水系统、并联脱水系统和水热循环系统。

（1）串联布水系统

集装箱组串联布水系统如图 5-3 所示。当多个集装箱上下堆叠时，外接串联水管将上层集装箱的排水管与下层集装箱的进水管快速连接，最底层集装箱的排水管外接排水管道接入渗滤液处理系统，实现多个集装箱装备的渗滤液连通收集及串联布水，维持适宜含水率，并通过存余垃圾内微生物的生化过程处理渗滤液。

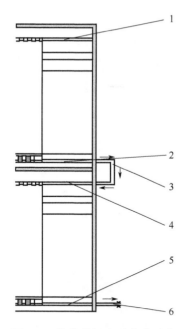

图 5-3　集装箱组串联布水系统

1，4—集装箱内布水干管；2，5—排水干管；

3—外接串联水管；6—外接排水管道

（2）并联脱水系统

集装箱组并联脱水系统如图 5-4 所示。当多个集装箱上下堆叠时，外接布气管连接至每层集装箱的进气总管，外接排气管连接至每层集装箱的出风管，外接布气管与外接排气管均连接至生石灰脱水除臭系统，将生石灰脱水除臭系统提供的干燥热循环风，通过外接布气管均匀分配至每层集装箱实现并联通风，循环风带走存余垃圾中的水分后得到含湿循环气，并通过外接排气管统一收集后由生石灰脱水除臭系统获得干燥热循环风，再通过外接布气管为集装箱并联通风，从而降低装填物含水率。

（3）水热循环系统

集装箱组水热循环系统如图 5-5 所示。当多个集装箱上下堆叠时，水热输水管道 1 连接至每层集装箱的水热进水总管，水热排水管道 2 连接至每层集装箱的水热出水总管，水热输水管道 1 与水热排水管道 2 均连接至生石灰脱水除臭系统，利用其产生的热循环水通过水热输水管道 1 输入每层集装箱装备，循环出水由水热排水管道 2 统一收集后送至生石灰脱水除臭系统，利用系统余热对出水重新加热形成热循环水，从而实现为集装箱装备内供热保温的功能。

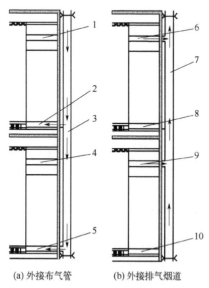

（a）外接布气管　　（b）外接排气烟道

图 5-4　集装箱组并联脱水系统

1，4，6，9—抽气干管；2，5，8，10—排气干管；

3—外接布气烟道；7—外接排气烟道

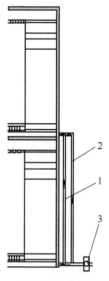

图 5-5　集装箱组水热循环系统

1—水热输水管道；2—水热排水管道；3—水泵

5.2　存余垃圾填埋场无人机勘察及智能组合分选技术

5.2.1　无人机成像激光遥测现场勘察技术

5.2.1.1　激光甲烷遥测装置和上位机控制软件研发

通过一台激光甲烷遥测装置和一项上位机控制软件的研发，实现了激光甲烷遥测装置的启停、采集间隔设定、自动切换数据保存方式、实时显示浓度数据和对应的信息、快速高效完成有害气体浓度采集。

该设备包括铝合金壳体和设置于壳体内的激光检测模块、激光指示灯、GPS 定位器、主控制板、数据存储器、通信模块、环境温度传感器、气压传感器。内置的通信模块可以与遥控设备远程通信，实现远程遥控检测垃圾填埋场堆体表面甲烷气体浓度。

5.2.1.2　无人机型号和电动云台的设计

无人机遥感系统要满足长续航、适应性强、响应速度快、工作稳定的技术要求。采用 DX6（天津中翔腾航科技股份有限公司）型号无人机进行勘察，其具有智能规划飞行路线、低电量自动返航、超大容量锂电池、全碳纤维结构、大载重、长续航等优点。

5.2.1.3　平台设计

设计采用碳纤维减震支架，用于安装固定激光甲烷遥测装置和 4K 航拍相机。并设计橡胶缓冲结构，减少无人机飞行过程中产生的抖动，对遥测结果产生影响。减震支架选用碳纤维材质，具有强度高、质量轻等优点。

抗抖减震碳纤维平台示意如图 5-6 所示。

图 5-6　抗抖减震碳纤维平台示意

5.2.1.4 无人机航拍测绘技术相关软件和硬件

航拍测绘软件为 Pix4Dmapper。优化工作思路，提供一套垃圾治理场地高精度建模、实时测量的专业解决方案。

5.2.2 可见光成像深度学习机器视觉的存余垃圾智能分选

5.2.2.1 总体技术路线

基于深度学习的存余垃圾的机械臂智能分拣系统逻辑上主要可以分为离线模型训练单元、系统视觉单元、系统控制软件、末端执行单元四个单元。系统逻辑架构如图 5-7 所示。

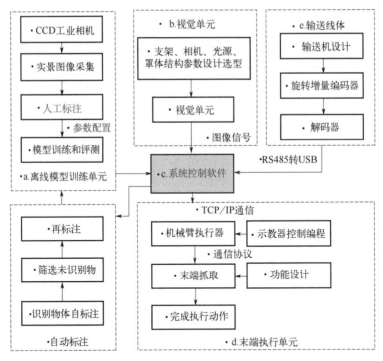

图 5-7 可见光成像深度学习机器视觉的存余垃圾智能分选系统逻辑架构

5.2.2.2 离线模型的训练

（1）深度学习模型训练工作站搭建
智能分拣系统工作站硬件环境如表 5-1 所列。

表 5-1　智能分拣系统工作站硬件环境

名称	配置	名称	配置
GPU	NVIDIA RTX 2080Ti	显存	11G
CPU	i9	操作系统	Windows 10
SSD	256G	硬盘	2T

（2）图像采集和数据集制作

实验室阶段，室内系统能够正确检测出 2 种常见的垃圾，包括塑料瓶、易拉罐。通过 500 万像素 CCD 工业相机，搭配 LED 光源人工采集 1920 张塑料瓶图片、2193 张木类图片，其中每 1 张图片包含 2 个目标物。这些图片通过 DL 工具进行人工标注制作数据集。图像采集软件用 Python 语言编写，图 5-8 为智能分拣系统图像采集界面（书后另见彩图）。同时在利辛示范工程项目、廊坊项目、新泰项目现场进行图像自动采集。

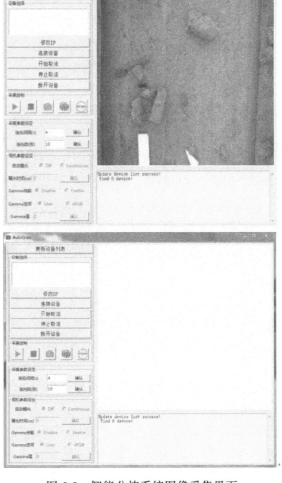

图 5-8　智能分拣系统图像采集界面

5.2.2.3 视觉单元

图 5-9 展示了实验室阶段及利辛项目视觉单元搭建过程。

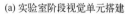

(a) 实验室阶段视觉单元搭建   (b) 利辛项目视觉单元搭建

图 5-9   智能分拣系统视觉单元搭建过程

5.2.2.4 视觉控制软件开发

视觉控制软件的功能包括实时识别图像显示、识别垃圾数据统计、输送带线体速度显示、机器人投放点设置、机器人手眼标定、识别图像保存、机器人状态信息显示、操作权限设置等。

该中试深度学习采用单模型多类别标注训练的方式，因需要在试验车间内完成将生活垃圾中多类可回收物精准分类回收，故采取此类测试方法，以满足存余垃圾现场分拣情景中复杂物体类别的识别和分类。

5.2.2.5 末端执行单元

实验室阶段系统搭建采用六轴机械臂，工作范围达到 915mm，最大负荷 6kg，灵活性更高，方便现场安装布置。

大量试验比对发现集成式真空发生器+专用吸盘优于电磁阀+真空发生器+组合吸盘，更适用于吸取纸板、PET 塑料瓶、HDPE 塑料瓶等物体。其具有能耗低、动作快、易于维护、被抓物体不易掉落等优点，因此最终采用此方案。

5.2.2.6　智能分拣系统中试试验

智能分拣系统试制地点位于天津市滨海新区泰达智能无人装备产业园29号通厂车间内（图 5-10）。将软硬件一同进行组装调试，完成了样本图像标记和训练、数据通信传输、五点示教。智能分拣系统经过在车间调试和试验，可精准识别 4 类物体（分别是 PET、利乐包、易拉罐、瓦楞纸），识别率达 90%以上，分拣速度因车间内地脚螺栓未固定，仅通过垫片的形式，将全局速度调制 100%，可达到 4000～5000 次/h 的速度，线体速度设置为 0.3m/s，最大处理单台班 4～6t。

图 5-10　智能分拣系统试制现场

5.2.3　存余垃圾滚筒筛智能清堵设备

5.2.3.1　总体技术路线

为解决存余垃圾筛分处理过程中经常发生的滚筒筛筛孔堵塞问题，需要对滚筒筛堵塞情况进行测量与分析，但户外实际运行中的设备体积庞大，现场测量缺乏对应的大型检测设备。因此，首先试制了一台等比例缩小版滚筒筛堵塞模型机设备（缩小比例为 1：10），如图 5-11 所示，模型机设备滚筒为 6 面，每面长 100.5cm，宽 35cm，每个筛孔直径为 5cm（与真实滚筒筛筛孔直径相当）。

在模型机设备基础上，开展了存余垃圾滚筒筛智能清堵设备的自主研发工作，主要包括堵塞识别、清堵、设备设计加工、示范运行等方面。

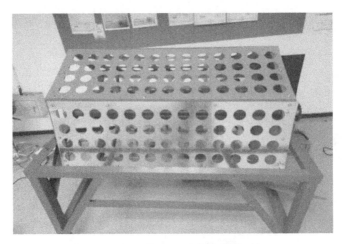

图 5-11 等比例缩小版滚筒筛模型机

5.2.3.2 堵塞识别技术

滚筒筛智能清理的前提是能够及时发现堵塞问题。由于滚筒筛工作时是处于高速旋转运动状态，且运动状态不稳定（有震动），加上滚筒筛形状不规则（内部是六角结构）等原因，使得滚筒筛堵塞问题难以在第一时间被发现。

针对上述问题，首先拟通过图像识别方法来快速发现堵塞问题，基于位相再现光学干涉剪切原理，开发了智能算法，可以将冗余信息舍弃，仅提取滚筒筛筛孔边缘附近的关键信息，实现了图像快速识别与处理。

此外，还研发了一款筛孔堵塞识别专用激光雷达探测器（激光测距装置），激光测距装置由光源、探测器、控制系统三部分组成，其中光源与探测器被封装在同一个透明光学窗口内部，如图 5-12 所示。

激光测距装置实现筛孔堵塞识别示意如图 5-13 所示。从图中可以看出，滚筒筛筒壁和筛孔会给出不同的距离数据，如果在筛孔位置给出的距离数据异常，说明该筛孔发生堵塞现象，需要清堵；否则正常，不需要清堵。这种测量方法的优点是，逐孔扫描，不会误报、漏报，适合现场条件比较恶劣的工况下使用，为后面的清堵控制提供精准的信息，还可以建立内置关联函数模型，实现清堵冲击力度大小的智能调整与清堵时间的自动调节等。

图 5-12 自主研发的激光测距装置

经过对比、分析上述图像法识别与激光测距装置两种滚筒筛筛孔识别方法，最终选取激光测距装置作为存余垃圾滚筒筛智能清堵成套设备的堵塞识别组件。

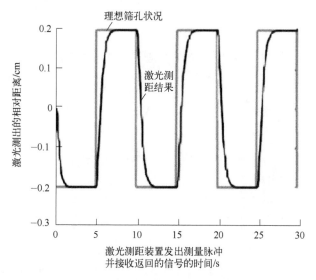

图 5-13　激光测距装置实现筛孔堵塞识别示意

5.2.3.3　气动清堵技术

通过气动清堵技术可以实现滚筒筛不停机（正常工作）状态下的自动清堵，结合前面的堵塞识别技术与自主研发设备，还可以实现在滚筒筛筛孔轻微堵塞情况下的早期干预（清堵），从而大大降低清堵的难度，提升清堵的效率，保证了滚筒筛长时间的正常工作状态。为了实现上述目的，耦合了脉冲气流冲击力、气阀喷嘴孔径、冲击力最佳作用距离等方面关键技术。

选用压力为 1.0MPa 的高压气泵作为气源。考虑滚筒筛筛孔的直径在 5cm 左右，同时考虑到高压气泵喷嘴的角度（通常在 25°~95° 之间），确定高压气泵喷嘴孔径在 4mm 左右为宜，同时发现喷淋角度 65° 的喷嘴其作用力最优。

5.2.3.4　设备设计加工

滚筒筛快速清堵装置方案的结构如图 5-14 所示。

图 5-15 为滚筒筛简图，图 5-16 为一个滚筒筛运行周期内编号为 i 的曲面图，图中圈中的筛孔设置为堵塞状态。位置信息为（$[(i-1)/6+k/(6N)]\times360°$，$j\times L$），其中 k 为第 i 个曲面图中同一列中堵塞筛孔的顺序（默认为从左往右，图 5-16 中 j 为 3），j 为同一行中堵塞筛孔的顺序（默认为从上往下，图 5-16 中 k 为 2），N 为第 i 个曲面图中等间隔行的个数，L 为筛孔之间横向间距（两个筛孔中心之间的距离）。所以在一个周期内 $x=(i-1)/6+k/(6N)$，轴向位置为 $j\times L$。

151

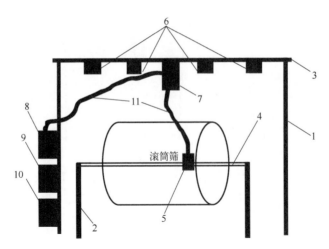

图 5-14　滚筒筛快速清堵装置方案的结构

1，2—竖直支架；3—水平支架；4—水平滑轨；5—喷嘴；6—摄像头；7—储气罐；

8—充气装置；9—控制系统；10—电源；11—导气软管

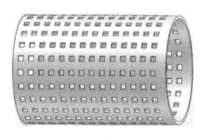

图 5-15　滚筒筛筒图

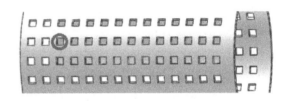

图 5-16　滚筒筛曲面图

　　智能激光高压脉冲联动式自反馈清理控制系统结构如图 5-17 所示，系统分硬件、软件两个部分。硬件包括支架、滑台、滑轨、电源、高压气泵、电磁阀、滚筒筛、控制系统等几个部分。

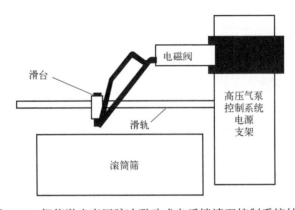

图 5-17　智能激光高压脉冲联动式自反馈清理控制系统结构

软件部分包括识别算法、自反馈算法、清理控制软件等，均内嵌在控制系统内部。自反馈清理控制系统实物图如图 5-18 所示。

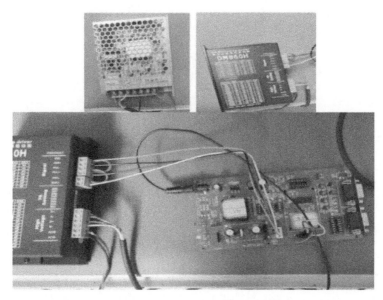

图 5-18　自反馈清理控制系统实物图

智能激光高压脉冲联动式自反馈清理方案主要三大功能（位置定位、状态识别和清堵操作）均在控制系统控制下自动完成。

1）位置定位功能

通过记录滑台移动距离及滚筒转动角度，可以精确定位筛孔的空间坐标，即精确捕获此时滚筒曲面上任意筛孔的位置，该操作相当于对滚筒进行全曲面立体扫描。

2）状态识别功能

激光测距装置（探测器）固定在滑台上，激光探头到滚筒外壁的垂直距离固定。激光测距装置发出测量脉冲并接收返回的信号，可以探测此时的距离数据，筒壁和筛孔会给出不同的距离数据，如果在筛孔位置给出的距离数据异常，说明该筛孔发生堵塞现象，需要清堵；否则正常，不需要清堵。

3）清堵操作功能

高压气嘴喷头固定在滑台的一侧，一旦识别出筛孔被堵，启动喷头开关，利用高压气体撞击黏附在筛孔上的物料，从而达到清堵目的，清堵的力道、时间、周期等参数均可通过内置软件算法智能动态自动设置与调节。

通过识别滚筒筛具体堵塞位置，然后运用高压气阀定点同步冲击堵塞位置，不仅可以保证在滚筒筛持续工作过程中实现高效的自清洁，而且适用性强，可以通用于现在绝大多数不同大小规格、不同转动速度的滚筒筛。通过加装在现有滚筒筛设备上，可以轻松实现自清洁功能，是现有设备智能升级的首选方案。

5.3 轻质物多效洁净以及分类资源转化技术

5.3.1 废弃高分子材料老化规律

5.3.1.1 老化过程中分子链变化的表征

（1）分子量变化

通过加速模拟老化技术，对聚苯乙烯（PS）样品进行老化实验，在不同时间点取样，利用凝胶色谱技术测出其分子量分布（见图 5-19），得知高分子的分子链在老化过程中会发生断裂，但是其断裂程度有限。高分子分子链的断裂原因、断裂程度等仍需要结合光谱、核磁分析手段进一步探究。

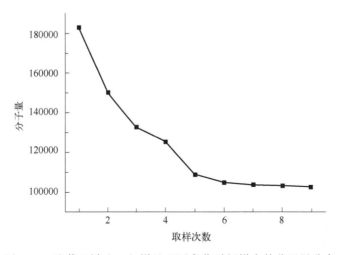

图 5-19　聚苯乙烯（PS）样品不同老化时间样本的分子量分布

（2）链松弛规律

对高分子材料进行消除热历史（Tool-Narayanaswamy-Moynihan，TNM）的处理后，通过差示扫描量热法（DSC）测定其松弛焓（图 5-20）。焓松弛峰明显，代表链段松弛明显，可以从焓松弛峰推断填埋时间，为废弃物回用提供理论依据。TNM 模拟曲线（图 5-21）可以用来描述高聚物物理老化过程中结构松弛的典型特征，在非平衡态向平衡态过渡的过程中，结构松弛变化会随着时间的延长趋于平缓。

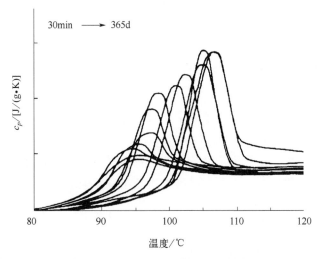

图 5-20 对聚苯乙烯（PS）不同老化时间样品的 DSC 扫描

5.3.1.2 老化过程中的分子动力学（MD）计算

使用无规聚苯乙烯链进行建模，每个模拟的无规聚苯乙烯链由 80 个单体组成。每个模拟由 16 个链组成，被放置在一个固定为 7nm×7nm 的盒子内（图 5-22），以便从分子角度研究聚苯乙烯老化过程中发生的物理化学性能变化。

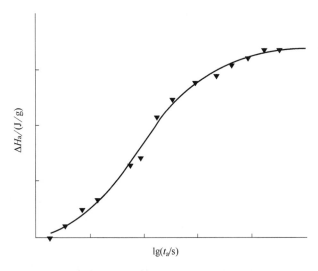

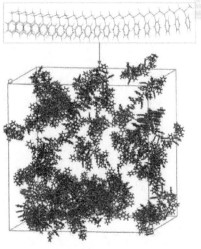

图 5-21 TNM 物理老化模拟

c_p—定压比热容；ΔH_a—熔损失；t_a—老化时间

图 5-22 聚苯乙烯（PS）样品老化过程中分子动力学计算的 PS 结构

5.3.2　筛上轻质物多效洁净及深度资源化利用技术

5.3.2.1　干法洁净资源化技术方案

（1）存量生活垃圾筛上轻质物摩擦干洗设备

针对破碎成 100～200mm、含水率在 20%～30%以下的存余垃圾筛上轻质物，设计一种存余垃圾筛上轻质物摩擦干洗设备。该设备（图 5-23）主要由旋转滚筒、进出料系统、中心传动振打及热风烘干系统、尾气收集及布袋除尘系统组成。

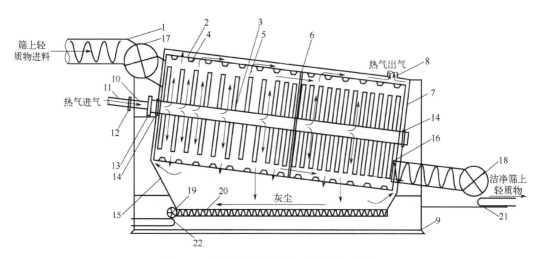

图 5-23　筛上轻质物摩擦干洗设备示意

1—进料管道（带螺旋输送器）；2—旋转滚筒；3—旋转中空轴体；4—突起块；5—振打棒；6—强化支撑层；7—密封型集气罩；8—排气口；9—机架；10—小段导气管道；11—外接导气管道；12—法兰；13—球体旋转接头；14—动密封装置；15—槽形灰斗；16—出料管道（带螺旋输送器）；17—进料旋转启闭器；18—出料旋转启闭器（出料）；19—出料旋转启闭器（灰尘）；20—螺旋输送器（灰尘）；21—传送皮带（洁净筛上物）；22—传送皮带（灰尘）

（2）干法洁净资源化技术

干法洁净技术采用二级摩擦干洗，技术路线如图 5-24 所示。筛上轻质物通过鳞板布料机均匀布料后进入人工分拣平台，由人工首先将大件橡胶、织物、塑料瓶等杂物分拣出，降低后续洁净设备的处理负荷；分拣后的筛上轻质物通过高速除杂机将"塑料-泥沙"包裹物打散，分离轻质物表面易剥落的杂质；初步除杂的筛上轻质物经过电磁除铁器除去铁磁性金属以保护后续撕碎设备，再进入单轴撕碎机破碎至 50mm；经单轴撕碎机破碎后进入电磁分选机回收有色金属和磁性金属，再进入自主研发的两级摩擦干洗设备，摩擦干洗设备中以半塑化颗粒为摩擦剂进一步剥离附着在塑料薄膜上的泥沙；深度除杂后的筛上轻质物再通过风选机进行分选，风选后洁净的筛上轻质物输送至单螺杆挤出机进行初步挤出造粒，得到的初产品再输送至密炼机中，通过添加改性剂等外加药剂生产再生塑料颗粒与终端产品。其中两级摩擦干洗工艺产生的筛下物先进入漂洗槽清洗塑料表面的杂质，再通过摩擦提料机进入摩擦水洗机实现进一步的洁净与分离，洁净后的筛下物再输送至深度资源化单元生产再生塑料颗粒与终端产品。

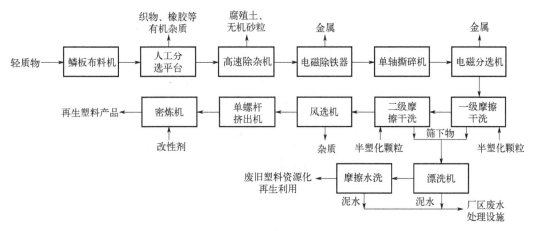

图 5-24　筛上轻质物干法洁净资源化技术路线

该技术方案主体流程采用干法工艺，可以有效降低吨处理能耗以及处理过程中产生的废水。并且针对不同杂质设计不同的工艺单元进行分离，最终可以得到洁净的塑料薄膜进行深度资源化生产再生塑料颗粒与终端产品。

5.3.2.2　干湿多效洁净资源化技术方案及试验验证

基于绿色低碳循环经济的理念，开发干湿多效洁净资源化技术，如图 5-25 所示。利用干法洁净高效分离杂质减轻湿法洁净负担，使用小水量湿法洁净即可实现对废塑料的深度洁净，提高出料品质，同时兼顾处理量需求与洁净度要求，再结合造粒成型的低碳绿色资源化技术生产高值再生塑料制品。创新性地提出"中间产品模式"与"终端产品模式"，大幅减少废塑料再生资源化利用的设备投资与运行费用成本。

① 在干法洁净单元，面对 10t/h 废塑料的庞大清洁量，结合初筛后废塑料中杂质的特性，将杂质分流与摩擦清洗两部分分离，通过特殊洁净部件的针对性布置实现大宗废塑料的高效高质洁净。真空抽吸分选机为非标定制设备，在密闭设备内通过罗茨风机抽吸，将传送带上的轻质薄膜塑料吸出，并通过风力输送至湿法洁净单元；剩余重质废塑料被传送带送至打包机进行打包出售。

② 在湿法洁净单元，先进行摩擦洗再进入漂洗池，以获得更好的洁净效果，同时根据物料的特性，漂洗池的相关参数均做了针对性优化，通过加长加宽延长密度分选时间，

提高洁净效果。

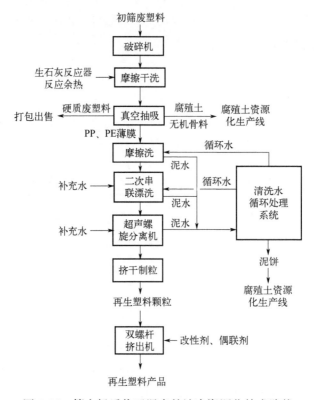

图 5-25 筛上轻质物干湿多效洁净资源化技术路线

③ 在资源化利用单元，提出了"中间产品模式"与"终端产品模式"两种资源化路线。"中间产品模式"中通过挤干制粒得到再生塑料颗粒后即可直接出售，无需考虑颗粒含水率的控制；"终端产品模式"则需在造粒过程中使用能实现颗粒烘干脱水和杂质过滤的三级串联挤出机（图 5-26），再进入双螺杆挤出机通过模具生产对应的再生塑料产品。

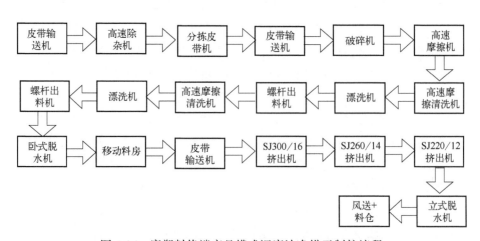

图 5-26 废塑料终端产品模式深度洁净烘干制粒流程

将干湿多效洁净并挤干团粒后的废塑料进行失重分析，升温速率为 20℃/min，气体氛围为 N_2，温度区间为 25～600℃。失重分析结果显示（图 5-27）：在 470℃附近，废塑料中的有机材质分解殆尽，仅剩余 10%左右的残渣，多效清洁效果显著。

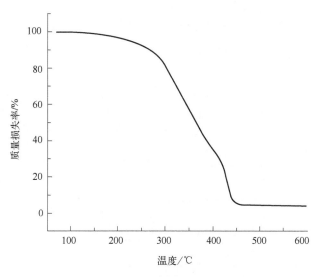

图 5-27　湿法洁净后废塑料失重分析

5.3.3　废弃高分子材料化学再生资源化技术

5.3.3.1　氧气调控 ZnO 局部电子结构增强 PET 醇解

ZnO 作为一种常见的金属氧化物被应用在多种领域，但是由于暴露的活性位点不足，导致醇解 PET 的产率不足 10%，而氧空位的存在有利于活性位点的暴露。富有缺陷的 ZnO 在光电催化领域均有广泛的研究。因此，将该理论应用在化学回用 PET 上是有意义的。

在煅烧之后氧化锌的范德华力相互作用减弱导致层间距逐渐增大，同时增加表面的氧空位。当氧空位浓度较高的氧化锌作为催化剂醇解废弃 PET 时，BHET 产率最高可达 90.2%，并且其具有良好的循环使用性能，催化循环 3 次后再生催化剂的结构未发生变化，BHET 产率保持在 90.1%，与首次使用得到的结果几乎无差别。

5.3.3.2　离子液体高负载溶解-降解 PET 超快均相醇解

现存关于 PET 的化学回用工艺，反应温度高（>170℃），反应时间较长（>1h），反应条件较为苛刻，并需要较高的能耗，严重限制了 PET 的化学回用过程。PET 溶解后再降解可避免以上问题，但常用的溶剂如有机溶剂具有高毒性、高挥发性，对环境不友好。此外，现存催化剂在低温下很难具备催化降解 PET 的能力。因此开发一种在较低温度下快速回用 PET 的反应体系具有现实意义。

（1）离子液体形成过程的表征

NMR（图 5-28）及 DSC（图 5-29）表征表明，在离子液体形成过程中，氢谱及熔点都发生了变化，表明在制备过程中确实发生了相关反应，最终得到目标离子液体。

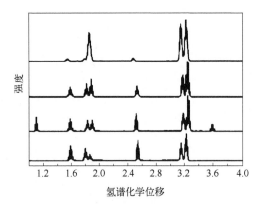

图 5-28　离子液体形成过程的 NMR 表征

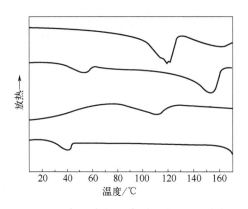

图 5-29　离子液体形成过程的 DSC 表征

（2）离子液体溶解 PET 能力

与大部分有机溶剂相比，离子液体挥发性低、无毒，但是普通离子液体对 PET 无溶解能力。通过表 5-2 的数据可得，离子液体在较低温度下可溶解较多量的 PET，较之前的研究有一定的提升，是均相回用 PET 的基础与前提。

表 5-2　离子液体对 PET 溶解能力的探究

序号	温度/℃	时间/h	溶解率（质量分数）/%
1	140	3	20.2

序号	温度/℃	时间/h	溶解率（质量分数）/%
2	120	3	19.8
3	120	0.5	18.6
4	110	3	12.3

（3）离子液体溶解 PET 过程

在探究离子液体溶解 PET 过程中，对不同溶解时间的 PET 表面进行了扫描电镜的表征。如图 5-30 所示，随着时间的延长，PET 表面由光滑变得粗糙，随后刻蚀加深，最终又趋于平整。这说明，PET 确实在离子液体的作用下被逐步溶解，符合高分子球状溶解定律。

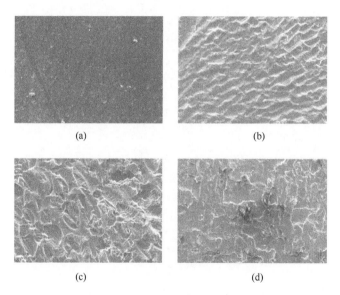

图 5-30　PET 溶解过程中表面形貌的表征

（4）PET 溶解前后差异性

对原始 PET、溶解过程中的 PET、溶解后的 PET 分别进行了 DSC、TGA、XRD、NMR 及 GPC 表征其中，DSC 与 NMR 表征如图 5-31 所示。DSC 与 TGA 测试表明，溶解后的 PET 熔点及热分解降低，XRD 与 NMR 表征表明溶解后的 PET 晶型及氢原子比例发生改变。GPC 数据表明，溶解前 PET 的分子量为 15436，溶解后 PET 的分子量为 3245。PET 在离子液体溶解过程中会发生不完全降解反应，自降解为其低聚物。

（5）离子液体使用前后变化

在实际应用中，催化剂的再生回用是考量其有无价值的重要因素。因此，通过 FTIR、DSC、NMR 及 XRD 对离子液体使用前后进行了表征（图 5-32）。发现该离子液体除了晶型有略微变化，其熔点及结构几乎无变化。表明该催化剂可以多次使用而不会失去活性。

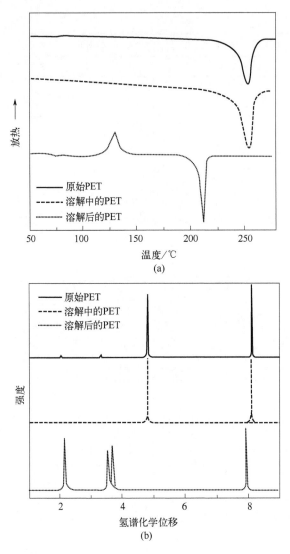

图 5-31　PET 溶解前后变化的表征

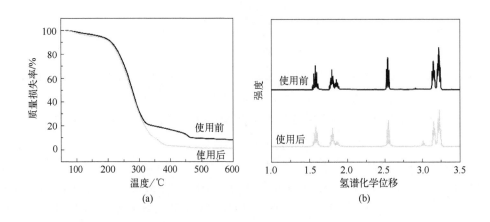

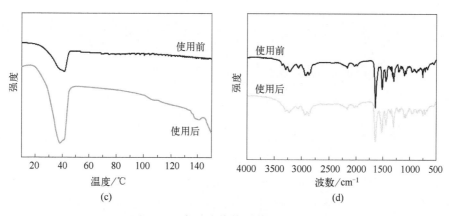

图 5-32　离子液体使用前后的表征

（6）离子液体催化回用 PET

将 PET 在离子液体中溶解后，再进行催化降解，如图 5-33 所示，在低于 120℃的情况下，PET 在 5min 内即可达最高产率，且最高产率随着反应温度的提升也呈上升趋势，其最高数值可达 92%。表明该离子液体具有较好的均相回用 PET 的能力。

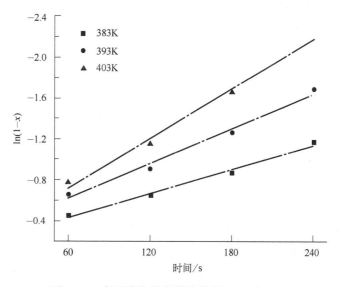

图 5-33　离子液体均相催化降解 PET 的研究

x—转换率

针对现存催化剂选择性较低、反应温度高（>170℃）、反应时间较长（>1h）的问题，开发了一种高效空穴电位 ZnO 催化剂提升效率，使得 PET 降解率达到 100%，BHET 产率达到 90.2%。同时为降低化学回用废弃 PET 的温度，使反应条件变得更温和，开发了完全均相催化 PET 化学回收体系。

5.4 陈腐有机物加工生产绿化用土、生物反应器腐殖填料技术

5.4.1 颗粒腐殖生物填料技术

存余垃圾具有有机质含量高、阳离子交换量大、结构疏松、生物量大、生物相丰富等特点，将其加工为腐殖填料处理生活污水可以实现"以废治废"的目的。复合腐殖填料生物滤池技术（multilayer humified media filter，MHF）是一种以多层腐殖填料固定床生物滤池为核心竖向串联垂直流人工湿地强化吸附除磷的村镇分散污水处理技术。

复合腐殖填料生物滤池技术工艺流程见图5-34。

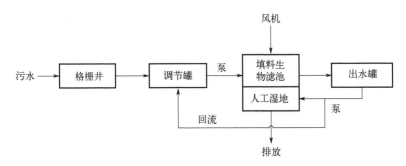

图 5-34　复合腐殖填料生物滤池技术工艺流程

5.4.1.1 制备工艺

选用搅齿造粒机作为存余垃圾腐殖土颗粒化设备。利用物料的不断翻滚黏结，最终形成颗粒，通过高速回转的造粒轴可以提升物料在滚筒内的团粒程度，使具有一定含水率粉状物料连续实现混合、成粒、致密等过程，颗粒强度更高，成粒率可达80%以上。选用弹跳筛和弛张筛组合对分选线筛下物进行精细筛分。所得颗粒强度可满足复合腐殖生物滤池应用要求，但遇水易崩解。为提升颗粒的耐水性，选用热熔型水凝胶材料1799聚乙烯醇（PVA）对颗粒进行包膜。包膜后即得到颗粒腐殖生物填料。

5.4.1.2 颗粒腐殖生物填料自稳定性能

存余垃圾腐殖土资源化的前提是无害化，而存余生活垃圾稳定化评价又是无害化评

价的主要依据。通过测定腐殖土中微生物的呼吸速率可以对生物稳定化过程进行监测，4d 累计消耗的氧气量（AT_4）可以较好地反映出固体样品的生物稳定性。

通过模拟散装腐殖生物填料和颗粒腐殖生物填料的真实存放环境，对比两种填料的稳定化趋势可以看出，颗粒化并未对腐殖填料在存放期间的生物稳定能力产生影响。

5.4.1.3　颗粒腐殖生物填料与散装腐殖生物填料性能比较

存余垃圾腐殖土具备优异的物理化学、水动力学和微生物学性能，因此其作为滤池填料可以实现快速挂膜和良好的污水处理效果。对比散装腐殖生物填料和颗粒腐殖生物填料在实际应用过程中的挂膜时间、污染物去除效果和抗堵塞能力，分析颗粒腐殖生物填料的综合性能。

（1）COD 去除效果

图 5-35 为散装腐殖生物填料和颗粒腐殖生物填料对污水 COD 的处理效果。由图可以看出，两种填料的挂膜速率并无明显差异，颗粒化过程并未对存余垃圾腐殖土中的微生物产生较大影响。

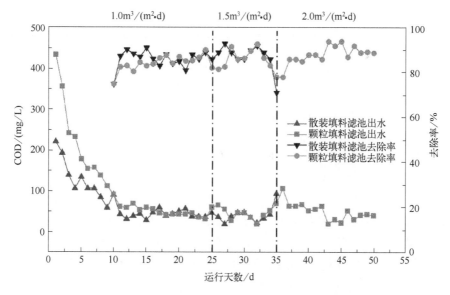

图 5-35　不同形状腐殖填料对 COD 的去除效果

水力负荷低于 1.5m³/（m²·d）时，散装腐殖填料和颗粒腐殖填料生物滤池的 COD 去除率均可达到 80%以上，其中散装填料滤池出水 COD 浓度为 21.26～61.69mg/L，颗粒腐殖填料滤池出水 COD 浓度为 21.10～67.63mg/L。当水力负荷提升至2.0m³/（m²·d）后，散装腐殖填料滤池壅水堵塞，停止运行；而颗粒腐殖生物填料滤池对污染物去除率有所波动，但整体 COD 去除率依旧维持在 80%以上，未出现壅水堵塞现象。

（2）氨氮去除效果

如图 5-36 所示为两种填料对氨氮的去除效果。在完成挂膜后，硝化反应开始发挥主要的氨氮降解作用。水力负荷为 1.0m³/（m²·d）的运行条件下，两滤池对氨氮的去除率均可达到 95%以上，出水氨氮浓度可以达到《城镇污水处理厂污染物排放标准》（GB 18918—2002）一级 A 标准。当水力负荷提升为 1.5m³/（m²·d）时，两滤池对氨氮的去除率有所波动，但依旧可以确保达到一级 B 标准。水力负荷进一步提升至 2.0m³/（m²·d）后，颗粒腐殖生物填料对氨氮的去除率出现较大幅度的下降，因此在实际的应用过程中滤池的水力负荷不宜高于 2.0m³/（m²·d）。

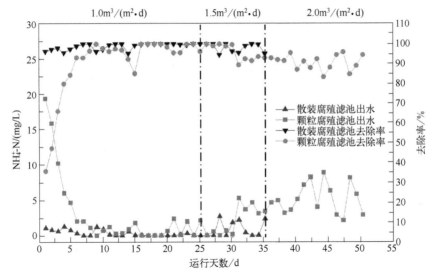

图 5-36　不同腐殖填料对氨氮的去除效果

（3）TN 去除效果

如图 5-37 所示为两种填料对 TN 的去除效果。整体而言，两滤池对总氮（TN）的去除效果并不能满足《城镇污水处理厂污染物排放标准》（GB 18918—2002）一级 B 标准的要求，但在实际应用到复合腐殖生物滤池时，通过末端提升泵将部分出水回流至酸化调节池，利用进水碳源进一步反硝化脱氮，可实现总氮达标排放。

（4）TP 去除效果

两种填料对 TP 的去除效果如图 5-38 所示。由于腐殖生物滤池不排放污泥，长时间依靠填料吸附和化学除磷必将导致系统内部磷的积累，最终导致磷的去除效果下降，因此需要对出水进行深度除磷以达到排放要求。

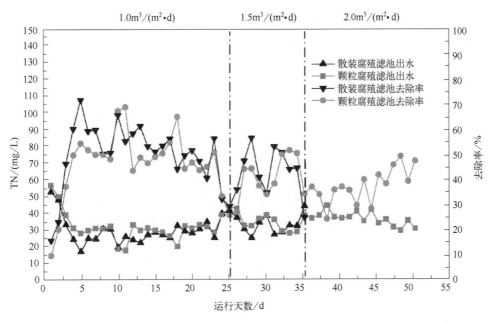

图 5-37　不同腐殖填料对 TN 的去除效果

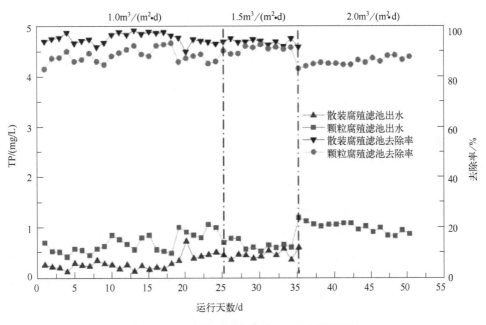

图 5-38　不同腐殖填料对 TP 的去除效果

5.4.2　腐殖土废弃填料协同资源化

以腐殖土为原料制备得到的颗粒填料自身含有植物生长所必需的营养元素，因此利用生物滤池因故障或定期更换的颗粒腐殖生物填料作为栽培基质具有一定的可行性。此外，吸附饱和后的通孔粉煤灰基颗粒填料含有较为丰富的植物有效态无机磷，在一定条件下可以被植物吸收利用。基于上述思路，利用废弃颗粒腐殖生物填料（以下简称废弃腐殖填料）和废弃通孔粉煤灰基颗粒填料（以下简称废弃除磷填料）作为栽培基质，可实现腐殖土和粉煤灰全生命周期资源化利用。

种植金盏菊和万寿菊两种植物，研究不同配比废弃腐殖颗粒和废弃除磷填料作为栽培基质对植物生长的影响。每种植物设置 7 个栽培基质处理，以营养土基质作为对照组（T0），其余为实验组（T1、T2、T3、T4、T5、T6），每个处理设置 3 个重复，试验共计 42 盆。具体基质配比方案如表 5-3 所列。

表 5-3 不同基质组的废弃腐殖生物填料与废弃除磷填料配比组成

基质编号	废弃腐殖填料/kg	废弃除磷填料/kg	营养土/kg
T0	0	0	1.5
T1	1.5	0	0
T2	1.4	0.1	0
T3	1.3	0.2	0
T4	1.2	0.3	0
T5	1.1	0.4	0
T6	1.0	0.5	0

栽培 90d 后，对种植的植物进行收获。收获前，测量每株植物的株高、冠幅、茎直径和分枝数。测量完毕后将各植株挖出，先用自来水冲洗去除植株表面附着的土壤和其他杂质，再用去离子水冲洗后擦干，将其分成根、茎和叶，测定根长以及各部分鲜重等形态指标，取根尖测定根系活力。每盆植物取出后将盆中的基质风干，分离栽培基质中的废弃除磷填料测定磷形态及含量。

① 通过对植物地上和地下部分生长指标的分析以及对比植物不同部位生物量可以得出，仅以废弃腐殖填料作为栽培基质对植物生长发育有一定抑制作用。在废弃除磷颗粒：废弃腐殖颗粒=（0：15）～（5：10）的范围内，废弃除磷填料比例增大，有助于改善复配基质整体的物理性质，更加适宜根系的生长发育，根系发达且活力强，可以更好汲取基质中的养分供给植物地上部分生长；同时，植物光合作用的产物更多地被分配到地下促进根系的生长，实现植物地上部分与地下部分的相互促进生长的良性循环。

② 植物-基质体系可促进废弃除磷填料中 Ca_2-P 和 Ca_8-P 的释放，在生物量较小的情况下会导致磷元素过剩，逐步转化为较为稳定的 Al-P 和 Fe-P 等，但整体依旧以植物有效态磷存在，可供植物长期生长利用。

5.5　存余垃圾预处理过程中二次污染控制技术

5.5.1　"三位一体"同步治理恶臭气体和废水的技术

（1）技术路线及处理单元划分

存余垃圾筛分后的腐殖土具有微生物群落丰富、孔隙率较高和三维网状结构等特点，可以通过生物降解与物理化学吸附的方式对渗滤液与臭气进行处理，使得渗滤液与臭气中的污染物被腐殖土降解或截留，同时在此过程中能够提高腐殖土有机组分与营养元素的含量。其后通入空气使腐殖土深度稳定化，从而达到的"三位一体"二次污染控制的目的。

如图 5-39 所示，该技术利用多级串联腐殖土固定床对渗滤液与臭气进行协同处理，使筛下腐殖土、老龄渗滤液和恶臭异味气体三种污染的处理相互结合，防止填埋场治理作业中的二次污染泄漏。达到"以废治废"的同时，实现水、固、气三相污染"三位一体"的平衡控制目标。

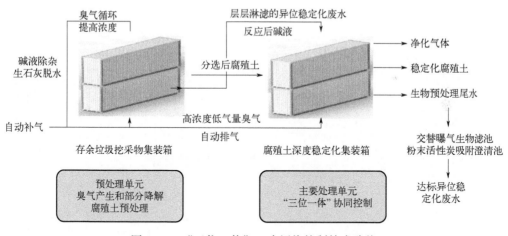

图 5-39　"三位一体"二次污染控制技术路线

"三位一体"二次污染控制技术的主要处理单元包括挖采物异位好氧稳定化处理单元与腐殖土异位稳定化处理单元。其中主要的技术核心为挖采物异位稳定化全封闭一体化装备与腐殖土异位稳定化全封闭一体化装备，两者均采取多级串联的运行模式。

挖采物异位稳定化全封闭一体化装备的主要目的为对腐殖土与臭气进行预处理及渗滤液的收集。腐殖土异位稳定化全封闭一体化装备是"三位一体"二次污染控制技术的重要处理单元，主要是对挖采物装备中排入的高浓度低气量臭气、泵入的渗滤液、筛分后的腐殖土进行协同净化处理。

（2）"多级串联"的运行方式

"三位一体"二次污染控制技术每个单元均采取了"多级串联"的运行方式。采用层层堆叠的形式，将全封闭一体化装备层层堆叠，装备内部放置挖采物或筛下腐殖土，臭气以自下而上、渗滤液以自上而下的形式通过体系，使气体从装备的进气单元进入固定床，通过抽吸装备顶部，使气体经过腐殖土处理后从顶部排出；处理过程中从装备顶部均匀分配存余垃圾老龄渗滤液；其后，排出的气体接至下一级装备的底部进气单元，利用多级串联的全封闭一体化装备，以"序批轮替"的方式处理后达到处理三相污染的目的。

（3）"序批轮替"的操作流程

"序批轮替"操作方式如图 5-40 所示。

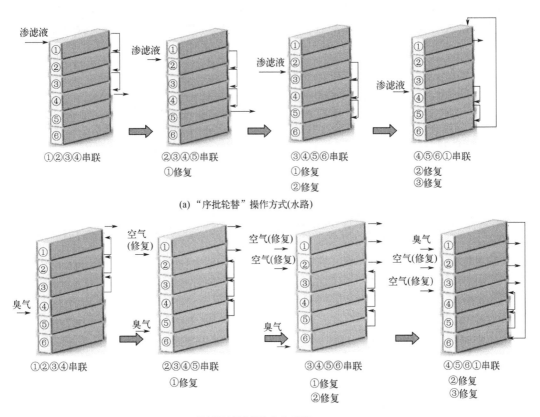

(a) "序批轮替"操作方式(水路)

(b) "序批轮替"操作方式(气路)

图 5-40 "三位一体"二次污染控制技术"序批轮替"操作方式

5.5.2 新型交替曝气生物滤池治理异位稳定化废水技术

（1）技术原理

在原先两个交替曝气滤池基础上再增加一个生物滤池，共设置 4 个反应池，其中 3

个为装填颗粒填料的生物滤池，另 1 个为竖流澄清池。另外，新型交替曝气生物滤池的曝气管设置在生物滤池的中部位置，形成多级缺氧/好氧（A/O）处理体系，增加系统的处理效能。

新型交替曝气生物滤池（图 5-41）由 A、B、C、D 四个反应池构成，其中 A、B 为底部连通的交替曝气生物滤池，C 为竖流澄清池，D 为普通生物滤池。

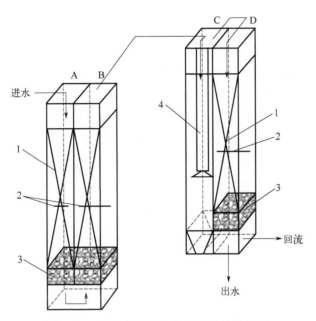

图 5-41　新型交替曝气生物滤池结构示意

1—复合粉煤灰基颗粒填料；2—穿孔曝气管；3—碎石及石英砂层；4—竖流澄清池中心管

工艺运行时，新型交替曝气生物滤池的 A、B 两格滤池交替曝气，当滤池曝气时成为好氧滤池（B），不曝气时则成为缺氧滤池（A）。污水从进水桶通过离心泵从顶部进入 A 池，自上而下流过 A 池再通过联通的底部自下而上经过 B 池，当水流达到 B 池出水管高度时则由出水管流出，污水经过三段缺氧段和一段好氧段处理后自上而下进入 C 池中心管内，进行泥水分离，而后污水再由 C 池上部出水口进入 D 池中，自上而下流经 D 池，经过好氧-缺氧的进一步处理后一部分水回流到进水桶，通过硝化液回流强化反硝化脱氮，另一部分则作为出水流出。当经过一个周期后，切换曝气方向。

同时，通过团粒工艺和高温煅烧技术自制通孔粉煤灰基颗粒填料，应用于新型交替曝气生物滤池。

（2）通孔粉煤灰基颗粒填料

以秸秆作为造孔剂，粉煤灰、水泥、生石灰的质量比为 7∶1∶0.8 并掺入三者总质量 5%的硫酸钙及 1%的秸秆制成的通孔粉煤灰基颗粒填料（颗粒填料 A）和粉煤灰、水泥、生石灰的质量比为 7∶1∶1 并掺入三者总质量 3%的硫酸钙及 1%的秸秆制成的通孔粉煤灰基颗粒填料（颗粒填料 B）机械强度达到《陶粒滤料》中破碎率及磨损率之和小

存余垃圾无害化处置与二次污染防治技术及装备

于 6% 的要求。

参照《城镇污水处理厂污染物排放标准》（GB 18918—2002）相关要求，检测通孔粉煤灰基颗粒填料 A、B 的 Cu、Zn、Cd、Hg、Cr、As 六项重金属指标。两种自制通孔粉煤灰基颗粒填料的六项重金属含量均小于标准规定的限定值，符合城镇污水处理厂污染物排放标准。

（3）通孔粉煤灰基颗粒填料新型交替曝气生物滤池应用

利用新型交替曝气生物滤池实验装置，选用通孔粉煤灰基颗粒填料 A 作为新型交替曝气生物滤池的填料，来处理模拟污水，进行水力负荷、回流比等工艺参数的变化对工艺处理效能影响的研究。随着水力负荷不断提升，COD 容积负荷随之提升，系统对 COD 的去除能力始终较高，新型交替曝气滤池具有较好抗冲击负荷能力；滤池的氨氮容积负荷逐渐升高，且远小于硝化曝气生物滤池的氨氮负荷 [0.6~1.0kg/（m³·d）]，氨氮去除率也随之下降；系统 TN 容积负荷不断提升，TN 去除率逐步下降；系统 TP 容积负荷逐步提升，出水 TP 浓度始终满足城镇污水处理一级 A 标准，除磷效果显著。

随着回流比的增加，系统对 COD 的去除效果不断增强，当回流比从 100% 上升至 250% 时，系统对氨氮的去除率一直较高，硝化细菌代谢速率较快，能够实现氨氮的有效去除，为反硝化反应提供充足的硝酸盐反应底物；当回流比从 100% 升高至 200% 时，装置对 TN 的去除率从 56.3% 提高到 65.3%；回流比从 100% 上升至 250% 时，出水 TP 含量较低，系统对 TP 的去除率较高（97.7%）。

在系统停止运行 1 个月左右时间后重新启动，系统 1d 内就能够恢复对氨氮、TN、TP 的高效降解能力，平均去除率分别达 94.4%、53.1%、96.0%，且氨氮去除率高于装置正常运行时的氨氮平均去除率；装置在启动 3d 后能够恢复对 COD 的高效去除能力，平均去除率达 92.3%。综合来看，新型交替曝气生物滤池具备间歇运行后快速重启的特点。

5.5.3 粉末活性炭吸附澄清池深度处理异位稳定化废水技术

5.5.3.1 技术原理

将新型交替曝气生物滤池出水裹挟的剩余污泥絮体进行回流，并将其作为生物絮凝剂，利用其中菌胶团的生物絮凝作用与粉末活性炭结合能够显著改善粉末活性炭的沉降性能，有效解决粉末活性炭固液分离困难的问题。在原竖流式沉淀池中心管内投加微涡流反应器，利用微涡流的原理强化粉末活性炭与剩余污泥絮体之间的生物絮凝效果。

172

5.5.3.2　效果评价

（1）PAC 生物絮凝反应条件及絮体沉速

1）PAC/活性污泥（AS）质量投加比对生物絮凝效果的影响

以异位稳定化废水为实验用水进行烧瓶实验，PAC 投加浓度按 1g/L，设置 PAC/AS 的质量投加比 0.1、0.2、0.3、0.4、0.5、0.6 的六个实验组，另设一个不加 PAC 的对照组，以反应相同时间以后上清液浊度及 COD 去除率为指标（图 5-42 和图 5-43），综合考虑后选择适宜的质量投加比为 0.5。

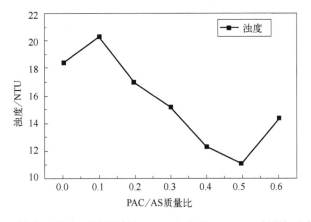

图 5-42　粉末活性炭吸附澄清池 25℃下不同 PAC/AS 质量比下出水浊度

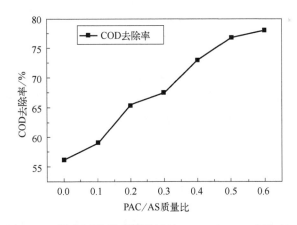

图 5-43　粉末活性炭吸附澄清池 25℃下 COD 去除率

2）絮凝沉淀

进行絮凝沉淀实验以探究 PAC 与 AS 生物絮凝过程中所形成的混合物沉降速率与悬浮物去除率之间的关系。实验原水为老龄渗滤液，其水质特征见表 5-4。采用的活性污泥理化性质见表 5-5。

173

表 5-4　老龄渗滤液水质特征

指标	pH 值	COD/（mg/L）	BOD/（mg/L）	BOD5/COD 值	NH_4^+-N/（mg/L）	TN/（mg/L）
数值	7.8	2003	190	0.09	943	1100

表 5-5　活性污泥理化性质

分析项目	MLSS/（mg/L）	SVI	pH 值	MLVSS/MLSS 值
数值	3800	97	7.2	0.85

注：MLSS—混合液悬浮固体；SVI—污泥体积指数；MLVSS—混合液挥发性悬浮固体。

采用 PAC/AS 质量投加比为 0.5，PAC 投加量按 1g/L，在第 5min、10min、20min、40min、60min、90min 同时从 5 个取样口取样并测定相应的悬浮物浓度。最后可绘制悬浮物总去除率与停留时间及表面负荷（即絮体沉速）的关系图（图 5-44）。

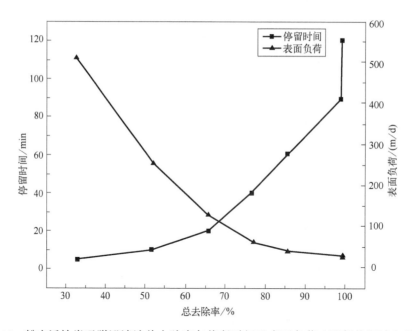

图 5-44　粉末活性炭吸附澄清池总去除率与停留时间及表面负荷（即絮体沉速）关系图

当 PAC/AS 质量投加比为 0.5 时，若想出水达到《污水综合排放标准》（GB 8978—1996），相应的悬浮物总去除率为 88.6%，此时的表面负荷为 40.6m/d。

（2）基于 Fluent 数值模拟技术的中心管内复杂微涡流反应过程

1）CFD 水流流场模拟分析

采用计算流体动力学（computational fluid dynamics，CFD）数值模拟软件对絮凝过程中水流流场进行模拟分析，通过获得的相关数值模拟的评价指标对流场进行分析。利用 Gambit 2.4.6 软件完成模型的建立，包括微涡流空心球模型的建立与整个反应器模型的建立。

2）速度云图分析

当中心管微涡流反应区内微涡流反应器投加类型分别为 a（中心管内不投入微涡流反应器）、b（中心管内全投开孔孔径为 5mm 的 Ⅰ 型微涡流反应器）、c（中心管内全投开孔孔径为 8mm 的 Ⅱ 型微涡流反应器）、d（中心管内上半部分投开孔孔径为 5mm 的 Ⅰ 型微涡流反应器，中心管内下半部分投开孔孔径为 8mm 的 Ⅱ 型微涡流反应器）时，XZ 平面相应的速度云图显示，当中心管微涡流反应区内未投加微涡流反应器时，流速几乎没有任何梯度变化。当中心管投加了微涡流反应器后，中心管边壁水流速度较快。

3）湍动能云图分析

当中心管内未投加微涡流反应器时，湍动能小，对比投加类型 b 与 c，发现投加类型 b 中湍动能更大，投加类型 d 中中心管上半部投加的是小孔径 Ⅰ 型微涡流反应器，水流紊动剧烈，湍动能高，中心管下半部投加的是大孔径 Ⅱ 型微涡流反应器，水流湍动性有所减弱。

4）湍动能耗散云图分析

对比投加类型 b 与 c 发现，Ⅰ 型微涡流反应器附近的湍动能耗散更大，通过 Fluent 后处理中体积加权平均法可得到中心管内不同微涡流反应器投加类型下的平均速度、平均湍动能耗散和平均湍动能结果，计算结果如表 5-6 所列。

表 5-6　不同微涡流反应器投加类型下的流场参数

工况参数	速度/（m/s）	湍动能耗散/（m²/s³）	湍动能/（m²/s²）
a	0.0070	$3.4521×10^{-5}$	0.000000741
b	0.0077	$4.3729×10^{-4}$	0.000096
c	0.0081	$3.1521×10^{-4}$	0.000063
d	0.0079	$3.9831×10^{-4}$	0.000077

5）涡旋尺寸 λ 分析

中心管不同微涡流反应器投加类型工况下，工况 a 下湍动能耗散最小，相应的涡旋尺寸最大，约为 412.0μm；工况 b 下湍动能耗散最大，相应的涡旋尺寸最小，约为 223.8μm。对比中心管内投加不同开孔孔径尺寸的微涡流反应器工况，工况 b 下平均涡旋尺寸约为 223.8μm，工况 c 下平均涡旋尺寸约为 247.6μm。

（3）粉末活性炭吸附澄清池工艺参数优化

利用微涡流生物絮凝反应实验对粉末活性炭吸附澄清池工艺进行优化。选择中心管内微涡流反应器投加类型、中心管内进水滤速和活性污泥投加量为 3 个因素进行正交试验。以出水水质参数和絮体形态学参数为指标，对正交结果进行极差分析，以明确最优

工况和工艺效果影响因素主次，最后尝试建立水质参数、形态学参数、动力学参数与絮凝效果之间的关联性分析。

1）微涡流生物絮凝反应正交试验

选取中心管内微涡流反应器投加类型（以下简称投加类型）、中心管内进水滤速（以下简称滤速）和活性污泥投加量（以下简称活性污泥量）三个影响因素，每个因素下选取 4 个水平值，采用 $L_{16}(4^3)$ 正交表进行三因素四水平正交试验。正交试验的因素水平表见表 5-7。

表 5-7　微涡流生物絮凝反应正交试验因素水平表

序列号	因素	水平			
		1	2	3	4
A	投加类型	a	b	c	d
B	滤速/（m/s）	0.007	0.008	0.009	0.010
C	活性污泥量/（mg/L）	500	1000	2000	3000

正交试验形态学参数结果见表 5-8。

表 5-8　正交试验形态学参数结果表

试验号（工况）	分形维数	等效粒径/μm
1	1.5802	88.3125
2	1.6103	89.0225
3	1.6238	90.8925
4	1.6258	91.9918
5	1.8148	158.3450
6	1.8114	158.0019
7	1.8303	155.1001
8	1.8484	156.1220
9	1.8399	153.5230
10	1.7228	148.4380
11	1.7208	149.3168
12	1.7828	150.3502
13	1.8058	168.2273
14	1.9087	173.8996
15	1.8997	172.8357
16	1.8027	165.9135

分形维数极差分析中各因素对分形维数的影响主次为：中心管内微涡流反应器投加类型＞活性污泥投加量＞中心管内进水滤速。

等效粒径极差分析中各因素对等效粒径的影响主次为：中心管内微涡流反应器投加类型＞活性污泥投加量＞中心管内进水滤速。

2）形态学参数与生物絮凝效果关联性分析

等效粒径与分形维数变化趋势基本一致。但在工况 5～8 中，分形维数与等效粒径变化趋势却并不完全一致。整个正交实验中分形维数的范围为 1.5802～1.9087，等效粒径的范围为 88.3125～173.8996μm。工况 14 与工况 15 下等效粒径值最大，均能达到 172μm以上，相应的分形维数值也均在 1.89 以上。

絮体等效粒径 d 和分形维数 D_f 之间符合多项式关系，$D_f=3116.93d-814.15d^2-2814.71$，$R^2$ 为 0.92。

3）动力学参数与生物絮凝效果关联性分析

按照正交试验的设置参数进行 Fluent 数值模拟计算得到不同工况下流场内平均湍动能耗散，进而计算得到脉动速度梯度 G_0。通过正交试验得到的不同工况下水头损失计算得到时均速度梯度 G。时均速度梯度 G 与脉动速度梯度 G_0 变化趋势几乎一致。在工况 8下，两种速度梯度值均达到最大，时均速度梯度 G 与脉均速度梯度 G_0 分别为 35.84s^{-1}和 43.16s^{-1}；在工况 1 下，两种速度梯度值均达到最小，时均速度梯度 G 与脉均速度梯度 G_0 分别为 13.43s^{-1} 和 3.63s^{-1}。

4）悬浮泥渣层结果和水质参数极差分析

在粉末活性炭吸附澄清池中心管微涡流生物絮凝效率分析的基础上，以水质参数中的悬浮物（SS）去除率为考察指标对正交试验结果进行极差分析，结合悬浮泥渣层分析结果，综合评估粉末活性炭吸附澄清池固液分离效率以优化粉末活性炭吸附澄清池工艺。当活性污泥投加量为 500mg/L 时，难以观测到悬浮泥渣层的形成，随着活性污泥投加量不断增加，悬浮泥渣层开始形成，其高度与活性污泥投加量呈正相关。整个正交试验中，悬浮泥渣层高度范围为 5～10cm。各因素对于 SS 去除率的影响主次为：中心管内微涡流反应器投加类型＞活性污泥投加量＞中心管内进水滤速

5）形态学参数与水质参数关联性分析

在中心管内投加微涡流反应器可以有效降低整个流场内的涡旋尺度值，工况 1～4中涡旋尺寸值均明显高于其他 12 个工况。仅对湍流流态下工况即工况 5～16 中涡旋尺寸与絮体等效粒径之间差值 x 和 SS 去除率 y 之间进行拟合，拟合结果如图 5-45所示。

涡旋尺寸与絮体等效粒径之间差值 x 和 SS 去除率 y 之间符合关系式：$y=102.52827-0.10645x$，R^2 为 0.8665。y 与 x 呈负相关，说明絮体等效粒径与涡旋尺寸值越接近，SS去除率越高。

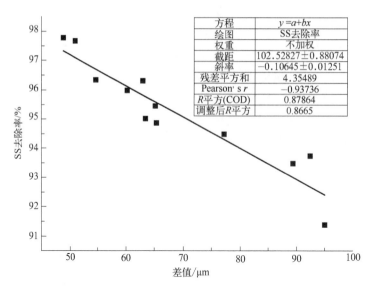

方程	$y = a + bx$
绘图	SS去除率
权重	不加权
截距	102.52827 ± 0.88074
斜率	-0.10645 ± 0.01251
残差平方和	4.35489
Pearson's r	-0.93736
R平方(COD)	0.87864
调整后R平方	0.8665

图 5-45 粉末活性炭吸附澄清池等效粒径与涡旋尺寸差值和 SS 去除率的关系（湍流工况下）

5.6 工程验证与示范推广

存余垃圾异位预处理及智能化组合分选和分质资源化技术已运用于位于安徽利辛与贵州德江的两项存余垃圾综合整治工程，其中安徽利辛作为中试验证基地进行关键技术的工程验证与推广，贵州德江作为示范工程验证并展现完整技术体系的运行成效。

5.6.1 利辛县农村生活垃圾及存余垃圾治理工程

5.6.1.1 项目简介

利辛县农村生活垃圾及存余垃圾治理 EPC 项目（图 5-46，书后另见彩图）于 2019 年 8 月开工，采用开挖、分选、分类处置的技术路线，建设有两条 600t/d 的垃圾分选生产线，解决生活垃圾填埋库容告急、新建焚烧厂未交付使用的问题。本项目于 2020 年 10

图 5-46 利辛县农村生活垃圾及存余垃圾治理工程项目现场鸟瞰图

月开始建设腐殖土精筛分梯级资源化厂房，2021 年初完成生产线的调试优化，验证腐殖土资源化的工程可行性；同时筛上轻质物资源化厂房正在建设中，以验证干湿联用多效洁净的筛上轻质物资源化技术路线。

5.6.1.2　总体技术方案

该项目最终以存余垃圾全量资源化治理为目标，采用"安全开采+异位稳定化+智能分选+资源化利用"的技术路线，从根本上治理污染源，满足用地要求，最大限度地实现土地价值（图 5-47）。

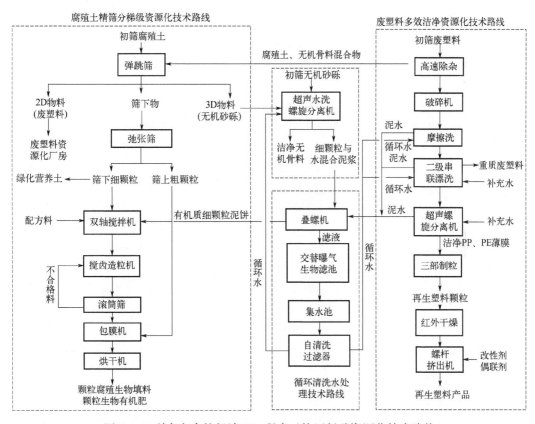

图 5-47　利辛存余垃圾治理工程多元协同低碳资源化技术路线

5.6.1.3　关键技术工程验证

（1）腐殖土资源化技术

根据筛下腐殖土资源化工艺路线，进入弹跳筛的筛下腐殖土量为 340t/d，按每日工作

24h 计，跳汰弹力分选机的最大处理量应不低于 15t/h，选用一台 TTS-20 跳汰弹力分选机；设计弛张筛处理弹跳筛的筛下腐殖土量为 210t/d，弛张筛的处理量应不小于 9t/h，以粒径 3mm 作为腐殖土不同性质的筛分分界限，则使用筛孔尺寸为 3mm 的筛面，选用一台 GXFS2040 型弛张筛；设计双轴搅拌机处理能力为 150t/d，包括精筛后细颗粒 90t/d 与清洗水循环处理单元回流的有机质细颗粒泥饼 60t/d，双轴搅拌机的处理量应不小于 7t/h，选用一台 CX-S500 双轴搅拌机搅拌物料；设计搅齿造粒机生产能力为 160t/d，包括双轴搅拌机搅拌后物料 150t/d 与不合格料重新造粒量 10t/d，双轴搅拌机的处理量应不小于 7t/h，选用一台 CX-SH400 搅齿造粒机生产颗粒腐殖填料与颗粒生物有机肥；设计滚筒筛处理量为 160t/d，以粒径 2mm 为合格料与不合格料分界限，选用 SF350 筛分机分离合格料与不合格料。

结合相关设备的选型与构筑物的设计，资源化工艺总平面布置及设备（构筑物）定位如图 5-48 所示。资源化工艺所需场地长 27m、宽 13m，占地面积为 351m²；其中主要设备放置在钢结构厂房内，轻钢厂房长 19m、宽 9.5m，占地面积为 180.5m²；临时堆放置场等构筑物设计在轻钢风雨棚内，占地面积为 170.5m²。

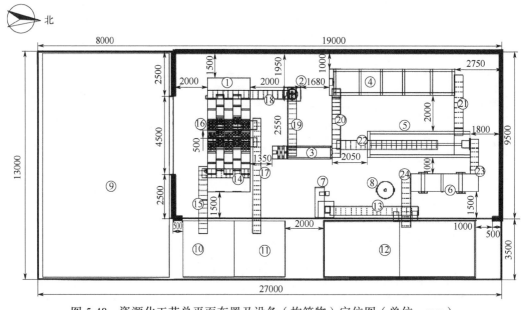

图 5-48　资源化工艺总平面布置及设备（构筑物）定位图（单位：mm）

①—弹跳筛；②—破碎机；③—双轴搅拌机；④—搅齿造粒机；⑤—筛分机；⑥—包膜机；⑦—打包机；⑧—熔融罐；⑨—腐殖土临时置场；⑩—废塑料临时置场；⑪—筛下细料临时置场；⑫—颗粒腐殖填料养护置场；⑬—打包机上料皮带；⑭—弹跳筛 2D 物料收集皮带；⑮—2D 物料输送皮带；⑯—弹跳筛筛下物料收集皮带；⑰—筛下物料输送皮带；⑱—粗颗粒腐殖土收集皮带；⑲—搅拌机上料皮带；⑳—造粒机上料皮带；㉑—造粒机出料皮带；㉒—不合格料回料皮带；㉓—合格料出料皮带；㉔—颗粒腐殖填料出料皮带

（2）废塑料多效洁净资源化技术

废塑料多效洁净包括干法洁净与小水量湿法洁净两个关键系统。干法洁净单元处理量为 165t/d，高速除杂机处理量应不小于 7t/h，选用两台 NMRV130 型高速除杂机；设计经除杂机后进入破碎机的废塑料量为 75t/d，破碎机处理量应不小于 4t/h，选用一台 XPS1000 破碎机；高速摩擦洗机与漂洗池处理量应不小于 4t/h，选用 520 型高速摩擦机与 BMPX10000 薄膜漂洗池各两台，每一台高速摩擦机与薄膜漂洗池组成一级水洗单元，组建二级串联水洗单元；过湿法洁净后进入资源化单元造粒的洁净 PP/PE 薄膜量为 20t/d，造粒生产能力应不小于 1t/h，选用一台 SJSZ65 型三部挤出机单元。

5.6.1.4　投资估算与收益

（1）投资估算

利辛县卫生填埋场存余垃圾处理及资源化项目存余垃圾处理总量为 60 万吨，厂房、设备、运行费等总投资估算为 21362.30 万元，即处理综合单价为 356.04 元/吨，详见表 5-9。

表 5-9　存余垃圾治理及资源化项目投资估算表

序号	分项名称	工程量/t	单价/（元/t）	总价/万元
1	垃圾开采	600000	9.88	592.80
2	垃圾分选	600000	82.88	4972.80
3	垃圾预处理	600000	80.08	4804.80
4	筛下腐殖土资源化	400000	166.62	6664.80
5	筛上轻质物多效洁净及资源化	50000	764.98	3824.90
6	无机骨料资源化	150000	33.48	502.20
	费用总计	600000	356.04	21362.30

（2）产品收益及综合处理费用

通过对存余垃圾的全量资源化，可出售资源化产品量为 60 万吨，总收益为 17700 万元，相应综合处理费为 3662.272 万元，综合处理单价为 61.04 元/吨。详见表 5-10。

表 5-10　资源化产品收益及综合处理费用估算表

序号	分项名称	特征描述	出售量/t	单价/（元/t）	合计/万元
1	筛下腐殖土资源化				12000
1.1	营养土出售		200000	100	2000
1.2	水处理填料颗粒出售		200000	500	10000
2	筛上轻质物多效洁净及资源化				5250
2.1	重质废塑料销售		25000	100	250
2.2	轻质废塑料出售		25000	2000	5000
3	无机骨料资源化				450
3.1	无机骨料出售		150000	30	450
	收益总计		600000	295	17700
	综合处理费用		600000	61.04	3662.4

5.6.2　贵州德江生活垃圾卫生填埋场综合整治示范工程

（1）德江示范工程简介

德江县生活垃圾卫生填埋场位于贵州省铜仁市德江县玉水街道厦阡村老虎槽，该垃圾填埋场于 2011 年 10 月开工建设，于 2012 年 10 月竣工，2013 年 6 月投入试运行，服务范围包括德江县城区、德江县规划区等城镇约 10.59 万人的生活垃圾的卫生填埋，计划服务年限为 2012～2022 年，共计 11 年。由于德江县城市的快速发展及相关规划，目前，该垃圾填埋场周边已修建有贵州伟才实验学校、德江县城北新人民医院等住宅、学校、医院，同时根据德江县城市总体规划图，该填埋场周边区域已规划为住宅、商业等用地，若不对该生活垃圾填埋场进行综合整治，则会对城市的规划和未来的发展造成严重影响，使该填埋场周边区域未来的发展和使用受到限制。此外，根据铜仁市环境保护督察整改工作领导小组《关于印发铜仁市贯彻落实中央第七环境保护督察组反馈意见整改方案的通知》（铜环督改办通〔2017〕6 号）相关要求，对群众反映强烈、处于敏感区域的生活垃圾填埋场必须进行集中整治。

目前该垃圾填埋场的垃圾填埋区面积约为 18748.3m^2，填埋生活垃圾量约为 $3.1 \times 10^5 m^3$，综合整治的主要建设内容包括垃圾填埋场渗滤液水位下降工程、垃圾堆体好氧稳定化工程、垃圾堆体开挖工程（包括垃圾堆体库底的防渗基础）、开挖垃圾筛分工程、筛分后物料终端处置工程。

（2）总体技术路线与项目设计

德江存余垃圾治理示范工程总体技术路线如图 5-49 所示，总体平面设计如图 5-50 所示。技术包括人工智能分拣、自动气动清堵等智能组合分选技术，筛分物料中腐殖土资源化技术采用已在利辛县农村生活垃圾及存余垃圾治理工程中验证优化的技术路线，筛上轻质物采用纯干法洁净资源化技术。

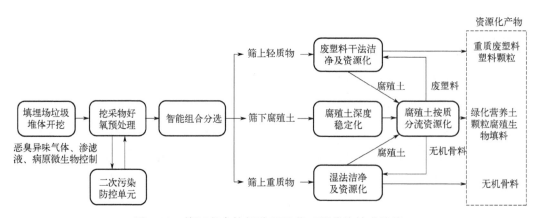

图 5-49　德江存余垃圾治理示范工程总体技术路线

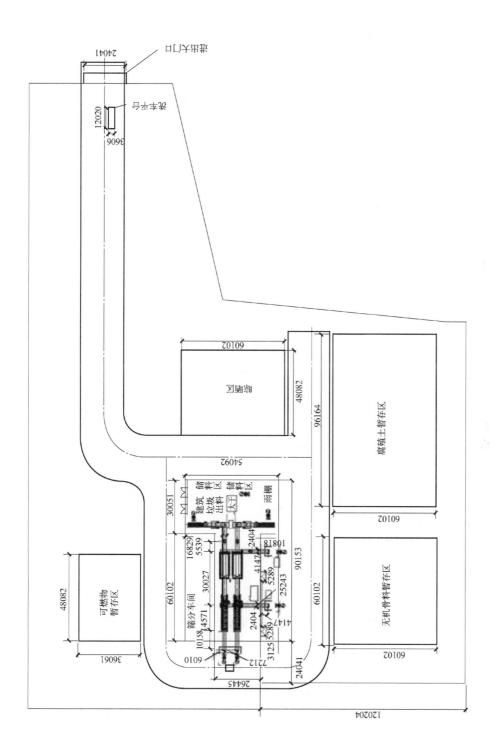

图 5-50　德江示范工程总体平面设计（单位：mm）

（3）筛上轻质物干法洁净资源化技术

初步筛分后的筛上轻质物组成如表 5-11 所列，根据物料特性采用如图 5-51 所示的干法洁净资源化技术方案，筛上轻质物通过鳞板布料机均匀布料后进入人工分拣平台，由人工首先将大件橡胶、织物、塑料瓶等杂物分拣出，降低后续洁净设备的处理负荷。通过自主研发的高速除杂机将"塑料-泥沙"包裹物打散并摩擦干洗，分离轻质物表面易剥落的杂质；初步除杂的筛上轻质物经过磁选机除去铁磁性金属，经撕碎机破碎后进入涡流分选机回收有色金属；其中高速除杂机产生的杂质主要为腐殖土与无机砂砾混合物。分选破碎且洁净后的筛上轻质物通过螺旋输送至造粒车间料仓。

表 5-11　德江筛上轻质物组成

名称	总重	布料	砂砾等杂物	金属	可利用轻质物	测定过程中蒸发的水分
质量/kg	38.6	9.2	4.6	1.4	23.0	0.4
比例/%	100	23.83	11.92	3.63	59.59	1.03

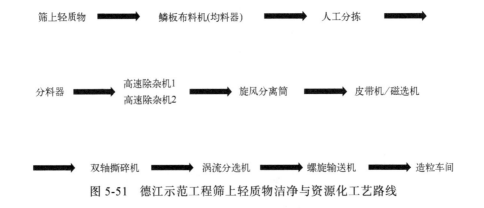

图 5-51　德江示范工程筛上轻质物洁净与资源化工艺路线

筛上轻质物资源化厂房如图 5-52 所示，设计筛上轻质物处理规模为 3t/h，每日工时按 20h 计，每日处理规模为 60t/d。产物中 PP/PE 薄膜产量预计为 20t/d，金属为 2.2t/d，大布拖鞋等为 14t/d，腐殖土等其他杂质量为 33.8t/h。

该部分总投资为 228 万元，其中设备采购及电控系统总投资为 170 万元，厂房建设投资为 58 万元。废塑料干法洁净日运行成本为 10610 元，其中电费为 6660 元，人工费为 3600 元，其他耗材费为 350 元，折合筛上轻质物处理运行费用为 176.83 元/t。

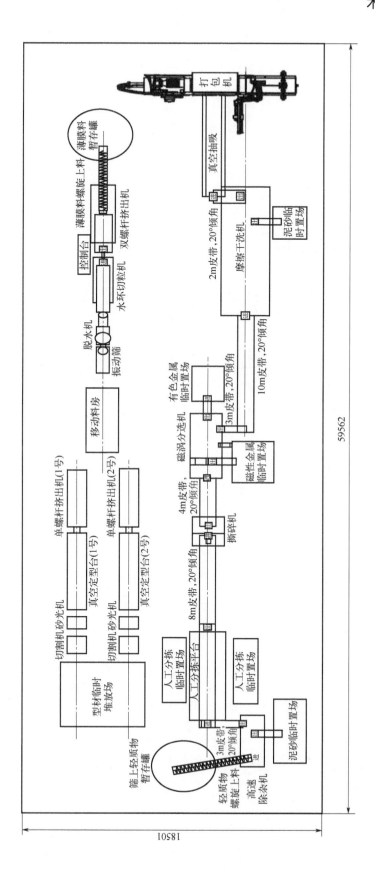

图 5-52　德江示范工程筛上轻质物资源化厂房

第**6**章

高浓度渗滤液碳氮协同削减及浓缩液全量化处理技术装备与示范

▶ 渗滤液碳氮协同削减技术

▶ 渗滤液蒸发系统构建及优化

▶ 渗滤液全量化处理物质流及能量流分析

▶ 成果应用

6.1　渗滤液碳氮协同削减技术

6.1.1　渗滤液中难降解碳源识别

随着填埋时间的延长，垃圾填埋场渗滤液 BOD_5/COD 值及 COD/TN 值越来越小，意味着填埋时间越长的渗滤液，难降解有机物越多，可利用的碳源越少。若能利用其中的难降解碳源脱氮，则能极大地缓解中老龄垃圾填埋场渗滤液处理中存在的碳源严重不足问题。对垃圾渗滤液难降解有机物成分进行分析，得出难降解有机物主要包括腐殖酸、棕黄酸、脂肪酸和氨基酸等，其中以腐殖酸为主，而腐殖酸的主要成分为胡敏酸（HA）和富里酸（FA）。

6.1.2　难降解碳源的分解及利用

6.1.2.1　微生物降解及利用

（1）垃圾渗滤液生化系统微生物群落识别

以某老龄垃圾渗滤液为进水，采用 A/O（缺氧/好氧）工艺进行中试试验，设两条处理线，1 号处理线在反硝化池设填料，2 号处理线不设填料。对两条处理线生化系统反硝化池和硝化池内活性污泥进行采样，共采集 6 个批次共 126 个样品，提取样品 DNA 后进行细菌 16S rDNA 扩增子测序，获得了反应器硝化池和反硝化池的细菌群落结构。结果表明，老龄渗滤液的进水会导致垃圾渗滤液处理反应器中细菌多样性的降低，集中度升高，细菌主要由变形菌门（Proteobacteria）、放线菌门（Actinobacteriota）和绿弯菌门（Chloroflexi）构成；主要的反硝化菌类群是陶厄氏菌属（*Thauera*）、下水道球菌属（*Amaricoccus*）和 *Micropruina* 等，与 COD 去除有关的微生物主要有动性球菌属（*Planococcus*）、f-*Methyloligellaceae*、f-*Sandaracinaceae*、棒状丙酸菌属（*Propioniciclava*）、*Raineyella*、*Piscicoccus*、*Litorilinea* 等菌株，主要的硝化菌类群是 *Nitrosomonas*，如图 6-1 和图 6-2 所示（书后另见彩图）。此外，加入填料能够整体提高反应器中细菌的多样性，有利于提高耐冲击负荷能力，同时还可富集有机物降解菌群，为脱氮提供碳源，如图 6-3 所示（书后另见彩图）。

（2）环境因子与主要细菌间相关性分析

与 COD、NH_4^+-N、TN 等水质指标降低显著相关的微生物，很大程度上和该种水质指标的控制相关，分析两者之间的相关性可以完成渗滤液处理中功能菌群的解析，如图 6-4 所示（书后另见彩图）。

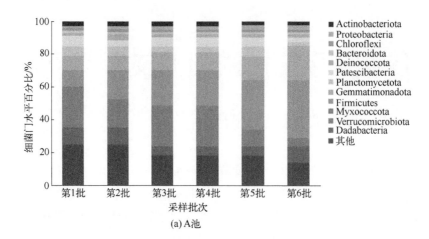

(a) A池

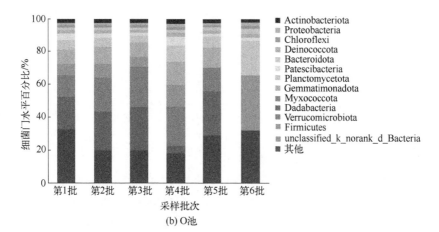

(b) O池

图6-1 难降解碳源的分解及利用中试反硝化池和硝化池菌群分布情况

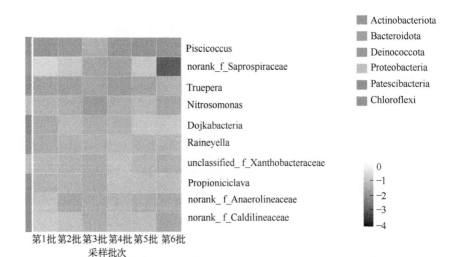

(a) A池

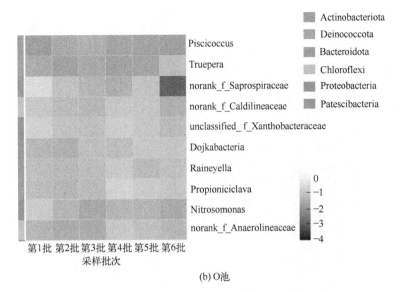

(b) O池

图 6-2　难降解碳源的分解及利用中试反硝化池和硝化池细菌分布情况

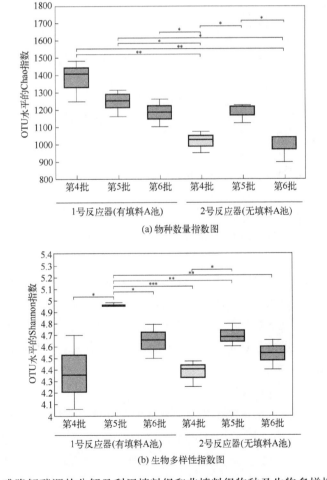

图 6-3　难降解碳源的分解及利用填料组和非填料组物种及生物多样性指数图

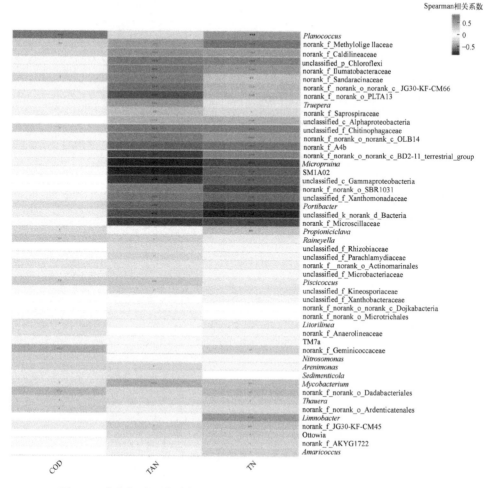

图 6-4　难降解碳源的分解及利用水质与污泥细菌群落间的相关性分析

　　水质指标与污泥细菌群落间的相关性分析（图 6-5）表明，与 COD 浓度降低显著相关的微生物种类有动性球菌属（*Planococcus*）、f-*Methyloligellaceae*、棒状丙酸菌属（*Propioniciclava*）、*Raineyella* 等，这些微生物很可能承担着垃圾渗滤液中大分子有机物降解的功能，与总氮浓度降低显著相关的反硝化细菌类群为陶厄氏菌属（*Thauera*）、*Micropruina* 等，还有大量未培养细菌与反硝化相关，这些细菌承担着渗滤液中脱氮的相关功能。从图 6-4 和图 6-5（书后另见彩图）可知，填料生物膜上细菌与水质指标，尤其是与 COD 降低显著相关的细菌有 14 种，明显多于污泥的 7 种，说明填料的添加可以富集大量的有机质降解细菌。

　　（3）生物膜内脱氮功能分析

　　PICRUSt2 功能预测可根据微生物组成预测相关功能基因的相对丰度，用 PICRUSt2 预测对比 1 号反硝化池内活性污泥和生物膜上脱氮功能酶（图 6-6），结果表明，除第 5 批采样外，生物膜上具有硝酸盐还原酶的菌丰度更高，而铁氧还蛋白硝酸盐还原酶的丰度在 3 个批次中生物膜均高于活性污泥。

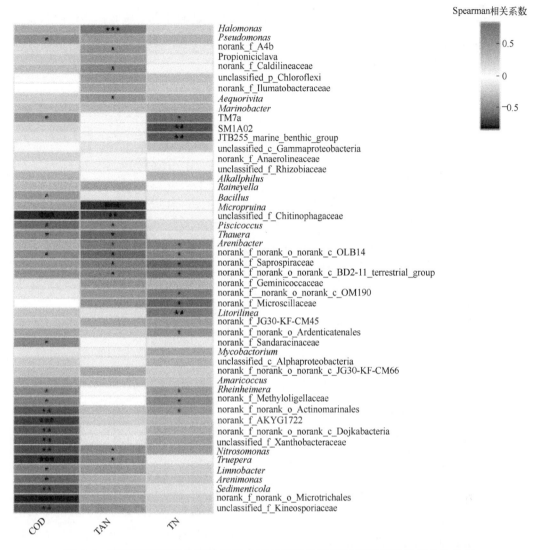

图 6-5　难降解碳源的分解及利用水质与填料生物膜细菌群落间的相关性分析

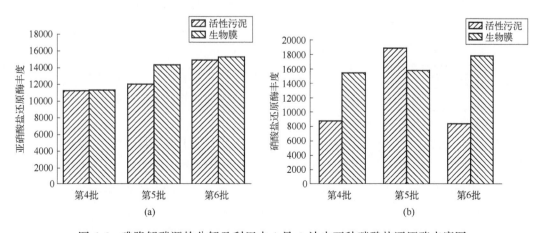

图 6-6　难降解碳源的分解及利用中 1 号 A 池中两种硝酸盐还原酶丰度图

经过对比1号A池中反应器污泥和生物膜中微生物的碳水化合物转运和代谢酶类相关微生物的丰度（图6-7），结果表明，生物膜内和污泥中微生物对碳水化合物的利用能力差别不大，初期生物膜略高，后期污泥利用能力略高。

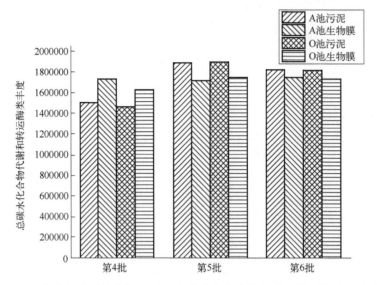

图6-7　难降解碳源的分解及利用中总碳水化合物代谢和转运相关酶丰度

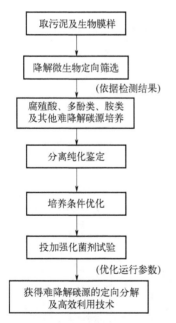

图6-8　难降解碳源的分解及利用中
强化菌分离筛选过程

（4）强化菌分离筛选技术与高效利用

利用环境基因组提取试剂盒对各池进行 DNA 提取，并进行宏基因组建库及二代测序分析，将获得的数据进行微生物构成和碳源降解基因特征解析，将降解微生物筛选。然后选择可利用葡萄糖为碳源生长的反硝化菌株进行筛选试验，先由葡萄糖发酵培养基培养获得大量菌体，离心后加入只有腐殖酸为唯一碳源的反硝化培养基，培养 5d 后检测体系中硝态氮和 COD 含量，选择其中对硝态氮去除率较高的反硝化菌，进一步分离纯化鉴定，优化培养条件，复配成菌剂。然后将配好的强化菌接种到填料组的反硝化池中进行试验，观察投加强化菌前后的脱氮变化，具体流程如图6-8 所示。

通过上述流程，在老龄垃圾填埋场渗滤液中强化筛选出五种能利用难降解有机物脱氮的微生物，分别为 *Coprinellus radians*，*Inquilinus limosus*，*Castellaniella denitrificans*，*Pusillimonas caeni*，*Pseudomonas delhiensis*。

将分离出的这 5 种强化菌混合，驯化培养后投加到填料组的反硝化池，脱氮效率很快由原来的 30%增加到 50%，如图 6-9 所示。

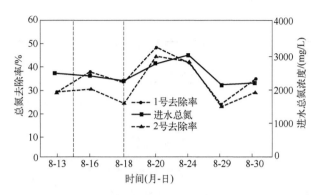

图 6-9　难降解碳源的分解及利用中投加强化菌前后总氮去除对比

投加强化菌后，在短时间内对总氮的去除有明显的提高，说明强化菌确实可以起到增强反硝化的作用。但在投加 1 周后，去除效果基本恢复正常，主要原因可能是由于高效菌未形成优势菌群。取投加强化菌前后的水样，采用图 6-10 的方法分离出 HA、FA 和 HyI（亲水性有机物），然后测其中的 TOC。

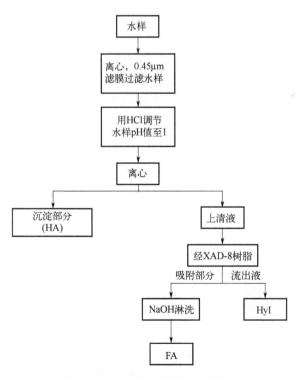

图 6-10　HA、FA 和 HyI 分离步骤

投加高效菌前后 HA、FA 和 HyI 情况如表 6-1 所列。投加强化菌能够提高 A 池中 FA 的

利用效率（由25.8%提高到33.05%），且转化成HyI后能够有效去除，因此，投加强化菌的反应器，TOC的去除在同样水质条件下高于未投加强化菌的反应器，主要来自FA的降解。

表6-1　投加高效菌前后HA、FA和HyI情况　　　　　　单位：mg/L

取样位置	投加高效菌前			投加高效菌后		
	HA	FA	HyI	HA	FA	HyI
进水	95.8	433.5	478.3	99.5	417.5	374.2
A池	121.5	321.5	219.5	130.0	279.5	342.7
O池	101.5	307.0	176.0	114.0	268.0	183.2
MBR池	123.0	305.0	175.5	117.5	298.5	332.2
MBR产水	58.8	246.0	182.8	71.5	222.0	144.7

注：MBR—膜生物反应器。

6.1.2.2　腐殖质浓缩液的预处理及回收利用

（1）异相Fenton工艺提高腐殖质浓缩液可生化性试验研究

通过开展异相Fenton工艺提高腐殖质浓缩液可生化性小试试验，对浓缩液中难降解的腐殖质进行氧化分解，以期为工艺前端生化处理单元提供脱氮所需的碳源。异相Fenton处理过程中COD/H_2O_2（质量比）对试验出水影响结果如图6-11所示。结果表明：异相Fenton工艺对腐殖质浓缩液中COD具有很好的去除效果，同时能够有效提高腐殖质浓缩液的可生化性，在最优试验组中试验出水的BOD_5/COD（B/C）值由0.39升至0.62，出水可生化性等级达到优等。

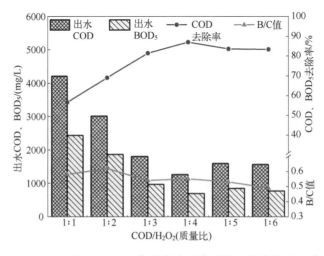

图6-11　异相Fenton工艺对腐殖质浓缩液可生化性的影响

（2）异相 Fenton 处理腐殖质浓缩液试验出水溶解性有机质成分分析

为进一步分析异相 Fenton 工艺在提高腐殖质浓缩液可生化性过程中溶解性有机质（DOM）的变化趋势，对不同试验组出水进行腐殖质分离，试验组出水中 DOM 的浓度水平及组成特征如图 6-12 所示。结果表明：异相 Fenton 工艺对浓缩液中的腐殖质类物质具有很好的氧化效果，在反应过程中浓缩液中的大分子有机物与小分子有机物能够被同时氧化分解，在试验出水可生化性最好时，浓缩液中的腐殖质类物质得到了很好的分解，其中，FA 去除率为 90.1%，HA 去除率为 75.9%，而水样中的 HyI 含量仍保持较高水平，这使得该试验组出水的可生化性最好。而随着 H_2O_2 投加量的增加，反应更主要的是易被生物利用的 HyI 的氧化分解，从而导致了试验出水可生化性等级的降低。

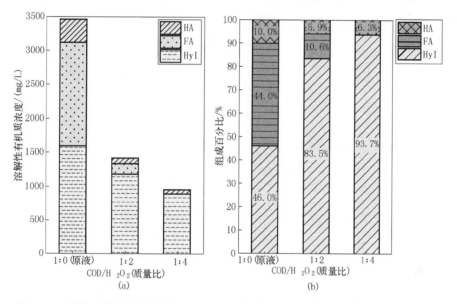

图 6-12　腐殖质浓缩液及异相 Fenton 出水中溶解性有机物浓度水平及组成特征

6.2　渗滤液蒸发系统构建及优化

6.2.1　盐分的分离与资源化

渗滤液在进入浸没燃烧蒸发器前会依次进行预处理、生化工艺、膜处理过程，因此浸没燃烧蒸发系统的处理对象主要为纳滤/反渗透（NF/RO）膜浓缩液，其具有高盐高有机物的特点。因此，探究浸没燃烧蒸发器内部混合无机盐结晶间的相互影响规律，对于明确无机盐析出先后顺序、析出量、析出影响因素等十分重要。

水盐体系，一般是指水和盐组成的体系，可用来研究、表达盐类在水中溶解度及固液相平衡规律。根据对盐泥组成成分的分析结果，明确浸没燃烧蒸发进水水质中的主要无机盐种类是 NaCl、Na_2SO_4、KCl、K_2SO_4 等，其中这四种组分占总含量的 80%以上，因此浸没燃烧蒸发器内部主要形成四元盐水体系，其结晶规律可采用 Pitzer 模型进行拟合。

除了研究各种无机盐组分对结晶规律的影响，还需明确有机物与无机盐结晶之间的共析出规律。研究发现，反应器运行产渣量少的情况下，浸没燃烧蒸发反应器内部 COD 含量往往较高。这表示有机物的浓度高低可能对无机盐的析出率影响较大。

（1）盐泥基本理化性质及成分识别

项目中选取某填埋场老龄渗滤液的浸没燃烧蒸发产泥，建立了关于盐泥基本性质的指标评价体系，综合考虑了含水率、pH 值、盐泥粒径特征分布、盐泥流变特性等基本指标；同时，采用荧光组分表征测定盐泥有机质组成，采用红外光谱（IR）表征有机质中存在的官能团结构，运用 XRD、XRF 等表征手段对其中的无机盐成分进行全组分分析。

1）含水率

含水率的测试采纳了污泥含水率测定的标准方法，含水率（W）的计算公式如下：

$$W = \frac{m_2 - m_3}{m_2 - m_1} \times 100\% \tag{6-1}$$

式中　m_1——干燥后的坩埚质量，g；

　　　m_2——坩埚与盐泥的总质量，g；

　　　m_3——干燥箱内干燥后至恒重的坩埚与盐泥总质量，g。

计算步骤：将干净的坩埚置于 105℃的恒温干燥箱中至坩埚质量无变化，此时坩埚的质量为 m_1（g）；将一定量的污泥置于坩埚中，记录坩埚与盐泥总质量为 m_2（g）；盛有盐泥的坩埚置于 105℃的恒温干燥箱中至恒重，记录质量 m_3（g）。

根据含水率计算公式，可以测得咸阳浸没燃烧蒸发系统产出盐泥的含水率约为 39%，其中大部分以自由水的形式存在，极少量以结合水的形式存在。

2）pH 值

本试验中 pH 值采用梅特勒-托利多公司 SG-8 型 pH 计测定得到。结果表明，项目现场产出盐泥 pH 值范围为 6.8～7.2，盐泥稳定在中性。

3）zeta 电位

将盐泥样品在 6000r/min 条件下离心 5～10min，上清液过 0.45μm 滤膜注射进样品池后在仪器中进行测定，每个样品测 3 次，取平均值，单位为 mV。

4）污泥流变特性的测定

污泥流变特性采用赛默飞公司 MARS4 流变仪进行测定。具体步骤：在控制剪切速率的模式下，将污泥样品放置于仪器中，使得剪切速率在 5min 内由 $0.1s^{-1}$ 升高至 $1000s^{-1}$，并且剪切速率在 $1000s^{-1}$ 停留一定时间，然后在 3min 内使剪切速率由 $1000s^{-1}$ 降低至 $0.1s^{-1}$。试验结束后，将所得数据剪切应力与剪切速率作成流变图进行分析，其比值即为污泥的表观黏度。

5）盐泥粒径分布及分形特征

盐泥粒径采用 Mastersizer 3000 激光粒度仪进行测试，以纯水为分散剂。盐泥在双对数坐标系下拟合粒度-筛下累计产率图，得到斜率 b，根据公式 $D=3-b$，即可得到污泥的分形维数 D 值。D 值可以很好地描述盐泥的分形结构，D 值越大，盐泥的腐殖质成分越多。

6）荧光物质的测定

荧光物质采用岛津 FluoroMax-4 荧光光谱仪进行测定，激发波长（E_x）设置为 240～550nm，发射波长（E_m）设置为 260～600nm，步长设置为 4nm，狭缝宽设置为 3nm。测试得到的数据经 Matlab 软件进行平行因子分析。数据处理后各组分对应荧光强度可以半定量表征盐泥中荧光物质的含量。

7）盐泥微观形貌及官能团表征

盐泥的微观形貌采用扫描电子显微镜进行扫描分析。污泥样品先喷金，随后进行电镜扫描工作。盐泥官能团特征采用傅里叶红外光谱仪进行测试分析，将盐泥在恒温干燥箱中完全干燥后，研磨过筛备用。

8）无机组分含量检测

对盐泥无机组分的确定采用 XRF 和 XRD 综合分析得到，由 XRF 得到盐泥各种元素含量后，通过晶型拟合模拟得到各结晶无机盐组分含量。

针对盐泥中的无机盐组分可以得出结论：填埋场老龄渗滤液经前端工艺处理后，进浸没燃烧蒸发器产出盐泥的主要成分是氯化钠、氯化钾、硫酸钠以及硫酸钙。相关结果展示在表 6-2 中。

表 6-2　盐泥组分及比例

组分编号	组分名称	质量分数/%
1	NaCl	约 35
2	KCl	约 22
3	Na_2SO_4	约 13
4	$CaSO_4$	约 8
5	$MgSO_4$	约 4
6	Na_2SiO_3	约 1.5
7	$Mg(OH)_2$	约 0.4
8	NaBr	约 0.1
9	NaI	约 0.1
10	$Fe(OH)_3$	约 0.1
11	H_2O	约 23

（2）盐泥固定及其资源化利用

为了实现整个渗滤液系统的"零排放"，对盐泥进行处理处置以实现再利用是本课题需要挑战的内容。鉴于盐泥中的主要成分为无机盐和有机质，其在焙烧过程中将产生无机碳和无机盐，因此尝试将浸没蒸发系统所产盐泥用于卤素掺杂氮化碳的过程中，对盐泥的处理处置和氮化碳的功能改性均具有有益价值。

1）耦合材料合成

将烘干后的盐泥与氮化碳前驱体置于马弗炉中在550℃下灼烧，升温速率10℃/min，

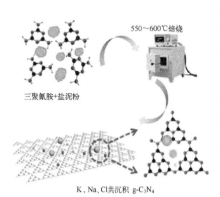

三聚氰胺+盐泥粉

K、Na、Cl共沉积 g-C₃N₄

图6-13　合成方案和合成后的材料

持续2h后进行退火处理。为保证盐泥与氮化碳充分混合并且颗粒大小一致，在焙烧前将不同比例的盐泥和氮化碳的混合物过100目筛。氮化碳前驱体与盐泥的比例分别设置为10：0、9：1、8：2、7：3、6：4、5：5、4：6，并分别标记为PCN、LSCN1、LSCN2、LSCN3、LSCN4、LSCN5、LSCN6。合成后的材料采用标准浸出方法以除去盐泥中未耦合的无机盐离子，并采用乙醇和蒸馏水分别清洗数次。将清洗后的材料置于鼓风干燥烘箱中60℃保持12h，烘干后的材料进行研磨并过100目筛后收集备用。合成方案和合成后的材料如图6-13所示（书后另见彩图）。

从合成材料中看出，由于盐泥中含有腐殖酸成分，随盐泥掺入量增加材料由黄色变为黑色，意味着碳含量的增加以及氮化碳结构可能有所破坏。此外，改性后氮化碳由多孔状逐渐致密，密度和硬度有所增加，表明无机盐成功掺杂进氮化碳微观结构中。

2）基本结构及光电性能表征

图6-14展示了改性后的氮化碳复合材料的XRD谱图。

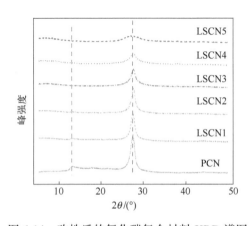

图6-14　改性后的氮化碳复合材料XRD谱图

如图 6-14 所示，在 2θ 等于 27.2°和 12.7°处存在两个衍射峰，分别对应于 g-C₃N₄ 中 s-三嗪环和共轭芳香族体系振动引起的衍射峰，这两个衍射峰分别对应于石墨相氮化碳的（002）和（110）晶面（JCPDS # 87-1526）。复合样品衍射峰强度比纯氮化碳宽且低，可能是复合样品的结构存在更多缺陷。随着无机盐含量的增加，复合样品的 27.2°处的峰逐渐向较大的角度偏移，这是因为无机盐掺杂使面内芳香族堆积变形导致 g-C₃N₄ 平面间层间距减小。在所有样品中，均没有发现无机盐组分的衍射峰，说明无机盐被清洗干净，合成材料不含杂质，以上分析证明通过焙烧法成功合成了复合样品。

光催化和吸附的作用能力都与材料的活性位点有关，反应活性位点的数目可通过比表面积以及孔径大小直接反映，因此，通过 N₂ 吸附-脱附等温线测试研究样品的比表面积。如图 6-15 所示，所有材料的 N₂ 吸附-脱附等温线都呈Ⅳ型，且具有 H3 型磁滞回线，这表明样品内部存在微孔，并且可能存在相互连接的孔结构。所有复合材料的比表面积都比原始氮化碳低，但随着盐泥含量的增加，比表面积有所增大。这可能是由于无机盐的嵌入降低了二维层状材料氮化碳的层间比表面积，层间堆积更为致密。当盐泥成分逐渐增加时，腐殖质组分增加，其形成无定形碳导致材料比表面积增大。

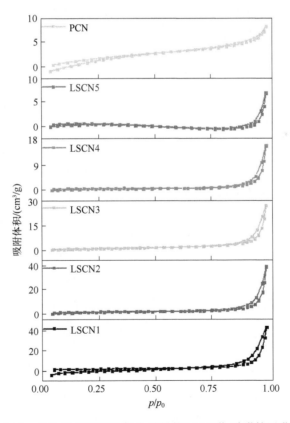

图 6-15 改性后的氮化碳复合材料的 N₂ 吸附-脱附等温曲线

通过复合材料的 SEM 图像（图 6-16）可以看出，改性后所有材料的形貌基本没有改变，维持原始氮化碳的二维堆积结构。随着盐泥含量的增加，材料表面的孔量增加，导致比表面积有所上升，这与 N_2 吸附-脱附等温线表征结果结论一致。

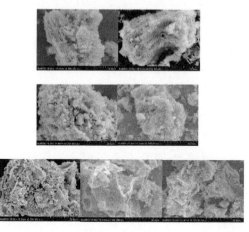

图 6-16　改性后的氮化碳复合材料的 SEM 图像

采用紫外-可见漫反射图谱对材料进行表征，结果如图 6-17 所示（书后另见彩图）。由纵坐标可以看出，材料在 250～450nm 波长范围内具有较强的可见光吸收能力，大于 450nm 波长范围内几乎没有可见光吸收。相比之下，耦合材料在全波段范围内的光吸收能力远远强于纯氮化碳，且在全波段范围内的光学活性保持在高水平。吸光强度和吸光范围的变化可以归因于 Cu 在氮化碳内部的修饰作用（带隙变窄的原因），吸收峰的增强可以归因于嵌入 g-C_3N_4 框架中的无机盐离子的 d-d 跃迁。进一步计算了两种材料的带隙能量值，结果展示在图中。可以看到纯氮化碳的带隙能量值约为 2.80eV，而复合材料的带隙值更小为 2.03eV，甚至更小。在一定范围内，氮化碳带隙能量值越小，意味着其光的吸收范围更宽，更易受可见光照射激发，产生电子-空穴的能力更强，因而光催化效率更高。

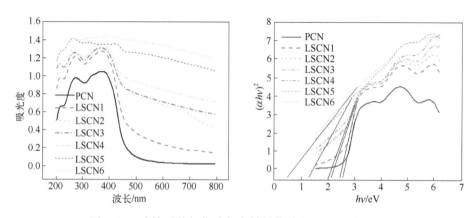

图 6-17　改性后的氮化碳复合材料紫外-可见漫反射图谱

通常来说，光致发光（PL）光谱的强度越低，其光催化剂中光生电子-空穴的复合率越低。为了进一步明确复合材料优异性能的表观原理，采用 340nm 的激发波长对材料进行了 PL 光谱表征，表征结果如图 6-18 所示（书后另见彩图）。g-C$_3$N$_4$ 的最强峰值约在 450nm 处，该峰值是由氮化碳内苯环的 π-π 轨道的电子跃迁造成的。复合材料峰强度低于 g-C$_3$N$_4$，意味着电子-空穴复合率更低，说明在复合材料中光生载流子的分离效率更高。更多的电子-空穴代表反应活性位点越多，因此相较于单一材料复合材料的光催化性能更高。

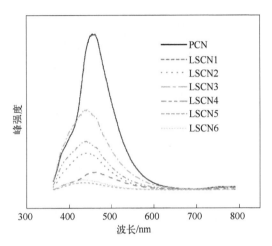

图 6-18　改性后的氮化碳复合材料的 PL 光谱

通过以上表征分析，一方面在 g-C$_3$N$_4$ 中添加无定形碳可为电子转移提供通道，减小了电子分离和转移的阻力；另一方面复合材料中存在的无机盐离子可通过调节带隙而抑制光生电子-空穴对的重组，提高分离效率，增加反应活性位点，从而极大地促进耦合材料的光催化活性。

3）耦合材料光催化效率测试

采用亚甲基蓝（MB）作为模拟污染物，光催化降解在配备 1000W 氙灯和 420nm 截止滤光片作为可见光源的光催化装置中进行。实验在室温和自然 pH 值下进行控制，并且在相同的反应条件下进行：在恒定磁力搅拌下，将 50mL MB 水溶液（20mg/L）与 10mg 催化剂混合。光催化反应器配备有循环水冷却装置，以确保系统保持在室温下。一定时间后，以固定的时间间隔取出混合的 MB 溶液，并用 0.22μm 的过滤器过滤，并用与吸附实验相同的紫外-可见分光光度计进行检测。为了比较，在没有任何催化剂的情况下进行 MB 的光解作为空白实验。

为了证实复合材料可能的光催化能力，研究了不同比例的复合材料在可见光下对 MB 的光催化降解能力，结果如图 6-19 所示。相较于 g-C$_3$N$_4$，不同比例的复合材料的光催化作用均有提高，其中 LSCN5 具有最优异的光催化性能，在 30min 内对 MB 的降解率达到了 92%，LSCN3 和 LSCN4 在 60min 内分别有 70% 和 80% 的 TC（四环素）降解率，去除效果比纯氮化碳好。主要是因为吸附作用和光催化作用的协同处理。值得注意的是，因为耦合材料具有优异的吸附能力，在进行光催化暗箱反应前没有进行遮光处理，只考虑吸附和光催化的综合作用效果，LSCN5 的 MB 去除效率在同类催化剂中领先。

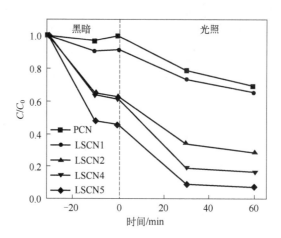

图 6-19　不同比例的复合材料光催化效果图

6.2.2　泡沫控制

6.2.2.1　渗滤液中表面活性组分识别

表面活性剂同时存在亲水基和亲油基的分子结构，使得其定性定量检测尤其是痕量检测具有较高难度。一方面，表面活性剂对分离的要求较高，常规的分光光度法、液相色谱法、气相色谱法等方法检出限较高，难以满足渗滤液中表面活性剂的检测要求；另一方面，表面活性剂在极性和非极性溶剂中均具有较高的溶解度，在仪器中残留现象十分严重，影响测定准确度。因此，本书采用固相萃取-超高效液相色谱串联两级质谱联用（UPLC-MS/MS）的方法开展渗滤液中表面活性剂的检测，本方法结合了固相萃取能够有效分离渗滤液中干扰液相系统检测的盐分和悬浮固体的突出优势，超高效液相色谱相对高效的分离能力以及两级质谱高灵敏性和精准定性定量能力。同时，研究针对生活垃圾渗滤液污染物组成复杂和表面活性剂响应值相对较低等突出问题，对包括清洗方法、流动相比例和柱后补偿方式等在内的检测方法进行了系统优化。

（1）前处理条件

应用 OasisWAX 柱对经 0.45μm 滤膜过滤后的渗滤液样品进行固相萃取预处理。首先，用 4mL 含有 0.1%氨水的甲醇溶液、4mL 甲醇和 4mL 超纯水依次活化萃取柱，再将待测渗滤液样品稀释 10 倍后，缓慢上样至小柱内（上样渗滤液的 COD 总量不超过小柱总容量限值），用 4mL 乙酸铵缓冲液（pH=4，25mmol）淋洗小柱，淋洗后将小柱以 4000r/min 的速度离心 5min 以去除小柱中残留的液体，再用 4mL 含有 0.1%氨水的甲醇溶液和 4mL 甲醇依次将待测物洗脱，在 40℃下用氮气将洗脱液吹脱至近干，再用甲醇定容至 1mL，定容后样品采用 0.22μm 有机滤膜过滤，所得样品用于后续 UPLC-MS/MS 分析。

（2）色谱条件优化

所涉及超高效液相色谱分析采用 Waters 公司的 Acquity UPLC。采用 BEH-C$_{18}$ 色谱柱（1.7μm，2.1mm×50mm，Waters 公司）进行表面活性剂分离时，所检测的质谱峰易出现拖尾、强度低等影响测试检出限和灵敏度的问题，因此需要对色谱条件进行优化。

图 6-20 为不同流动相在相同梯度洗脱条件时以 LAS-C$_{12}$ 为例的 MRM 谱图，当选取甲醇和乙酸铵溶液作为流动相时，待测物峰形出现明显的拖尾现象，且出峰时间不集中，影响后续定量分析。研究针对出现的峰分裂及拖尾现象，向水相流动相中加入适量甲酸，以减少因为离子形态和分子形态共存或吸附等问题而造成的峰变形、分裂和拖尾现象。

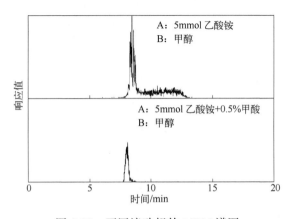

图 6-20　不同流动相的 MRM 谱图

为了进一步分离多种表面活性物并改善峰形，提高待测表面活性剂的响应值，研究采用 2.1mm×100mm 的 BEH-C$_{18}$ 色谱柱替换了原有 2.1mm×50mm 的 BEH-C$_{18}$ 色谱柱，延长梯度洗脱时间，色谱条件为流速 300μL/min，柱温 40℃，进样量 10μL，采用梯度洗脱的方式对表面活性剂进行分离。洗脱条件如表 6-3 所列，其中流动相 A 为 5mmol/L 乙酸铵+0.5%甲酸水溶液，流动相 B 为甲醇。

表 6-3　梯度洗脱条件

时间/min	流动相 A/%	流动相 B/%	时间/min	流动相 A/%	流动相 B/%
0~4	90	10	14~28	5	95
4~12	60	40	28~34	90	10
12~14	30	70			

图 6-21 为优化前后以 LAS-C$_{12}$ 为例的 MRM 谱图对比，优化后待测物峰形明显改善，峰宽变窄，峰高显著提高，使得 UPLC-MS/MS 的表面活性剂定性定量方式进一步优化。

（3）质谱条件优化

研究所涉及质谱分析采用三重四极杆质谱仪（Xevo TQD，Waters 公司），电喷雾离子（ESI）源，多反应监测（MRM）模式，其中阴离子表面活性剂采用负离子模式，阳离子表面活性剂和非离子表面活性剂采用阳离子模式。电喷雾电压为-4500V，雾化气（氮气）压力 40psi（1psi=6894.76Pa），离子源温度 500℃，碰撞气为氮气。各表面活性剂对应的质谱条件如表 6-4 所列。

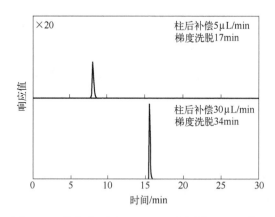

图 6-21　优化前后以 LAS-C_{12} 为例的 MRM 谱图

表 6-4　各表面活性剂对应的质谱条件

类型	物质	母离子质荷比（m/z）	子离子质荷比（m/z）	碰撞能/V	锥孔电压/V	保留时间/min
阴离子表面活性剂	LAS-C_{11}	311.144	197.071	64	34	15.44
	LAS-C_{12}	325.16	197.054	68	32	15.69
	LAS-C_{13}	339.175	197.044	68	36	16.03
	SDS	265.123	95.895	54	26	15.32
阳离子表面活性剂	CTAB	284.2147	57.077	68	30	17.11
非离子表面活性剂	AEO-7	496.304	89.015	26	24	16.93
	NP-7	644.479	89.011	52	32	16.19

通过流动相调整，拖尾现象明显改善，但是由于甲酸的加入，表面活性剂质谱峰高出现明显降低，为进一步优化表面活性剂 MS 检测方法中信号强度偏低、检出限较低等问题，研究探索出通过质谱柱后补偿的方式增强信号强度，提高方法检出限。优化后以 LAS-C_{12} 为例的 MRM 谱图如图 6-21 所示，优化后柱后补偿采用质量分数为 10% 的氨水溶液，流速为 30μL/min。结果表明，柱后补偿的碱性溶液能够有效促进阴离子表面活性剂电离，明显增强待测物的信号强度，同时改善峰形。优化前后的 MRM 谱图结果表明，研究所采取的梯度洗脱和柱后补偿优化方法有效提高了 UPLC-MS/MS 方法的检出限和定量的准确性，使得表面活性剂在渗滤液复杂污染物体系下的定性定量检测和精准识别成为可能。

（4）定量方式和线性范围

本研究采用外标曲线定量法，以甲醇作为溶剂，将表面活性剂标准品配制成浓度为
10μg/L、50μg/L、100μg/L、250μg/L、500μg/L、1000μg/L、2000μg/L、3500μg/L、5000μg/L
的系列标准溶液，以待测表面活性剂质量浓度为横坐标，以待测物定量离子峰面积为纵
坐标绘制散点图，并进行线性回归分析，获得标准曲线及相关系数（R^2）。包括阴离子表
面活性剂、阳离子表面活性剂和非离子表面活性剂在内的 7 种表面活性剂标准曲线及相
关系数如表 6-5 所列，目标化合物在标线范围内线性关系良好，R^2 在 0.9900～0.9999 之
间。所检测的渗滤液样品经 UPLC-MS/MS 方法得出定量离子峰面积，代入标准曲线线
性方程中，即得到相应的质量浓度，再根据稀释倍数及 SPE 体积得到待测样品中表面活
性剂的质量浓度。

表 6-5　7 种表面活性剂的线性方程和相关系数

类型	物质	线性方程	R^2
阴离子表面活性剂	LAS-C$_{11}$	$y=17.237x+1354.9$	0.9999
	LAS-C$_{12}$	$y=88.512x+6053.9$	0.9984
	LAS-C$_{13}$	$y=7.6141x+1090.7$	0.9997
	SDS	$y=126.46x+31121$	0.9943
阳离子表面活性剂	CTAB	$y=2022.3x+10^6$	0.9900
非离子表面活性剂	AEO-7	$y=185.69x+27165$	0.9980
	NP-7	$y=417.89x+92884$	0.9901

为确定上述 UPLC-MS/MS 方法的检出限（LOD）和定量限（LOQ），研究选取10 个
空白样品加入低浓度标准样品，按照上述相同方法进行样品处理和检测，并计算 7 种表
面活性剂的信噪比（S/N），根据所得到的 S/N 结果，将 S/N 值为 3 时所对应的浓度作为
LOD，将 S/N 值为 10 时所对应的浓度作为 LOQ，如表 6-6 所列。

表 6-6　7 种表面活性剂 LOD 和 LOQ

类型	物质	LOD/（μg/L）	LOQ/（μg/L）
阴离子表面活性剂	LAS-C$_{11}$	0.29	0.95
	LAS-C$_{12}$	0.02	0.07
	LAS-C$_{13}$	0.21	0.68
	SDS	0.24	0.79
阳离子表面活性剂	CTAB	0.03	0.12
非离子表面活性剂	AEO-7	0.86	2.88
	NP-7	0.33	1.11

为确定预处理及检测流程的待测表面活性剂回收率，本方法选取空白样品、渗滤液

原液及渗滤液 NF 浓缩液样品分别添加 200μg/L 和 500μg/L 的混合标准品，按照上述方法对 7 种表面活性剂进行测定并计算加标回收率。加标回收率及相对标准偏差结果如表 6-7 所列。

表 6-7　7 种表面活性剂的加标回收率和相对标准偏差（ $n = 5$ ）

类型	物质	回收率/%			RSD/%
		空白	渗滤液原液	NF 浓缩液	
阴离子表面活性剂	LAS-C$_{11}$	84.23	120.12	90.26	16.65
	LAS-C$_{12}$	89.23	91.39	89.83	4.55
	LAS-C$_{13}$	77.51	50.56	79.67	4.58
	SDS	92.67	87.17	84.95	17.23
阳离子表面活性剂	CTAB	78.41	63.57	73.82	16.98
非离子表面活性剂	AEO-7	76.02	45.53	67.94	3.47
	NP-7	92.47	175.54	102.95	8.66

同时，为验证测试的精密程度，对待测样品进行 5 次平行测试并计算相对标准偏差（RSD），计算公式如式（6-2）所示：

$$RSD = \frac{S}{\bar{\chi}} \times 100\% \qquad (6-2)$$

式中　S——标准偏差，%；

　　　$\bar{\chi}$——算术平均值。

分析图 6-22（书后另见彩图）中不同填埋龄渗滤液表面活性剂浓度数据，阴离子表面活性剂尤其是烷基苯磺酸类阴离子表面活性剂（LAS），是渗滤液原液中最主要的表面活性剂。随着填埋龄的增加，其含量占比逐渐升高。在新鲜渗滤液中 LAS 占比为 5.84%～16.84%，在混合渗滤液中 LAS 占比为 51.53%～62.87%，在老龄渗滤液中 LAS 占比达到所检测总表面活性剂含量的 91.77%～92.87%。同时，阴离子表面活性剂在全部 9 个测试渗滤液中的平均占比为 63.93%，进一步证实阴离子表面活性剂在渗滤液化学表面活性剂组成中的重要地位。相比于老龄渗滤液及混合渗滤液，新鲜渗滤液中阴离子表面活性剂含量相对较低，且阴离子表面活性剂、阳离子表面活性剂和非离子表面活性剂的相对含量波动较大，占比分别为 16.12%～49.58%、11.39%～79.68%、4.2%～39.03%。

阴离子表面活性剂相对含量随填埋龄的变化主要来源于以下方面。

① 本书反复提及且大量文献证实，随着垃圾堆体填埋时间的延长，填埋场内由产酸阶段逐渐过渡至产甲烷阶段，大量初期产生的有机酸逐渐分解为稳定的甲烷气、二氧化碳等，直至填埋场内部温度升高至 55℃左右，因此新鲜渗滤液体系 pH 值普遍低于老龄渗滤液。阴离子表面活性剂由于具有磺酸基等阴离子活性官能团，酸度系数（ pK_a ）较低，在低 pH 值条件下阴离子表面活性剂的电离受到抑制，进而降低了阴离子表面活性剂渗

入渗滤液体系中的浓度。

② 阴离子表面活性剂是表面活性剂领域发展历史最悠久、品类最全、产量最大的一类产品,一直以来被广泛应用在各类工业及民用领域,尤其是磺酸盐、硫酸盐类阴离子表面活性剂更是在市场中占据了主要地位。但近年来,由于阴离子表面活性剂具有较强的刺激性,长期使用对人体的皮肤具有一定的损害,大量生活源护肤品、洗涤产品、清洗产品逐渐引入新型表面活性剂代替传统的阴离子表面活性剂。李玉翠等报道了近年来清洗剂类产品中阴离子表面活性剂含量明显降低,通过对 17 种市售常见清洗剂中表面活性剂的定量分析,阴离子表面活性剂的含量仅在 5.78%左右。可见,新鲜渗滤液中阴离子表面活性剂含量的减少与新鲜生活垃圾中原始阴离子表面活性剂含量的降低有关。

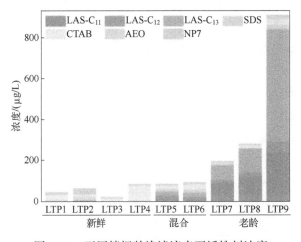

图 6-22　不同填埋龄渗滤液表面活性剂浓度

同时,填埋龄对阴离子表面活性剂含量的影响规律与填埋龄、pH 值、温度对渗滤液体系起泡性能的影响一致。老龄渗滤液起泡能力和泡沫稳定性相对较高,表面张力较低等特性均与较高的表面活性剂浓度有关,相应地,焚烧厂新鲜渗滤液虽然具有更高的有机物含量,但其表面活性剂浓度尤其是阴离子表面活性剂浓度明显较低,导致新鲜渗滤液起泡能力及泡沫稳定性相对较低。不同填埋龄渗滤液对体系 pH 值及温度的响应与标准阴离子表面活性剂大体一致,可见阴离子表面活性剂,尤其是 LAS 是渗滤液起泡的关键表面活性剂。

因此控制渗滤液起泡主要是抑制 LAS 的浓度和稳定性。由于 pH 值越高,泡沫产生能力和稳定性均提高,因此针对 pH 值较低的渗滤液或浓缩液,泡沫控制的压力越小。可以适当考虑在蒸发处理前预先调节 pH 值,以控制泡沫产生。由于温度越高起泡能力越强,但稳泡沫定性越差,因此针对温度较高的蒸发处理应增大罐体体积以避免泡沫溢出,但消泡物质的投入量可以适当降低。另外,在进入蒸发器之前,直接降低渗滤液中表面活性物质浓度,可以有效避免泡沫的产生,降低泡沫溢出风险,提高蒸发效率。

虽然通过起泡条件控制可以明显降低渗滤液起泡现象，但是由于渗滤液自身的 pH 值缓冲能力，pH 值调控会造成成本增加，同时盐分的进一步引入和对设备的腐蚀问题也是不得不考虑的负面问题。另外，由于蒸发工艺自身对效率和稳定性的要求，对温度的调控本身较难实现，开发安全有效且价格低廉的控泡方法是实现浸没燃烧蒸发低耗能的关键一环。

6.2.2.2　基于仿生超疏水海绵的泡沫控制

基于目前泡沫控制存在的问题和渗滤液起泡物质主要以传统表面活性剂尤其是阴离子表面活性剂为主的特性，合成了一种仿生超疏水海绵，通过仿生超疏水海绵预处理吸附渗滤液浓缩液中的表面活性组分，降低浓缩液中表面活性物质含量，从而实现泡沫控制的效果。

仿生超疏水海绵合成过程及其表面特性如图 6-23 所示（书后另见彩图），普通聚氨酯（PU）海绵通过多巴胺改性，在海绵表面形成粗糙的纳米结构，再通过化学加成反应使得表面能较低的十八胺（ODA）与聚合多巴胺反应，降低海绵表面的表面能，最终实现表面超疏水。经过接触角测试验证，合成的仿生超疏水海绵将原始海绵的接触角从 120°提高到 155°，具有明显的超疏水性能。

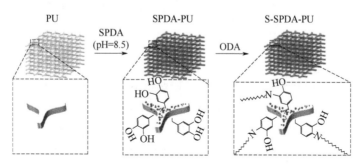

图 6-23　仿生超疏水海绵合成过程及其表面特性

PU—聚氨酯；SPDA—聚多巴胺纳米球；S-SPDA—仿生超疏水聚多巴胺纳米球；

SPDA-PU—将 SPDA 负载在 PU 海绵上；S-SPDA-PU—将 S-SPDA 负载在 PU 海绵上

对所开发的仿生超疏水海绵进行了系列表征分析，扫描电镜及红外光谱结果如图 6-24 所示（书后另加彩图），SEM-EDS 结果表明，经聚多巴胺表面改性后，海绵表面明显形成了纳米团簇结构，表面粗糙度明显提升，说明聚多巴胺成功附着在了海绵表面并影响其表面粗糙度。元素分析表明该结构主要由 C、N、O 组成，半定量结果与多巴胺组成相似。FTIR 表征结果表明，聚多巴胺表面改性后，苯环上的 C—C 键、C—O 键发生明显偏移，证实聚多巴胺成功修饰海绵表面，同时超疏水改性后海绵在 C—C 键

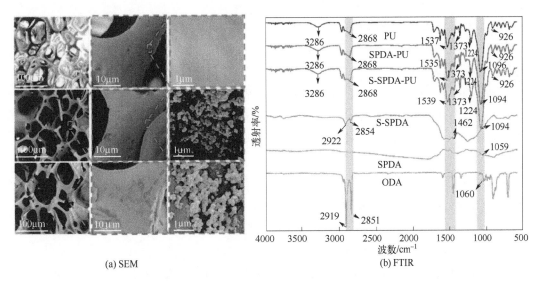

(a) SEM　　　　　　　　　　　(b) FTIR

图 6-24　扫描电镜及傅里叶红外光谱表征结果

波段发生明显偏移，证明低表面能改性物质符合实验设计结果，实现了对聚多巴胺的超
疏水改性。

　　为探究所制备超疏水海绵对渗滤液关键表面活性剂的吸附性能，对改性前后 PU、
SPDA-PU、S-SPDA-PU 海绵对 LAS 的吸附性能进行测定，图 6-25 为相同体系条件下改
性前后海绵对 LAS 的吸附去除率（书后另见彩图）。

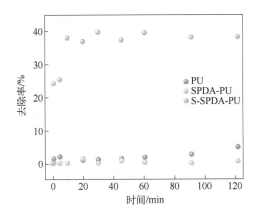

图 6-25　PU 海绵改性前后对 LAS 吸附去除率

　　该吸附结果表明，在 50mL 浓度为 20mg/L 的 LAS 标准溶液中仅投加 1cm^3 海绵，原
始 PU 及 SPDA-PU 对 LAS 吸附性能较差，在吸附 120min 时 PU 对 LAS 吸附去除率达到
4.94%，SPDA-PU 吸附去除率仅为 0.51%。而超疏水改性后 S-SPDA-PU 在吸附开始 10min
左右即达到吸附平衡，吸附去除率达到 38.1%。说明 S-SPDA 负载在 PU 海绵上仍能够
发挥良好的 LAS 吸附去除性能。

　　依据上述吸附强化及选择性吸附机制探索疏水性相互作用对 S-SPDA 材料吸附表面

活性剂具有显著影响。为探究 S-SPDA 材料及所负载海绵的脱附及重复吸附性能，采用乙醇作为脱附剂,通过屏蔽疏水性相互作用对吸附后 S-SPDA 材料和 S-SPDA-PU 进行脱附和重复吸附特性研究。

图 6-26 为 S-SPDA 材料及 S-SPDA-PU 海绵重复利用对 LAS 的吸/脱附率结果。随着吸附及脱附次数的增加, S-SPDA 和 S-SPDA-PU 的吸附率和脱附率均有下降趋势, 但下降幅度较小。回收利用 4 次后, S-SPDA 吸附率降低 0.31%, 脱附率降低 0.23%; S-SPDA-PU 海绵吸附率降低 1.5%, 脱附率降低 2.28%。该结果表明所制备 S-SPDA 具有良好的回收利用性能, 且 S-SPDA 材料在基底海绵上具有较好的黏附性能, 回收利用及清洗过程的多次挤压对其具有较小的影响。

同时, 相比于传统碳基材料通过强酸及强碱的脱附方法, 本研究所制备 S-SPDA-PU 材料具有以下优势:

① 脱附剂乙醇成本相对低廉, 且与强酸强碱等脱附剂相比对吸附材料影响较小;

② 回收利用操作简单, 不会对环境中额外引入盐分, 避免二次污染风险。

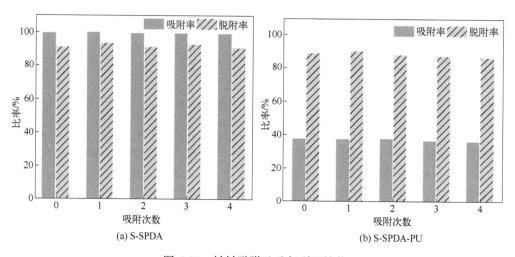

(a) S-SPDA   (b) S-SPDA-PU

图 6-26 材料脱附及重复利用性能

6.2.3 能量回收及新型蒸发系统构建

在渗滤液的物化处理环节, 即采用纳滤工艺及反渗透工艺过程中, 将产生大量渗滤液浓缩液。渗滤液浓缩液水质成分复杂, 污染物浓度高, 硬度、碱度盐分较高。浸没燃烧蒸发(SCE)技术是一种高效、稳定的膜浓缩液减量化处理工艺, 已广泛应用于渗滤液浓缩液的处理。浸没燃烧蒸发是一种高效的直接接触蒸发技术, 通过控制尾气的排放温度, 其热效率可超过 95%。

浸没燃烧蒸发系统的构成如图 6-27 所示,两级膜浓缩后的膜浓缩液被储存在膜浓缩液池,膜浓缩液由水泵送入 SCE 器。在 SCE 器中,输入的燃气与空气反应并释放热量对液体加热，蒸发形成的水蒸气与烟气等不凝气混合，经蒸汽管道输送进入冷凝塔被冷却为冷凝水，不凝气经妥善处理后达标排放。液体在被蒸发浓缩过程中，部分固体析出并沉淀进入渣、水分离装置进行固液分离，固体沉渣经脱水后集中处置，上清液则返回至上清液池等待进一步蒸发。

当浸没燃烧蒸发器处于连续运行的状态下，其蒸发器内部的物质总量达到了动态平衡，此时，浸没燃烧蒸发的能量平衡如图 6-28 所示。其中能量来源主要为燃气燃烧，而输入的能源多数被用于克服水的蒸发潜热，而尾气中的余热则直接在冷凝塔中随着冷凝过程的进行而浪费。

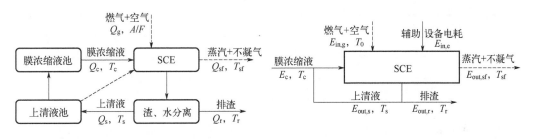

图 6-27　浸没燃烧蒸发系统的构成　　　　　图 6-28　SCE 能量平衡图

为改善渗滤液浓缩液蒸发处理过程中的高能耗问题，分别提出低能耗预蒸发+SCE、低能耗预蒸发+（SCE+尾气余热回收）、低能耗预蒸发+超临界 CO_2 萃取（SCDE）等多种联合处理方案。三种方案均可在不同程度上降低蒸发系统的能耗，但由于低能耗预蒸发与尾气余热回收等均采用间壁式换热器，需对浓缩液进行预处理，并控制浓缩液在间壁式换热器中的蒸发量以降低结垢的风险。

6.3　渗滤液全量化处理物质流及能量流分析

6.3.1　物质流分析

6.3.1.1　全过程水量平衡

为了对全过程水量的物质流进行直观的分析，将整个过程分为三个系统，即生化系统、膜系统、蒸发系统。在生化系统中，水量的流出仅需考虑排泥和生化出水两部分。MBR 的排泥量可占到总水量的 20%，但这部分生活污泥会进入脱水系统将其中 92.5% 的水量重新回流入生化系统中，最终排出的泥饼含水率小于80%。因此排泥而导致的整体水量流失仅占到总水量的1.5%，生化出水就为总水量的98.5%。

膜系统（相关数据见表6-8）属于物理过程，生化出水在膜的作用下被分离成RO出水与膜浓缩液。由于缺乏水量的统计数据，这部分水量可以通过进水、RO出水与膜浓缩液的电导率平衡进行计算，得出RO出水和膜浓缩液的量分别占生化产水的53.0%和47.0%。这两项数据结合生化出水占总渗滤液进水的98.5%，可以得出：RO出水与膜浓缩液分别占总进水量的52.2%和46.3%。

表6-8 膜系统数据

项目	电导率/（μS/cm）
生化出水	20220
RO出水	931
膜浓缩液	42000

膜处理后的浓缩液进入蒸发系统进一步浓缩。在水量上蒸发系统也有三部分出水，分别为冷凝水、不凝气与盐泥。其中冷凝水与不凝气的水量比通常认为是17∶3，通过这个信息以及表6-9数据可以计算出这三部分的比例。

表6-9 蒸发系统数据

项目	流量/（m³/d）
浓缩液处理量	141
产泥量	5

通过表6-9可计算出蒸发系统盐泥产量为3.5%，同时由于冷凝水与不凝气的产生占比通常认为是17∶3，结合上文中计算出的膜浓缩液占总进水的46.3%，可知蒸发系统出口盐泥、不凝气与冷凝水的质量的分别占总进水的1.6%、6.7%和38.0%。

因此，全过程的水量平衡可通过如图6-29表示。可知渗滤液在全量化处理过程中会产生1.5%的污泥和1.6%的盐泥，可回收大约90.2%的水量，6.7%随蒸发为其排放。

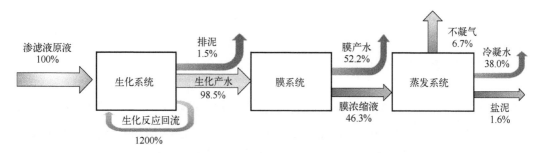

图6-29 全过程水量平衡

6.3.1.2　全过程碳平衡

（1）生化系统碳平衡

在碳平衡的分析中，我们主要是对生化系统、膜系统和蒸发系统进行分析。对于每一个系统主要考虑进入系统中的碳和流出系统中的碳。对于生化系统而言，流入碳主有进水中含有的碳，以及在生化单元人为投加的碳；流出系统中的碳主要是由微生物代谢 COD 释放的 CO_2，排泥和出水中含有的碳。表 6-10 列出了生化系统的进、出水水质。

表 6-10　中试生化系统的进、出水水质

项目	COD 浓度/（mg/L）
进水	2979
出水	1640

1）渗滤液原液进水

以渗滤液原液进水 COD 作为基准看作 100.0%。

2）外加碳源

中试时投加的碳源为葡萄糖，这部分碳源全部是易降解碳源，每日投加 10kg。而通过下面方程式可以得出 1g 葡萄糖等价于 1.1g COD

$$C_6H_{12}O_6 + 6O_2 =\!=\!= 6CO_2 + 6H_2O \tag{6-3}$$

通过这个比例，可以计算出投加的葡萄糖与原液进水总 COD 比值约为 358%。

3）生化出水

根据生化出水的 COD 变化情况，结合水量变化，可以计算出从生化系统中流出的 COD 占初始进入生化系统中 COD 的 55.0%。

4）生化作用消耗及产泥

生化作用消耗及产泥从系统中分离出的 COD 可通过生化系统整体平衡求出。则排泥与生化作用的 COD 占比为 403.0%

5）回流

在生化过程内部回流的 COD 可通过回流比和回流液 COD 浓度计算。在实际运行过程中的回流比为 12，则回流过程中 COD 占生化系统 COD 的 660.6%。

基于以上分析，生化系统碳平衡如图 6-30 所示。

（2）膜系统碳平衡

从生化系统出来的渗滤液紧接着进入以纳滤与反渗透组成的膜系统进行处理，由于膜处理均属于物理过程，因此不考虑碳源的利用情况。通过对膜产水和浓缩液的总 COD 占比进行计算，可以建立膜系统碳平衡（表 6-11）。

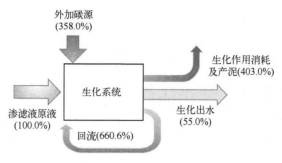

图 6-30　生化系统碳平衡

表 6-11　膜系统数据

项目	COD 浓度/（mg/L）
生化出水	797.6
产水	18.1

在膜系统中，膜出水、膜浓缩液出水分别为生化系统进水 COD 的 0.7%和 54.3%，如图 6-31 所示。

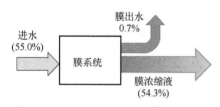

图 6-31　膜系统碳平衡

（3）蒸发系统碳平衡

膜处理后的浓液进入蒸发系统进一步处理。与膜系统相同，蒸发系统主要是气液之间的传热传质使水分蒸发的物理过程，因此不考虑其中碳源的利用情况。蒸发过程中，进入尾气中的有机物浓度极低，浓度基本在微克每立方米级别，因此在碳平衡过程中不考虑进入尾气中的碳，在蒸发系统中碳的最终途径是冷凝水和盐泥。表 6-12 展示的是蒸发系统数据。

表 6-12　蒸发系统数据

项目	COD 浓度/（mg/L）
浓缩液进水	993.3
冷凝水出水	18.0

通过物料守恒，可计算出冷凝水中的 COD 占生化系统进水 COD 的 1.0%，盐泥中 COD 占比为 53.3%，如图 6-32 所示。

由此，由生化系统、膜系统和蒸发系统组成的工艺全过程碳平衡如图 6-33 所示。在渗滤液全量化处理过程中，约有 45%的碳被微生物利用产生 CO_2 或者自

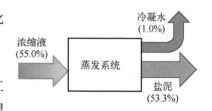

图 6-32　蒸发系统碳平衡

身合成形成污泥，剩下的约 53.3%的碳进入盐泥。

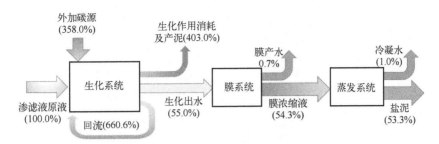

图 6-33　生化系统、膜系统和蒸发系统组成的工艺全过程碳平衡

6.3.1.3　全过程氮平衡

（1）生化系统氮平衡

氮平衡的分析方法与碳平衡相同，通过分别对系统中的每一项进水与出水以及内部回流进行核算最终组合而成。根据平衡分析可知，在生化系统中氮流出系统有 3 个去向，分别是生化出水、反硝化氮气以及排泥。渗滤液生化处理数据见表 6-13。

表 6-13　渗滤液生化处理数据

项目	总氮浓度/（mg/L）
进水	2505
生化出水	651

1）生化出水

把渗滤液原液的进水总氮看作 100%，则生化出水的总氮占比为 26%。

2）生化作用及排泥

通过氮总量的进出平衡分析，可知通过生化作用进入氮气与泥中的氮占进入系统的总氮的比例为 74%。

3）生化反应回流

生化过程内部回流的总氮可通过回流比和回流液总氮浓度计算。当回流比为 12 时，可得回流的氮总量占进水总氮的 311.9%。

$$回流液总氮占比 = \frac{回流液总氮量}{进水总氮量} \times 100\% = \frac{651\text{mg/L} \times 12}{2505\text{mg/L}} \times 100\% = 311.9\% \qquad （6\text{-}4）$$

基于以上分析，生化系统氮平衡如图 6-34 所示。

（2）膜系统氮平衡

膜系统数据如表 6-14 所列。

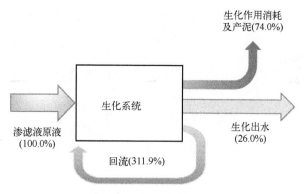

图 6-34　生化系统氮平衡

表 6-14　膜系统数据

项目	总氮浓度/（mg/L）
生化出水	1084
RO 出水	199.6

在水量平衡中曾计算过，膜产水和膜浓缩液的量分别占生化产水的 53.0%和 47.0%。

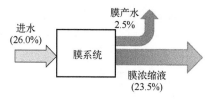

图 6-35　膜系统氮平衡

1）RO 出水

RO 出水总氮约为生化进水总氮的 2.5%。

2）浓液出水

膜浓缩液出水中的总氮约占生化进水总氮的 23.5%

膜系统氮平衡如图 6-35 所示。

6.3.1.4　腐殖质循环转变

在渗滤液处理的全量化处理工艺中，由于膜系统与蒸发系统均为物理分离腐殖质的过程，因此不考虑腐殖质在膜系统与蒸发系统发生的氧化分解过程。因此腐殖质的循环转变发生在生化系统过程中，需要对生化系统中腐殖质的循环转变进行探究。

生化系统由两组 MBR 系统组成，在一级和二级 MBR 系统中回流比分别为 12 和 5。生化系统的出水中腐殖质数据如表 6-15 所列。

表 6-15　渗滤液生化处理腐殖质数据

项目	HA 浓度/（mg/L）	FA 浓度/（mg/L）
进水	97.0	232.2

项目	HA 浓度/（mg/L）	FA 浓度/（mg/L）
一级 O 池	68.5	143.0
一级 MBR 出水	74.0	156.0
二级 O 池	69.5	147.0
二级 MBR 出水	66.0	123.0

在每级生化系统中，腐殖质都存在如下平衡：

$$流入 = 氧化分解 + 流出 \tag{6-5}$$

因此，以进入一级 MBR 系统中腐殖质的量为 100%，结合排泥量占进水总量的 5%，分析可知一级 MBR 出水中的腐殖质占进水腐殖质总量的 71.4%，微生物氧化作用占比为 28.6%；二级 MBR 出水中的腐殖质占进水腐殖质总量的 59.3%，微生物氧化作用与排泥占比为 12.1%。

生化单元腐殖质平衡如图 6-36 所示。总体而言，经过两级 MBR 系统，腐殖质减量 40.7%，而大部分的腐殖质仍存在于生化出水中，进入之后的膜系统和蒸发系统，最后进入盐泥。

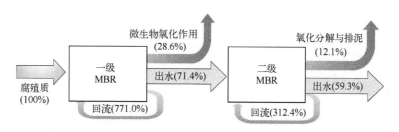

图 6-36　生化单元腐殖质平衡

6.3.2　能量流分析

基于工艺流程及物质流动分析，对渗滤液全量化处理过程进行能量流分析，从而获得能量在物质流动中的转换、利用、回收等全过程信息。渗滤液全量化处理的能量消耗与回收不仅取决于渗滤液自身所携带的能量，还包括处理过程中消耗的机械能及热能等。其中机械能主要由电能经电动机转化而来，而热能的来源主要包括两部分：其一为燃气燃烧释放的能量；其二为微生物反应释放的热量。全量化处理流程可分为 3 个部分，即生化系统、膜系统、蒸发系统。本书将对三个子系统及全流程进行能量流分析。

以处理单位污水为基础，基于物质流平衡，并根据能量流入、流出及作用的不同，可将能量分成 6 个部分，如图 6-37 所示。

① 流入系统的内能：上一工序产物流入系统时所包含的内能，包括化学能、热能等，

单位为 MJ/t。

② 流出系统的内能：流出系统时产物所带走的能量，包括化学能、热能等，单位为 MJ/t。

③ 生成能源产品所包含的能量：主要指生化反应中生成的燃气中包含的化学能、热能等，单位为 MJ/t。

④ 消耗的能量：系统中不同的电动设备，包括泵、风机、电动阀门及其他辅助设备等消耗的电能，单位为 kW·h/t。

⑤ 损失的能量：因散热导致的能量损失，单位为 MJ/t。

⑥ 回收利用的能量：全量化处理流程中不同系统间回收利用的能量，单位为 MJ/t。

（1）生化系统能量流分析

生化系统的能量流如图 6-38 所示，其中生成能源产品所包含的能量 E_g 主要由渗滤液中 COD 浓度计算得到，每立方米渗滤液产生沼气的化学能计算公式如下：

$$E_g = \frac{(S_1 - S_2) \times 0.37}{1000} \times 20.8 \tag{6-6}$$

式中　S_1、S_2——流入、流出渗滤液中的 COD 含量，mg/L；

　　　0.37 ——污水的厌氧沼气产率，$0.37 \mathrm{m^3/kg}$；

　　　20.8 ——沼气的热值（标况），$\mathrm{MJ/m^3}$，取 $20.8 \mathrm{MJ/m^3}$。

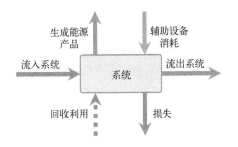

图 6-37　渗滤液处理系统能量平衡

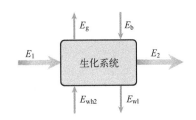

图 6-38　生化系统能量流模型

E_b 为系统辅助设备的电耗，一般渗滤液生化处理的电耗为 17~20kW·h/t，本研究中取 18.5kW·h/t；E_{wh2} 为其他子系统（蒸发系统或垃圾焚烧系统等）为生化系统提供的热量，其目的在于保持生化系统微生物最适宜的温度；E_{w1} 为系统因散热导致的热损失，可通过液体与环境的温差计算得到；E_1、E_2 分别为流入、流出系统的能量，主要为渗滤液包含的化学能，本研究中取 13.94MJ/kg。

对于生化系统而言，其能量消耗总量为 $E_b + E_{wh2}$。

以 COD 浓度为 70000mg/L 计算，每吨渗滤液的沼气产量（标况）为 $22.2 \mathrm{m^3}$，即生化系统每消耗 18.5kW·h 的电能，可生产 $22.2 \mathrm{m^3}$（标况）的沼气用于后续的蒸发系统。

（2）膜系统能量流分析

膜系统的能量流如图 6-39 所示，E_2、E_3 分别为随渗滤液流入、流出系统的能量；E_{w2}

为由于散热等导致的热损失，对于膜系统而言，系统散热损失可忽略不计；E_m 为系统辅助设备，如泵、风机、电子设备等消耗的电能，一般渗滤液膜浓缩处理的电耗为 5～8kW·h/t，本书中取 6.5kW·h/t。

对于膜浓缩系统而言，其能量消耗主要为电耗（E_m）。同时，当处理渗滤液量为 1t，浓缩倍数为 α 时，可计算得到分离 1t 膜浓缩产水的电消耗量（E'_m）：

$$E'_m = E_m \times \frac{1-\alpha}{\alpha} \tag{6-7}$$

膜浓缩系统的浓缩倍数一般在 2～2.5 之间，也就是说每产生 1t 的膜产水需要消耗 13～16.5kW·h 的电能。

（3）蒸发系统能量流分析

蒸发系统的能量流如图 6-40 所示，E_3、E_4 分别为随渗滤液流入、流出系统的能量；E_g 为生化系统产生的沼气焚烧释放的化学能，蒸发系统由于工艺不同，沼气的使用量在 35～120m^3 范围内；E_e 为系统辅助设备的电耗，一般每立方米渗滤液蒸发浓缩处理的电耗在 21.6～65.6kW·h 之间，与沼气的使用量呈负相关，即沼气用量越大，电耗越低；E_{wh1} 为蒸发系统内部的余热回收，包括蒸汽与不凝气所包含的热量；E_{wh2} 为向生化系统提供的热量，用于保持生化系统微生物最适宜的温度；E_{w3} 为系统因散热导致的热损失。

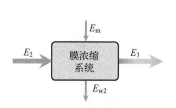

图 6-39　膜系统能量流模型

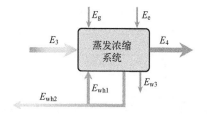

图 6-40　蒸发系统能量流模型

对于蒸发系统而言，余热源主要有两部分：其一为预蒸发产生的蒸汽中携带的热量，该部分余热主要用于预蒸发系统；其二为 SCE（或 SCDE）产生的蒸汽和不凝气中携带的热量，该部分余热较少部分用于预蒸发系统，大约 7%，大部分用于前端生化系统，大约 51%，少部分用于对外提供热量，大约 42%。

一般而言，受限于换热方式，预蒸发的浓缩倍数一般不超过 3，而 SCE（或 SCDE）为无壁面换热，其浓缩倍数可以达到更高。当 SCE（或 SCDE）的蒸发量达到最大时，预蒸发的蒸发量为 SCE 蒸发量的 2 倍，即蒸发系统自身回收的余热是蒸发系统对外提供余热的 2.2 倍。

对于蒸发系统而言，其能量消耗包括燃气能耗与电耗两部分，即 $E_g + E_e$。同时，当处理渗滤液量为 1t，浓缩倍数为 β 时，可计算得到蒸发 1t 水蒸气的能量消耗（$E'_{g,e}$）：

$$E'_{g,e} = (E_g + E_e) \times \frac{1-\beta}{\beta} \qquad (6-8)$$

由于蒸发工艺的不同，沼气及电能的用量也存在差别，蒸发系统的能耗在（42m³+82kW·h）～（150m³+27kW·h）不等，即能耗在 1168.8～3000MJ 范围内。

（4）渗滤液处理全过程能量流分析

渗滤液处理全流程为生化系统、膜系统及蒸发系统的串联，其中 E_2 既是生化系统的能量流出，也是膜系统的能量流入；E_3 既是膜系统的能量流出，也是蒸发系统的能量流入。

从全过程能量流中可以发现膜系统具有较高的能耗独立性，而生化系统与蒸发系统之间则具有较高的关联性。生化系统产生的沼气可作为蒸发系统的燃气来源，而当完全采用厌氧沼气作为燃气时，蒸发浓缩倍数将受到厌氧产气量的限制；蒸发系统排出的蒸汽、蒸汽+不凝气、冷凝水等均具有较高的温度，即较高的余热回收潜力，该部分的余热主要用于蒸发系统本身，少部分用于生化系统。

对于全过程而言，处理每吨水的系统总能耗 E_t 主要为三个子系统消耗的电量：

$$E_t = E_b + E_m + E_e \qquad (6-9)$$

式中　E_b、E_m、E_e——生化系统、膜系统及蒸发系统的电耗，kW·h/t。

渗滤液全过程处理中各子系统能耗及总能耗见表6-16。

表 6-16　渗滤液全过程处理中各子系统能耗及总能耗

E_b/（kW·h/t）	E_m/（kW·h/t）	E_e/（kW·h/t）	E_t/（kW·h/t）
18.5	6.5	26.3	51.3

对于蒸发系统而言，系统的燃气消耗与系统电耗呈负相关，即燃气消耗越大，蒸发系统电耗越小。蒸发系统的最低天然气消耗为 21.5m³/t，经换算得到全过程系统处理渗滤液的沼气消耗为 15m³/t。即渗滤液原液 COD 浓度在 50000mg/L 以上。而通常渗滤液原液 COD 浓度在 10000～60000mg/L 之间，部分渗滤液原液生化产沼气可满足蒸发浓缩沼气需求量。

以处理 1t 渗滤液为例，生化系统中主要的能量需求为维持微生物活动的最佳温度，该部分可采用蒸发系统的冷凝水作为热源，冷凝水的温度最高可达到 75℃，是比较理想的热源。生化系统中需要加热的主要部分为进入前的原液，认为进水温度为 5℃，进入生化反应器的温度为 35℃，则需要的热量：

$$Q_b = m \times c_p \times \Delta T = 1t \times 4.2MJ/(t \cdot ℃) \times (35℃ - 5℃) = 126MJ \qquad (6-10)$$

式中　Q_b——生化系统进液升温能耗，MJ；

m——进液质量，t，以 1t 计；

c_p——进液的比热容，4.2 MJ/（t·℃）；

ΔT——进液升温前后的温差，℃。

膜系统对热量的需求较小，其浓缩倍数一般在 2～2.5 之间，即有 0.4～0.5t 的膜浓缩液进入蒸发系统。蒸发系统的系统浓缩倍数一般超过 3 倍，输入系统的总能量：

$$E_t = E_g + E_e = 887 MJ / t \qquad (6\text{-}11)$$

以 0.4t 膜浓缩液进入蒸发系统为例，输入系统的总能量为 354.8MJ/t。其中主要的能量损失为冷凝水、蒸汽+不凝气、额外纯蒸汽等带走的热量，由前文的计算可知输入蒸发浓缩系统的能量中最高 70%可通过蒸汽的形式排出，即对于蒸发系统而言，当改为蒸汽作为生化系统的余热利用的载体时，51%的蒸汽即可满足生化系统的能耗需求，且仍存在 49%的蒸汽，也就是蒸发系统输入能量的 34.5%用于向总系统外部提供热量。

对渗滤液处理全过程的能量消耗进行分析，如图 6-41 所示，认为蒸发系统的燃气可完全由生化系统提供，此时系统的能量消耗主要为电能，以处理 1t 渗滤液消耗电能的能量为 100%计算，输入生化系统的能量包括电能与余热，总计 106.7%；膜系统主要消耗电能，占总能量消耗的 12.7%，但该部分可实现渗滤液减量 50%～60%；蒸发系统外部输入的能量主要为燃气化学能及电能，总计 200.3%，但可向外部提供 138.4%的热量。

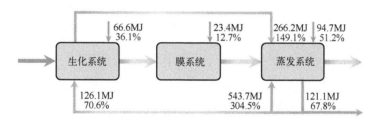

图 6-41　渗滤液处理全过程能耗分析

6.4　成果应用

建立了稳定、高效的强化反硝化膜生物反应器（EDN-MBR）技术体系，解析并定向筛选出优势反硝化菌群，得到了强化优势菌群的工艺及其调控方法。此外，研究出浸没燃烧蒸发过程中能量衡算、传递原理及浸没燃烧与蒸发过程的传热传质匹配机制，构建了低能耗浸没燃烧蒸发系统稳定运行控制原理及方法。为将这些技术产业化，特在运城建设示范工程，形成"高效脱氮生化处理+腐殖酸高浓提取+深度处理+低能耗蒸发"的碳氮协同、全量化处理工艺，具有碳氮协同、净水回收率高、能耗低等特点。

研究成果应用于示范工程中，包含如下关键技术。

（1）强化脱氮与难降解有机物定向分解技术

1）强化反硝化膜生物反应器（EDN-MBR）系统

本示范工程为老龄渗滤液，设计进水氨氮浓度为2000mg/L，处理的氨氮出水标准要求≤2mg/L，所以要求处理工艺对氨氮的去除率大于99.9%，因此系统需要非常强的脱氮能力，而常规工艺很难做到出水氨氮达标。本工程设计为两级膜生物反应器系统，在两级膜生物反应器中完全应用及转化难降解有机物定向分解技术，以增强系统的脱氮效率，保证出水总氮达标。

2）碳氮协同处理技术

通过提取系统菌群总DNA，采用二代测序结合宏基因组分析，进行微生物构成和碳源降解基因特征解析，确定反硝化体系中主要复杂大分子降解酶系基因种类及其归属菌株，并定向分离降解大分子碳源的反硝化菌株，扩大培养，接种优势菌群，强化渗滤液反应器的碳氮协同，降低老龄渗滤液碳源投加量，降低运行成本。

3）悬浮弹性组合填料层和碳源定向调配的投加装置

工程应用中设计悬浮弹性组合填料层，为深度脱氮提供处理条件，一方面增加污泥的表面积及浓度，另一方面以此为基础，培养及固定难降解有机物定向分解微生物，并将碳源充分溶解后，联动碳源定向调配投加装置，进一步降低运行成本。

实现目标：

① 渗滤液处理率100%，实现全量化处理；

② 出水水质全量达标。

（2）腐殖质提取与浓缩技术

1）腐殖酸提取技术应用

工程应用中设计腐殖酸浓缩及提取技术，基于盐分透过率和腐殖质截留率，确定最优膜孔径及材质并加以工程化应用，大大提高提取效率。

2）优化膜工艺运行，提高处理能效

优化两种物料的最佳浓缩倍数及运行条件，确定腐殖质产物回用方式并建立长效评估方法，建立一套专业用于老龄渗滤液腐殖浓缩及提取的设计及工程应用方案。

实现目标：

① 依据国际腐殖酸协会（IHSS）标准测定，所提取腐殖酸浓度＞30%；

② 渗滤液中盐去除率＞95%。

（3）浸没燃烧蒸发工艺

1）余热蒸发-浸没燃烧蒸发联合工艺

工程应用中通过浸没燃烧蒸发过程中的能量衡算、传递原理、浸没燃烧与蒸发过程的传热传质匹配机制等设计余热蒸发-浸没燃烧蒸发联合工艺。如表6-17所列，余热段设计处理能力为60m³/d，SCE段设计处理能力为20m³/d，SCE段需要的沼气由厌氧产生的沼气提供，相比单独用浸没燃烧蒸发工艺沼气用量降低75%。

表 6-17　浸没燃烧蒸发工艺设计参数及预期效果表

项目	工艺设计参数及计算
浸没燃烧蒸发器	功能：浓缩液蒸发、浓缩、结晶
SCE 设计总处理能力	$80m^3/d$
余热段设计处理能力	$60m^3/d$
二级 SCE 段设计处理能力	$20m^3/d$
SCE 需要沼气量	可燃气（厌氧沼气）约 $3000m^3/d$，按甲烷浓度 50%计，即吨水耗气约 $37.5m^3$，相比之前降低 75%
SCE 设计浓缩倍数	≥10，可浓缩至出渣
SCE 设计进水 TDS 值	$40～60g/L$
SCE 最终残渣量	约为浓缩液蒸发处理量的 5%，受水质影响略有波动

2）设计余热回收利用

"无间壁式"浸没燃烧蒸发与"间壁式"余热蒸发结合使用，其中余热蒸发器采用一体并列式设计方式，一侧作为浸没燃烧蒸发产生的蒸汽与浓缩液进行换热蒸发，另一侧作为余热蒸发产生的蒸汽二次增压后与浓缩液进行换热蒸发，两侧供给压力平衡，使得浸没燃烧蒸发尾气潜热和余热蒸发尾气潜热得到回收利用，进一步降低系统的吨水耗气量。

实现目标：余热回收系统可将能源降低 30%以上。

（4）模块化

悬浮组合填料及 MBR 实现模块化组装，大大缩短生化系统安装周期。蒸发装置实现模块化组装，大大缩短浸没燃烧蒸发设备安装周期。

（5）商业模式

通过核心工艺，特别针对老龄填埋场渗滤液全量化处理，以"关键技术+项目 BIM 化设计+智能运营管理"模式进行商业化推广，利用关键核心技术作为切入点和支撑点，利用 BIM 组作为工程设计指导依据，同时借助智能化专家控制体系实现数据分析和联动，打造一个全生命周期、高质量、可持续的示范工程体系，同时作为老龄渗滤液处理典型案例，以其"低能耗、低运行费用、高脱氮率、全量化"的实际运行效果进行大范围推广应用。

第 **7** 章

存余垃圾原位削减和无害化处理与资源化利用技术体系及商业化模式

▶ 残余物风险识别、评估体系和风险控制方法
▶ 存余垃圾挖采资源化智慧管理平台
▶ 原位削减、无害化处理与资源化利用模块化技术体系
▶ 具有短周期适应性的商业化推广创新模式

7.1　残余物风险识别、评估体系和风险控制方法

7.1.1　残余物概述及其危害

　　我国现有垃圾填埋场 652 座，由于用地紧张，已经达到稳定化的填埋场需要进行存余垃圾的开挖。存余垃圾在挖采、筛分和资源化过程中会产生一部分的残余物。残余物是指存余垃圾筛分过程剩余的且占比小于存余垃圾总质量 5%的残留物，经过现场调研发现，残余物主要包括废旧织物、橡胶和废旧鞋子这些附加值低且不具有资源化的物质。残余物一般具有附加值较低、回收难度大且资源化再利用难等特点。此外，残余物中含有重金属和有机物，具有一定的环境风险，处置不当会对土壤和环境造成二次危害，需要对其进行风险评估，再选择合适的方法进行最终处理。

7.1.2　残余物的检测及环境风险识别

　　通过现场咨询和调研，提取了 6 个不同点位的废旧织物，并对废旧织物中的重金属和 VOCs 含量进行了分析。

7.1.2.1　残余物中重金属的检测

　　残余物中重金属的总含量采用王水法消解，通过旋转振荡器提取 24h，然后利用 ICP-OES 测定。各点位中残余物中各重金属的含量如表 7-1 所列。

表 7-1　残余物中重金属的含量　　　　　　　　单位：mg/kg

序号	As	Cd	Cr	Cu	Mn	Ni	Pb	Zn
1	123.2	0	65.4	228.4	157.2	31.4	113.0	451.6
2	126.4	0	26.6	278	223.8	25.2	96.4	420.2
3	108.2	0	54.8	61.6	226.6	6.4	55.4	212.4
4	82.6	0	9.6	24.0	41.0	1.8	170.2	105.2
5	76.0	0	32.6	129.4	193.4	11.2	188.4	586.4
6	68.2	0	1741.8	188	823.6	38.6	75.0	1322.8

7.1.2.2　残余物中挥发性有机物的检测

残余物中挥发性有机物（VOCs）的测定方法采用《固体废物　挥发性有机物的测定 顶空-气相色谱法》（HJ 760—2015）进行测定，选取甲苯、乙苯、苯、氯仿、1,2-二氯乙烷和三氯乙烯六种典型的挥发性有机物，六个点位不同残余物中 VOCs 的浓度如表 7-2 所列。

表 7-2　残余物中 VOCs 的含量　　　　　　　单位：ng/L

序号	甲苯	乙苯	苯	氯仿	1,2-二氯乙烷	三氯乙烯
1	22.4	80.5	30.6	ND	9.8	3.3
2	73.5	16.4	13.4	10.3	12.5	10.2
3	13.8	60.2	19.7	8.6	ND	2.3
4	40.3	33.5	7.3	15.4	2.4	8.9
5	9.4	100.3	3.8	5.8	0.6	1.5
6	27.6	53.2	40.5	14.5	6.3	ND

注：ND—未检出。

7.1.3　残余物中重金属污染环境风险评估

7.1.3.1　环境风险评估方法

地累积污染指数是一种评价沉积物重金属污染程度的定量指标，它不仅考虑了沉积成岩作用等自然地质过程对背景值的影响，同时充分注意了人力活动对重金属污染的影响。

$$I_{geo} = \log_2[C_i / (kB_i)] \tag{7-1}$$

式中　C_i——第 i 种重金属的实测浓度，mg/kg；

　　　B_i——被测元素的生态织物背景值，mg/kg，以生态纺织品重金属背景值为评价基准；

　　　k——常数，一般取值为 1.5。

根据 I_{geo} 的计算值，一般将重金属污染度分为如表 7-3 所列的 7 个等级。

表 7-3　I_{geo} 值与污染程度对应关系

I_{geo}	分级	污染程度
<0	0	无污染

续表

I_{geo}	分级	污染程度
0~1	1	轻度污染
1~2	2	偏中污染
2~3	3	中度污染
3~4	4	偏重污染
4~5	5	重污染
≥5	6	严重污染

7.1.3.2　健康风险评估方法

健康风险分为致癌风险和非致癌风险。

（1）致癌风险

致癌风险 CR 计算公式如下：

$$CR_i = \sum_{i=1}^{3}(CSF_i \times CDI_i) \tag{7-2}$$

式中　CR_i——化学致癌物 i 在 3 种途径暴露下的健康风险；

　　　CDI_i——不同途径摄入量，mg/（kg·d）；

　　　CSF_i——重金属 i 致癌概率，人体暴露于一定剂量污染物 i 产生致癌效应最大概率，（kg·d）/mg。

致癌物总风险为：

$$CR_{总} = \Sigma CR_i \tag{7-3}$$

$CR_{总}$ 通常以一定数量人口出现癌症患者的个体数表示。根据国际辐射防护委员会制定的最大可接受风险为 $10^{-6} \sim 10^{-4}$。致癌风险低于 $10^{-6} \sim 10^{-4}$ 时是可以接受的，认为该物质不具备致癌风险。

（2）非致癌风险

非致癌风险 HQ 计算公式如下：

$$HQ_i = \sum_{1}^{3}(CDI_i / RFD_i) \tag{7-4}$$

式中　HQ_i——一种化学非致癌物 i 在 3 种途径暴露下的健康风险；

　　　CDI_i——不同途径摄入量，mg/（kg·d）；

　　　RFD_i——参考剂量，单位时间单位质量人体摄取的不会引起人体不良反应的污染物最大量，mg/（kg·d）。

$$HQ_总 = \Sigma HQ_i \tag{7-5}$$

当 HQ 或 HQ$_总$小于 1 时，认为风险较小或可以忽略；当 HQ 或 HQ$_总$大于等于 1 时认为存在非致癌风险。

7.1.3.3 残余物风险评估模型

建立了如图 7-1 所示的风险评估模型，通过对残余物中重金属和 VOCs 进行测定，然后选取适当的评价因子和评价标准，采用地累积指数法对残余物环境风险进行评估，再评估其致癌风险和非致癌风险，进行风险判定，如果 $I_{geo} < 1$、HQ$_总 < 1$ 且 CR$_总 < 10^{-4}$，则可将残余物直接进行填埋处理；其他情况下，环境风险、致癌风险和非致癌风险有一种超标，则认为残余物存在一定的风险，需要进行焚烧处理，对残余物的重金属和 VOCs 进行消除。当致癌风险大于 10^{-4} 或非致癌风险大于等于 1，认为残余物存在一定的健康风险，需要进行无害化处理，并对工作人员建立保护机制。

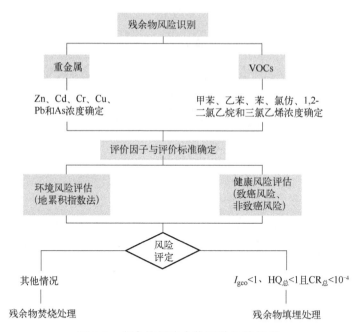

图 7-1 存余垃圾残余物风险评估体系

7.1.4 残余物中重金属污染环境风险判定

选用《生态纺织品技术要求》（GB/T 18885—2020）中直接接触皮肤用品和非直接接触皮肤用品重金属含量（mg/kg）标准，重金属的参考标准见表 7-4。

表 7-4　生态纺织品技术要求（直接接触皮肤用品和非直接接触皮肤用品）
（GB/T 18885—2020）

单位：mg/kg

重金属	Cd	Cr	Cu	Pb	As	Ni
背景值	0.1	2	50	1	1	4

分析结果如表 7-5 所列，在 Cd 的 6 个点位中，均不存在污染。Cr 的 6 号地累积指数大于 2，属于中度污染，2 号、3 号和 4 号位小于 1，属于轻度污染，其他点位为偏中污染。As 在 6 个点位的 I_{geo} 指数基本上均大于 1，但小于 2，说明 Cr 在 6 个点位中均为偏中污染。Pb 的 I_{geo} 指数均大于 1，基本上都属于偏中污染。Cu 和 Ni 的 I_{geo} 指数在 4 号位小于 0，在其他点位均介于 0~1 之间，属于轻度污染。废旧织物受污染程度较低，各重金属污染程度依次为 Pb >As>Cr >Cu> Zn> Cd。

表 7-5　地累积指数法（I_{geo}）环境风险分析结果

序号	As	Cd	Cr	Cu	Ni	Pb
1	1.91	0.00	1.34	0.48	0.72	1.88
2	1.93	0.00	0.95	0.57	0.62	1.81
3	1.86	0.00	1.26	0.02	0.03	1.57
4	1.74	0.00	0.51	-0.49	-0.52	2.05
5	1.70	0.00	1.04	0.24	0.27	2.10
6	1.66	0.00	2.76	0.40	0.81	1.70

7.1.4.1　残余物中重金属健康风险评估

残余物中重金属的致癌风险和非致癌风险如图 7-2 所示，6 号位致癌风险系数高出

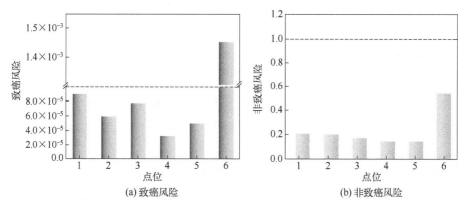

图 7-2　不同点位残余物重金属的致癌风险和非致癌风险

正常范围 10 个数量级，致癌风险较高。$CR_总$ 表明，除了 6 号位超出正常范围，存在致癌风险，其他所有点位致癌风险均低于正常范围，说明不存在致癌风险。各个位点的 $HQ_总$ 均小于 1，可以认为废旧织物中重金属的非致癌风险可以忽略。因此，废旧织物的重金属污染对人体的致癌风险大，应引起足够重视。

7.1.4.2 残余物中 VOCs 健康风险评估

VOCs 致癌和非致癌健康风险的相关数据如图 7-3 所示，残余物中 VOCs 非致癌风险均小于 1，说明各个点位残余物中 VOCs 均不存在非致癌风险。残余物中 VOCs 的致癌风险均在正常范围内，说明残余物中 VOCs 不存在致癌风险。综上可知，废旧织物的VOCs 对人体不存在致癌风险和非致癌风险，可以正常处理。

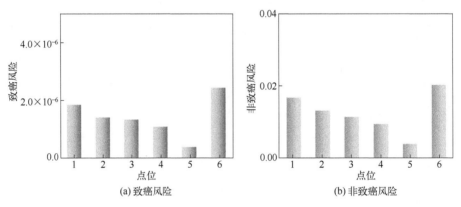

图 7-3　不同点位有机物的致癌风险和非致癌风险

7.1.5 残余物末端处置

7.1.5.1 水泥窑协同处置残余物技术

利用新型干法水泥熟料生产线在焚烧处理存余垃圾残余物的同时产生水泥熟料，属于符合可持续发展战略的新型环保技术。在继承传统焚烧炉的优点的同时，有机地将自身高温、循环等优势发挥出来。既能充分利用废物中的有机成分的热值实现节能，又能完全利用废物中的无机成分作为原料生产水泥熟料；既能使废物中的有毒有害有机物在新型回转式焚烧炉的高温环境中完全焚毁，又能使废物中的有毒有害重金属固定到熟料中。

7.1.5.2　残余物预处理工艺

新型干法水泥窑协同处置残余物有几条不同的技术路线，主要包括预处理制 RDF+分解炉焚烧工艺、预处理破碎机械生物干化稳定化+热解气化炉预焚烧+分解炉焚烧工艺、预处理破碎机械生物干化稳定化+热盘炉预焚烧+分解炉焚烧工艺。

就以上技术做如表 7-6 所列的比较。

表 7-6　水泥窑协同处置残余物技术路线比较表

处置方式	预处理制 RDF+分解炉焚烧	预处理破碎机械生物干化稳定化+热解气化炉预焚烧+分解炉焚烧	预处理破碎机械生物干化稳定化+热盘炉预焚烧+分解炉焚烧
工艺	经过破碎、分选、干化稳定化、成型等流程将可燃部分制备成 RDF，然后直接投入分解炉内焚烧。不可燃部分渣土进行填埋处置	经过破碎和干化稳定化降低粒径和含水率，然后在气化炉中焚烧，产生的残渣经过分离后进入生料粉磨系统，烟气进入分解炉	经过破碎和干化稳定化降低粒径和含水率，然后在热盘炉中焚烧，产生的烟气和残渣进入分解炉
原理	垃圾中的可燃部分通过热干化稳定化等手段降低垃圾的水分，提高垃圾的热值，然后将其压缩成型至一定尺寸，达到替代燃料的使用标准，最后利用分解炉焚烧。不可燃部分其余分选残渣填埋处理	将残余物破碎至一定粒度，采用生物干化稳定化的方式利用微生物的自腐败放热降低垃圾水分，然后进入气化炉处理，炉内铺设石英砂，通过底部布风板进入一定压力的空气，垃圾入炉后即与灼烧的石英砂迅速处于完全混合状态，垃圾加热、干燥、气化	将残余物破碎至一定粒度，采用生物干化稳定化的方式利用微生物的自腐败放热降低垃圾水分，然后进入热盘炉处理，热盘炉与分解炉组成一体，内部铸有耐火材料，底部是旋转盘。垃圾、预热生料和三次风一起进入热盘炉内充分燃烧
燃烧温度	分解炉内燃烧，燃烧点靠近三次风进口端，燃烧温度在870～910℃	气化炉内：500～550℃ 分解炉内：860～900℃	热盘炉内：1050℃ 分解炉内：860～900℃
燃烧时间	固体：几秒到十几秒 气体：3s	固体：几分钟到十几分钟 气体：3～5s	固体：3～45min 气体：>5s（鹅颈管）
燃烧过程	大部分发生在分解炉内，小部分发生在烟室或五级筒内，影响分解炉温度。因 RDF 着火速率快，局部有高温区	整个燃烧过程发生在气化炉内，最大限度上减少废弃物燃烧对分解炉产生的冲击	整个燃烧过程发生在热盘炉内，最大限度上减少废弃物燃烧对分解炉产生的冲击
热利用率	废弃物炉内停留时间短，容易发生不完全燃烧情况	30%左右，分离石英砂和焚烧残渣过程中热损失较多	100%，废弃物燃烧时产生的热量全部得以利用
对可燃废弃物的适应性	对 RDF 预处理制备粒度有要求，部分大颗粒或难燃物处置有后燃烧现象	适应范围较小，适用于散状、轻质、易燃的废弃物	适应范围广，对各种形状（块状、粒状、团状或膏状；轻质或重质；难燃或易燃）的废弃物都适用
对窑系统的影响	有爆燃现象，影响分解炉稳定，对窑系统影响较大	对窑系统影响不太大	因热盘炉的设计及其缓冲作用，故对窑系统影响甚微

注：RDF—垃圾衍生燃料。

从表 7-6 的对比可以看出，预处理破碎机械生物干化稳定化预处理+热盘炉预焚烧+分解炉焚烧工艺为最佳工艺路线，预处理摒弃了分选、压缩成型等不必要的程序，可处理全部的生活垃圾筛分残余物，采用生物干化稳定化能耗低；热盘炉几乎可以适用于水泥厂处置各种废弃物，它是焚烧粗加工废料的最好装置，即使是整个轮胎都置于炉内燃烧。同时，固废在热盘炉内的停留时间最长达 45min，可保证其最大程度上的燃尽，将可能发生的挥发物循环和堵塞等现象降到最低。水泥窑协同处置存余垃圾残余物现场如图 7-4 所示。

图 7-4　水泥窑协同处置存余垃圾残余物现场

7.1.5.3　掺烧残余物对水泥窑系统的影响

将 50t 残余物物料（主要为纺织物、人造革等）处理成粒径＜200mm、含水率＜40%的物料，然后通过管式输送机将处理完成的物料输送至安装于分解炉上热盘炉内焚烧，同时检测水泥窑炉的运行数据，并对本批次烧制的水泥熟料成分进行检测，本次残余物的掺烧量约为水泥熟料产量的 1%。

协同处置残余物试验窑炉参数控制：

① 熟料目标率值[1]：KH=0.915±0.02，SM=2.80±0.10，IM=1.90±0.10。

② 熟料烧成热耗：3077 kJ/kg。

③ 煤灰掺入比例：2.05%。

④ 残余物灰渣掺入比例：0.14%。

⑤ 单位质量熟料理论生料料耗：1.54kg/kg。

---

[1] KH（饱和比）、SM（硅率）、IM（铝率）是熟料烧成过程质量控制的 3 个率值。其中，KH 为石灰石饱和系数，简称饱和比，表示熟料中 SiO_2 被 CaO 饱和形成硅酸三钙的程度；SM 为硅率，表示熟料中 SiO_2 与 Al_2O_3、Fe_2O_3 之和的质量比；IM 为铝率，表示熟料中 Al_2O_3 和 Fe_2O_3 的质量比。

残余物掺烧前后各项检测数据对比如表 7-7～表 7-10 所列。

表 7-7　生料化学成分　　单位：%

名称	烧失量	SiO₂	Al₂O₃	Fe₂O₃	CaO	MgO	K₂O	Na₂O	SO₃	Cl⁻
掺烧前	35.32	13.76	3.25	1.72	41.22	3.05	0.08	0.25	—	—
掺烧后	35.79	13.13	2.82	1.63	42.03	3.03	0.71	0.24	—	—

表 7-8　熟料化学成分　　单位：%

名称	SiO₂	Al₂O₃	Fe₂O₃	CaO	MgO	K₂O	Na₂O	SO₃	Cl⁻
掺烧前	20.83	4.93	2.60	62.42	4.62	1.21	0.38	0.38	—
掺烧后	21.12	4.98	2.62	64.36	4.66	1.11	0.37	—	—

表 7-9　熟料的矿物组成、液相量、钠当量、硫碱比

名称	C₃S	C₂S	C₃A	C₄AF	钠当量	硫碱比	1400℃液相量/%
掺烧前	59.47	16.87	10.65	7.90	1.17	0.32	26.46
掺烧后	60.27	15.10	11.50	7.95	1.18	0.32	26.13

注：C_3S—$3CaO \cdot SiO_2$，硅酸三钙；C_2S—$2CaO \cdot SiO_2$，硅酸二钙；C_3A—$3CaO \cdot Al_2O_3$，铝酸三钙；C_4AF—$4CaO \cdot Al_2O_3 \cdot Fe_2O_3$，铁铝酸四钙。

表 7-10　熟料强度合格性检测

名称	3d 强度	28d 强度	安定性
掺烧前	30.3	59.6	合格
掺烧后	30.2	59.4	合格

可以看出，少量掺烧残余物，水泥熟料化学成分满足国家标准要求，熟料 3d 强度、28d 强度基本不发生变化。利用新型干法水泥窑协同处置存余废弃物残余物，对水泥烧成系统和水泥产品成分未产生显著影响。残余物带入的重金属在水泥煅烧过程中，一般以氧化物的形式参与液相反应形成复杂的矿物质，能很好地固化在水泥熟料中。

7.2　存余垃圾挖采资源化智慧管理平台

7.2.1　存余垃圾挖采资源化智慧管理平台简介

存余垃圾开采资源化智慧管理平台采用物联网、云计算、大数据、移动互联网、地理信息系统（GIS）等新一代信息技术，把各种硬件设备应用到环卫管控对象中，通过云技术将环卫领域物联网整合起来。同时借助移动互联网技术，将人类社会与环卫业务系统紧密联系起来，以更加精细和智能的方式实现环境管理和决策的智慧化。

① 感知：平台利用车载全球定位系统（GPS）、智能称重设备、射频识别（RFID）、视频设备等相关设备随时感知、测量信息，实现对人员、车辆等要素的感知。

② 传输：利用物联网、运营商网络和卫星通信等技术，将感知和测量的信息与云端进行交互和共享，实现全面的互联互通。

③ 决策：通过云计算、虚拟化和高性能计算等技术手段，整合和分析相关数据，为收运计划、运营管理提供决策参考。

④ 利用：利用通过数据清洗后的收运数据，结合其他数据进行整合、分析，利于企业的风险预警和战略管控。

7.2.2 系统建设原则

本次系统建设主要包括软件开发、数据库建设、网络设计和系统维护等多项工作，是一项工程量大、复杂的信息系统工程。系统设计综合考虑各方面因素，审慎处理先进与实用、规范与灵活的关系，在建设时遵循以下原则。

① 实用性　实用性是存余垃圾开采资源化智慧管理平台建设的最基本原则。系统的设计和实现重在为用户提供实用、便捷、高效的功能，采取各类实用技术增强用户体验。

② 安全性　系统使用 Spring Security 提供安全的管控服务，通过 Spring Security 完成用户的统一身份认证及人员信息的获取。

③ 创新性　在满足系统基本需求的前提下，结合项目实施经验，对系统设计采用的技术手段、实现方法等方面进行创新，优化系统的性能、用户体验等。

④ 标准化　在信息化系统的建设中，必须重视平台的标准化建设。按照国家相关标准规范，对系统涉及的数据格式、编码、通信接口等方面采用统一标准进行设计。

⑤ 开放性　系统设计和实现时需要具备良好的开放性和扩展性，使平台可以在后期快速地增加和修改模块。

⑥ 整合性　针对不同的业务系统，采用相应的集成技术，实现数据实时交互，保证数据共享、协同、精确、快速。

⑦ 易维护性　对系统的日常维护直接影响到系统使用效率，当出现问题或故障时，也需要技术手段进行快速排查。本系统将提供以下措施协助维护人员提高工作效率，包括故障快速响应及原因快速定位、全方位实时监控与支持数据迁移及高兼容性。

7.2.3 系统架构

本系统应用架构基于 HTTP 的 J2EE 架构，采用面向对象的应用模块设计思想，基于框架的应用开发模式，基于面向接口的编程思想，以及采纳同行业累积的页面灵活和易操作性的设计，能够满足系统对性能和稳定性的要求，同时低耦合的设计也使系统应用架构具有高可用、易扩展等优点。

本系统的组织架构如图 7-5 所示。

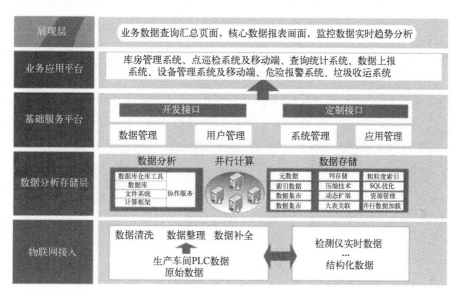

图 7-5　系统组织架构

7.2.4　功能模块设计

系统主要包含以下功能模块：

① 物联网数据接入模块；

② 数据分析存储模块；

③ 基础服务模块；

④ 业务应用模块；

⑤ 数据展现模块。

系统各个功能模块之间关系如图 7-6 所示。

7.2.5　平台建设内容

根据存余垃圾挖采资源化工作流程（图 7-7），存余垃圾挖采资源化智慧管理平台的建设采用模块化模式，平台系统中的各个子模块在功能上相互独立，各个模块之间会存在数据的交互和处理，综合这些特点，平台系统数据在设计和存储的时候将采用各个模块数据分库存储的方式，每个子系统模块采用一个数据库，子系统之间才有接口方式传递数据。这样有利于保证系统的稳定性，也保证了各个子系统间如果出现问题不会相互影响。

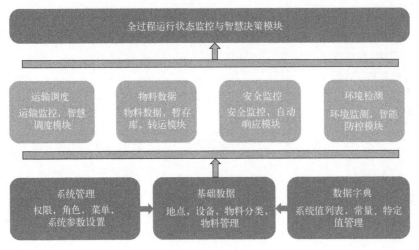

图 7-6 系统各功能模块之间关系

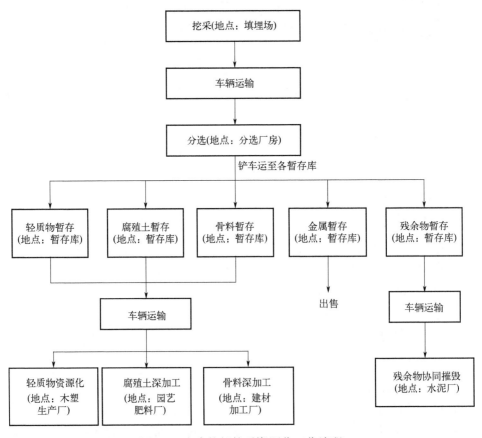

图 7-7 存余垃圾挖采资源化工作流程

内容主要分为 6 个模块：

① 物料数据模块；

② 运输监控与智慧调度模块；

③ 暂存库与转运管理模块；

④ 环境监测与智能防控模块；

⑤ 安全监控与自动响应模块；

⑥ 全过程运行状态监控与智慧决策模块。

7.2.6　管理平台控制系统

（1）运行管控中心

通过管控中心监管整个工程，可以任意切换工艺画面、视频画面、核心数据报表画面等，同时也可将多个画面组合实时管控。

（2）视频监控中心

利用视频监控厂商提供的视频监控接口协议高度集成将工程现场的所有视频监控集成至系统中。也可以利用视频监控接口协议将视频监控直接传输到运营管控平台，使得业主可以通过远程查看项目现场的监控摄像头监控站点的运行情况。

（3）运行工艺管控

在系统中编制出该工程的运行工艺流程组态图，实现远程监控存余垃圾处理工艺流程及实时运行状况，随时随地掌握现场情况，提高运行安全性和可靠性。以系统流程图的方式实时监测餐厨处理工艺参数数据，管理者在办公室就能实时了解整个企业不同控制系统和整个企业生产现场的实际情况。

（4）在线监测报警

在线监测系统通过获取数据中心汇集后的各个生产设备的参数数据及安全环保相关数据，展现现场各个生产设备的状态并对生产设备参数进行监控。同时，根据数据中心获取的生产设备数据，通过预设阈值对预警和报警进行数据监控。

（5）存余垃圾智能收运

存余垃圾产生单位填报每天废弃物产生量，预约回收人员进行回收。上报模式为：通过在各回收车辆自动称重设备自动称重，同时通过无线网络将该称重数据传输至管理系统。

（6）车载自动称重

通过转运车辆安装智能称重设备及传感设备，收集垃圾时，自动识别电子车牌，并快速完成称重操作，获得实际收集的垃圾量。垃圾收集过程，除了传输称重信息外，还可以集成 RFID 读写信息、收取时的图像抓拍信息、GPS 定位信息等，并实时发送到服务端，系统可以对各硬件设备进行高度集成，从而减少数据规整工作量，提高监管工作效率。

7.3 原位削减、无害化处理与资源化利用模块化技术体系

7.3.1 总体技术路线

存余垃圾无害化处理与资源化利用的技术体系由多种技术模块构成，包括原位稳定化模块、挖采模块、异位干化稳定化模块、筛分模块、资源化利用模块、无害化处理模块、臭气现场控制模块、臭气集中控制模块、污水处理模块、场地修复模块等。针对处于不同状态的存余垃圾区域，结合项目自身及周边条件，以实用、经济、高效为原则，选取技术模块进行组合，形成具有针对性和适用性的技术路线。

针对不同情况的存余垃圾，选取技术模块组成的挖采资源化技术路线，技术路线参考如下。

情况 1：已达到 10 年及以上填埋年限的区域，并经过检测已经稳定化的区域，其技术路线如图 7-8 所示。

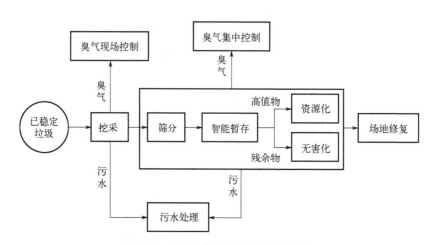

图 7-8　年限较长填埋场的技术路线

情况 2：填埋年限较短，垃圾还处于分解活跃期的垃圾填埋区，其技术路线如图 7-9 所示。

情况 3：仍然在填埋作业的区域，其技术路线如图 7-10 所示。

情况 4：填埋高度较低，被渗滤液浸泡的填埋区域，其技术路线如图 7-11 所示。

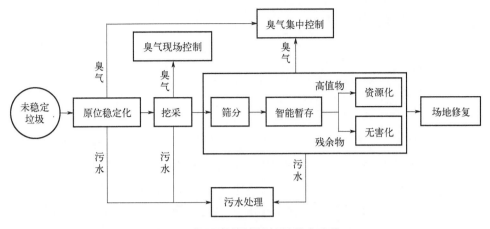

图 7-9　年限较短填埋场的技术路线

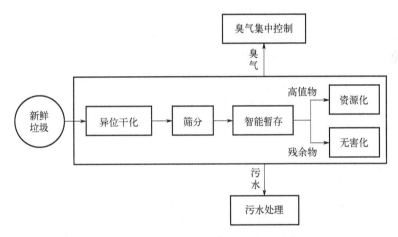

图 7-10　仍在使用填埋场的技术路线

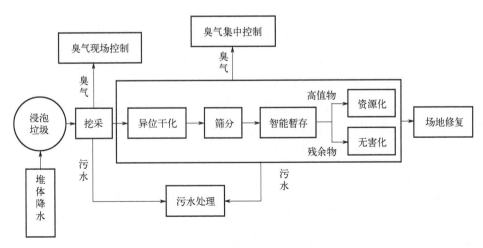

图 7-11　高度较低填埋场的技术路线

7.3.2 原位稳定化模块

7.3.2.1 概述

存余垃圾填埋场堆体在长期的厌氧状态下，产生和积聚了大量甲烷等易燃易爆气体和硫化氢等臭味有毒有害气体，填埋场内垃圾自然分解达到相对稳定的时间至少要 10 年，简单贸然直接开挖将出现严重的安全事件，对周围环境和人们的身体健康带来严重的危害。因此，开挖前必须进行强制注气和实施导排措施，短时间内将填埋场内的厌氧状态转换成好氧状态，不会产生达爆炸极限的可燃气体及对环境造成二次污染的气体，为下一步的分步开挖、筛选和复用提供安全和技术保障。

采用好氧生物反应法进行原位稳定化就是将新鲜空气加压后，用管道注入垃圾深处，同时把垃圾中的二氧化碳等气体抽出，并对反应物的温度与垃圾气体进行监控，使垃圾中的微生物再生，创造出一个比较理想的有氧反应环境，使反应达到最佳状态，从而加速有机物的降解，消除有毒有害物质的再生，而提高填埋空间或者使在垃圾场上重新建设成为可能。这种方法，比传统的厌氧降解法提高降解速率 30 倍以上。

7.3.2.2 技术原理

好氧原位稳定化技术，是将垃圾填埋场视同于一个大型生物反应器，将垃圾填埋场中原来的厌氧条件转变成好氧条件，垃圾中氧气的含量不低于空气中氧气含量的 80 %。在好氧条件下，生活垃圾中的可降解有机组分发生好氧降解反应，生成稳定的有机物、无机物、CO_2 和水。当可降解有机组分降解完成后，垃圾填埋场达到稳定。

好氧原位稳定化的整体过程为通过高压风机向垃圾填埋场中注入空气，使空气中的氧与垃圾发生好氧反应，而抽气过程是将垃圾中由于好氧降解反应生成的反应气体抽取出来，气体经过除臭系统处理达标后排放，如图 7-12 所示。

在好氧条件下，垃圾填埋场中可降解有机组分中的可溶性有机物可以透过微生物的细胞壁和细胞膜被微生物直接吸收，不溶性的胶体状有机物被吸附在微生物体外，依靠微生物分泌的胞外酶分解为可溶性有机物，再渗入细胞。微生物通过自身的生命代谢活动，进行分解代谢（氧化还原过程）和合成代谢（生物合成过程），把一部分被吸收的有机物氧化成简单的无机物，并释放出生物生长、活动所需要的能量，把另一部分有机物转化合成为新的细胞物质，使微生物生长繁殖，产生更多的生物体，从而实现垃圾中可降解有机物达到最终的降解平衡，垃圾堆体完全稳定。

好氧降解反应的主要反应式如下：

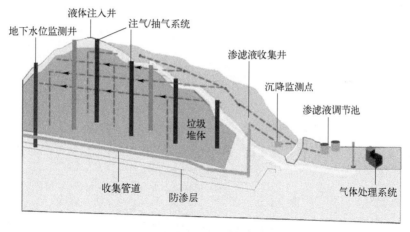

图 7-12　好氧原位稳定化原理示意

$$C_sH_tN_uO_r \cdot aH_2O + bO_2 \longrightarrow C_wH_xN_yO_z \cdot eH_2O + f\,H_2O + gNH_3 + Q$$

$$(C_6H_{10}O_5)_n + 5nO_2 \longrightarrow 6nCO_2 + 5nH_2O + Q$$

好氧降解加速垃圾填埋场稳定化过程划分为三个阶段，即起始阶段、反应阶段和稳定阶段。

① 起始阶段是好氧降解的开始阶段,不耐高温的细菌分解有机物中容易降解的碳水化合物、脂肪等，同时放出热量，使垃圾堆体温度上升，温度可达 $25 \sim 40\,^\circ\!C$。起始阶段的持续时间一般为 $1 \sim 3$ 个月。

② 反应阶段是好氧降解的主要阶段，持续时间较长。此阶段内，耐高温的细菌快速繁殖，当好氧条件时大部分比较难降解的纤维、蛋白质等物质继续发生氧化分解，同时放出大量的热量，使温度上升至 $40 \sim 70\,^\circ\!C$。当可降解有机组分基本实现全部降解后，嗜热菌因缺乏营养而停止生长，产热随之停止，有机物转变成稳定的腐殖质。垃圾堆体的温度下降到 $20 \sim 30\,^\circ\!C$，垃圾达到基本稳定。

③ 稳定阶段是好氧降解的后期阶段，持续时间为 $2 \sim 5$ 个月或更长时间。在此阶段，可降解有机组分达到降解平衡，继续供氧不会再提高有机物的降解率。在垃圾堆体温度降低的过程中，一些新的微生物借助残余有机物（包括死后的细菌残体）逐渐生长。垃圾中的有机物均为稳定有机物，垃圾堆体达到彻底稳定。

7.3.2.3　工艺描述

好氧生物反应器垃圾填埋场治理技术（工艺）分气体（注气/抽气）系统、液体系统、尾气排放系统、监测系统等（图 7-13）。

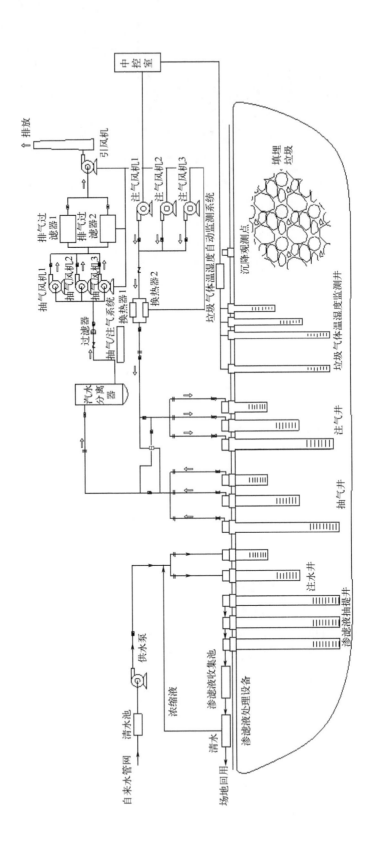

图 7-13　存余垃圾好氧稳定化工艺流程示意

（1）注气系统

注气系统由注气风机组、控制系统、气体管道注气井、阀门、仪表等组成。利用注气风机，通过管道和均匀分布的注气井，向垃圾堆体内注入空气，使垃圾在好氧条件下发生快速降解。

好氧治理的空气注入采用鼓风机，并在填埋场表面铺输气管线，将空气输送至注气竖管中，进入垃圾堆体，工艺流程如图 7-14 所示。

图 7-14　空气注入工艺流程

好氧生物反应器技术治理封场填埋场工艺中的通风量主要是指填埋场内垃圾进行好氧降解所需的 O_2 量和生成的好氧填埋气量。本方案以预测垃圾填埋场填埋气产量的 Buswell 化学计量模型为基础，建立好氧技术通风量计算的化学计量模型。

注气量主要指注入填埋场内的空气量，可根据垃圾好氧降解所需的 O_2 量求得。有机垃圾与注入空气中 O_2 反应的化学方程式为：

$$C_aH_bO_cN_d + \frac{4a+b-2c+5d}{4}O_2 \xrightarrow{\text{好氧降解}} aCO_2 + \frac{b-d}{2}H_2O + dHNO_3$$

根据好氧降解反应方程式和质量守恒定律可求出标准状况下垃圾降解所需要的 O_2 量，依据理想气体状态方程，可求出该填埋场治理过程所需的理论注气量。

$$V_{in} = \frac{m(1-\theta_w)\theta_o\theta_{bf}k_zq}{M} \times \left(\frac{4a+b-2c+5d}{4}\right) \times \left[\frac{R(t_{in}+273.15)}{p_{in}}\right] \times \frac{G}{J}$$

式中　V_{in}——注气量，m^3；

　　　m——垃圾量，kg；

　　　θ_w——含水率，%；

　　　θ_o——有机垃圾质量分数，%；

　　　θ_{bf}——有机垃圾中可降解垃圾的质量分数，%；

　　　k_z——单位转化关系，1000g/kg；

　　　q——进行好氧降解垃圾的质量分数，%；

　　　M——概化分子式的摩尔质量，g/mol；

　　　R——理想气体常数，8.314J/(K·mol)；

　　　t_{in}——进气温度，℃；

　　　p_{in}——进气状态压强，kPa；

　　　G——单位转化关系，$0.001m^3/L$；

　　　J——空气中氧气体积分数，一般取值 0.21。

（2）抽气系统

抽气系统由风机组、控制系统、气体管道注气井、阀门、仪表等组成。

抽气量主要包括好氧降解生成的 CO_2，部分垃圾厌氧降解生成的 CO_2、CH_4 和 NH_3（量少，忽略不计），注气过程带入的 N_2 等，计算过程如下所示：

$$V_{out} = V_{CO_2} + V_{CH_4} + V_{N_2}$$

计算好氧降解生成的 CO_2，以上述方程式为基础求得：

$$V_{CO_2-1} = \frac{m(1-\theta_w)\theta_o\theta_{bf}k}{M} \times (q \times a) \times \left[\frac{R(t_{out}+273.15)}{p_{out}}\right] \times G$$

垃圾进行厌氧降解的化学反应方程式：

$$C_aH_bO_cN_d + \frac{4a-b-2c+3d}{4}H_2O \xrightarrow{\text{厌氧降解}} \frac{4a+b-2c-3d}{8}CH_4 + \frac{4a-b+2c+3d}{8}CO_2 + dNH_3$$

计算厌氧降解生成的 CO_2 和 CH_4，求得：

$$V_{CO_2-2} = \frac{m(1-\theta_w)\theta_o\theta_{bf}k}{M}\left[(1-q) \times \left(\frac{4a+3d+2c-b}{8}\right)\right] \times \left[\frac{R(t_{out}+273.15)}{p_{out}}\right] \times G$$

$$V_{CH_4} = \frac{m(1-\theta_w)\theta_o\theta_{bf}k(1-q)}{M} \times \left(\frac{4a+b-2c-3d}{8}\right) \times \left[\frac{R(t_{out}+273.15)}{p_{out}}\right] \times G$$

式中的 V_{CO_2} 应包括好氧降解生成的 CO_2 和厌氧降解生成的 CO_2，即：

$$V_{CO_2} = V_{CO_2-1} + V_{CO_2-2}$$

N_2 量主要与注气量有关，其计算式为：

$$V_{N_2} = V_{in} \times (1-J)$$

式中 V_{out} ——抽气量，m^3；

     V_{CO_2-1} ——好氧降解生成的 CO_2，m^3；

     V_{CO_2-2} ——厌氧降解生成的 CO_2，m^3；

     V_{N_2} ——注气过程带入的 N_2，m^3；

     t_{out} ——抽气状态温度，℃；

     p_{out} ——抽气状态压强，kPa。

（3）抽气井和注气井

抽气井和注气井分别按等边三角形布置，每 3 眼抽气井和每 3 眼注气井组成等边六角形布置（图 7-15、图 7-16）。

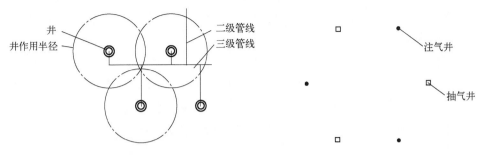

图 7-15　管线铺设和布井方式　　　图 7-16　抽气井和注气井布置方式

由于场区内需要曝气的面积较大，同类井之间的间距为 25m（根据工程现场实际情况调整），该设计数据和井的结构主要参考《生活垃圾填埋场填埋气体收集处理及利用工程技术规范》（CJJ 133—2009）和相关好氧工程经验。根据填埋场面积和每口井的作用面积，可得出抽气井和注气井的数量。

每口井的深度在实施过程中通过地勘剖面数据（图）进行确定。

考虑好氧稳定化治理过程中，由于场区不均匀沉降对抽注气井井头的破坏，设计中采用素混凝土对井头进行局部保护。

（4）监测系统

根据垃圾填埋场治理工程的设计要求和实际情况、国家现行相关规范标准和技术要求，在项目的运行过程中，为了有效地调整运行参数，保证治理效果，需定期对垃圾堆体、废气进行监测。

① 垃圾堆体监测项目：垃圾堆体温度、垃圾堆体湿度等。

② 填埋场气体日常监测项目：甲烷（CH_4）、二氧化碳（CO_2）、氧气（O_2）、一氧化碳（CO）等。

中央控制室统一控制、检测、收集、处理各类设备及垃圾堆体的温度、湿度、气体检测数据，通过采集记录相关数据进行归纳分析，供系统运行调控使用。

本系统包括对垃圾堆体的温度、湿度、气体成分等进行在线监测，以优化运行参数，同时对地下水进行监测。

1）温度监测系统

本系统主要由温度传感器（安装在气体监测井内）、温度记录器、远程传输装置等组成。

温度传感器的数据先分别集中于温度记录器，再由温度记录器通过远程传输装置传输。利用温度监测系统，可以在线监测垃圾堆体的温度，通过传输装置，进入中央控制系统。

2）湿度监测系统

本系统主要由湿度传感器、自动电阻计、远程传输装置、气体监测井等组成。

湿度传感器的数据先分别集中于湿度记录器，再由湿度记录器通过远程传输装置传输。利用湿度监测系统，可以在线监测垃圾堆体的湿度，通过传输装置，进入中央控制系统。

3）气体监测系统

本系统主要由气体采样装置、气体分析装置、数据记录及远程传输装置等组成。气体先进入气体采样装置，再由现场垃圾气体监测单元传输至中央控制系统。利用本系统，主要在线监测垃圾堆体内的气体成分，通过传输装置，进入中央控制系统。

原位稳定化监测点（3号监测点）气体浓度变化趋势如图 7-17 所示。

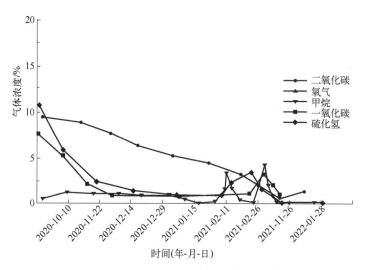

图 7-17　原位稳定化监测点（3号监测点）气体浓度变化趋势

7.3.3　挖采模块

7.3.3.1　概述

存余垃圾填埋场的挖采可根据实际运行情况，按照填埋年限、填埋高度分区域对待处理。已达到 10 年及以上填埋年限的区域，并经过检测已经稳定化的区域，可以直接进入挖采阶段。填埋高度相对较高，处于降解活跃阶段的区域，需要先进行好氧快速稳定化，待堆体稳定后再进入挖采阶段。填埋高度较低（＜2m）被渗滤液浸泡的填埋区域，先进行堆体降水，然后进入挖采阶段。

7.3.3.2　垃圾开挖要求

在开挖施工过程中应随时监测填埋气体并主动导排，以消除填埋气体爆炸隐患。

垃圾开挖依据建筑土壤开挖施工规范进行，并应遵循以下技术措施：

① 垃圾开挖前确保库区内渗滤液液位至少低于作业面 5m。

② 垃圾开挖按 1∶1.25 放坡，随垃圾开挖高度的降低逐步放缓坡度至开挖结束。

③ 开挖过程中做好安全检测和除臭工作，控制臭气逸散。

④ 开挖作业应根据垃圾堆体稳定性，采取相应的加固措施，遵守"开槽支撑、先撑后挖、分层开挖、分段开挖"的原则。

⑤ 开挖前根据实际情况做好支护，整平场地，确定开挖坡度和放置好网格线，然后用铲土机把表层覆盖土剥离清运走，挖掘机开始开挖作业。

⑥ 若开采单元地下水位较高，底部淤泥稀软，不利于开挖机械和运输机械在其上面行走，可以利用履带行走方式的反铲挖土机开采。推土机进行部分开挖工作，能够短距离运送垃圾，并且可推、铺、翻晒垃圾。

⑦ 开挖应做好应急预案，开挖应有序进行，不得乱挖或野蛮开挖，严禁违规违章作业。

⑧ 由于施工现场为多年填埋的垃圾场，在垃圾开挖中可能有大量有毒有害气体散出。因此，应委托相关检测单位对现场气体进行检测，如确实存在危害应采取有效预防措施，施工人员佩戴口罩或防毒面具。

⑨ 施工单位的运输车辆应防止垃圾扬撒、垃圾乱挂等现象；控制垃圾开挖面积，及时做好雨水导排工作，防止雨水下渗造成治理过程的二次污染。

7.3.3.3　开挖方案

堆场垃圾的挖掘是整个工程建设的重点和难点之一。填埋作业开始前，首先应根据现场情况合理选择作业区域，每天挖掘量根据填埋作业区每日允许接收量合理控制。垃圾开挖过程中，首先应根据现场实际情况，在堆体上铺设钢板路基箱，钢板路基箱可很好地平衡作业机械的作业轨迹，防止作业车辆倾覆或陷入垃圾堆中，出现危险事故。垃圾挖掘应做好防雨淋的措施。同时，每日挖掘作业完成后，应采用高密度聚乙烯（HDPE）膜对开挖工作面进行覆盖，并做好挖掘区的雨水导排工作，防止雨水进入垃圾层，导致更多渗滤液的产生。

（1）放坡施工

① 施工放线：以控制点为依据，按方案设计的开挖边线位置放线，并分段引出各坐标拐点，以减少施工累计误差。

② 平整坡面：基坑护壁按设计要求 1∶1.25 比例放坡后，清理基坑边坡松动泥土，用挖掘机或其他工具压平压实；

③ 排水：每隔 4～5m 设一个排水孔口，孔口采用塑料管，塑料管口与泥土交接处采用稻草进行过滤，阻止泥砂从管口流出。

（2）开挖坡道设置

在基坑设置出土坡道。垃圾清理坡道采用双向坡道，宽度根据实际情况进行适量调整，坡度1:6，坡道两侧为1:1.25放坡，坡道表面用渣土碾压密实（图7-18）。

开挖深度大于5m时，采用设外扩坡道的方法进行清理（图7-19）。

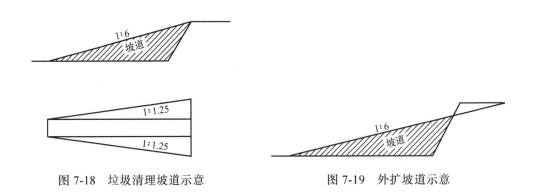

图7-18　垃圾清理坡道示意　　　　图7-19　外扩坡道示意

（3）垃圾运输

垃圾开挖后需采用密闭运输车转运到筛分单元。运输车辆装车时，挖掘机司机要做到稳、准，准确装到位，大团垃圾要先打散再装车，出场前要防止垃圾扬撒、垃圾乱挂现象。挖方现场设专人指挥，挖掘机与运输车依据倒运土距离，合理配置运输车数量。

7.3.4　异位稳定化模块

7.3.4.1　概述

生活垃圾填埋场存在一些被渗滤液浸泡的区域，此区域开采出的垃圾，含水率较高（＞60%），高含水率还使得垃圾中不同组分的相互黏连严重，机械可分选性差，阻碍分选效果，无法直接进入筛分模块，需在挖出后先进行干化稳定化处理，将其含水率降至45%以下，本异位干化稳定化模块，采用一种车库式生物干化稳定化工艺。

7.3.4.2　工艺原理

垃圾生物干化稳定化原理：在通风供氧条件下，垃圾中的微生物利用垃圾自身所含的易降解有机物进行好氧呼吸，满足自身生长繁殖需求的同时还释放出大量能量，这部分能量可以使垃圾堆体内的温度显著升高，一般可达45℃，最高可达80℃以上。同时，微生物活动还能使物料中的束缚水活化，降低其束缚状态，使其更加容易被加热蒸发。物料中的水分在生物能的加热下转化为水蒸气，通过自由扩散和强制对流进入物料空隙，被风机鼓入的干燥空气带出堆体，从而实现连续不断的脱水干化稳定化。垃圾生物干化稳定化主要强调快速去除垃圾中的水分，实现垃圾的脱水干化稳定化和减容减量，生物干化稳定化产物只需达到部分稳定化和无害化。

7.3.4.3 工艺描述

每个车库仓体设置独立的通风、除臭及自控系统。干化稳定化仓底部布置通风管道，通风管道采取不均匀布置方式，靠近风机一侧通风管道上通风孔布置间距较大，远离风机一侧通风管道上通风孔布置间距较小，以保证均匀布气。干化稳定化仓顶部设置气体收集管道，每个仓体内独立设置气体收集风机，保证仓体内呈微负压状态，保证干化稳定化通风过程中产生的气体被有效吸收，防止其外逸扩散对周边环境产生影响，经收集后的气体，经除湿器除湿处理后，一部分回用至刚刚装入新鲜垃圾的车库式干化稳定化仓内，实现含有余热气体的回收利用，使新鲜垃圾堆体温度快速提升，缩短堆体升温时间，进而提高干化稳定化效果；另一部分气体经过通风系统送至集中除臭系统进行除臭处理后排放。

7.3.4.4 运行控制

生物干化稳定化周期为 15~20d，在新鲜垃圾放入车库式干化稳定化仓时，通过通入除湿后的其他已干化稳定化车库内气体补集热空气，可迅速提高刚入仓新鲜垃圾的温度，促使微生物种群迅速建立，加快垃圾生物干化稳定化进程。

（1）垃圾堆体堆放

将收集到的生活垃圾，通过装载机或自动布料机送至车库式干化稳定化仓内堆放，堆放高度为 1.5~2.5m，在堆内不同位置放置三个氧浓度-温度一体探头，完成垃圾堆体堆放；第 2 天收集到的生活垃圾经破碎后进入第 2 个车库式干化稳定化仓中，进行上述同样步骤的处理程序，直到最后一个车库式干化稳定化仓经过上述步骤并封库；其中每个车库式干化稳定化仓中的生活垃圾的处理量为 100~300t。

（2）垃圾生物干化稳定化

将其他已开始生物干化稳定化的车库式干化稳定化仓内收集的热风并配有新鲜空气送至装填新鲜垃圾的车库式干化稳定化仓中，1m³ 垃圾堆体通风流量为 0.05~0.2m³/min，首先进行连续通风，通风时间为 24h，使堆体温度达到 50~55℃后进行间歇通风，氧浓度传感器的测量氧浓度算术平均值 ≤14% 风机开始通风，氧浓度传感器的测量氧浓度算术平均值≥18%停止通风，直至生物干化稳定化完成。

垃圾生物干化稳定化过程中产生的气体经气体收集管道收集后，除湿器进行除湿处理，一部分送回至装填新鲜垃圾的车库式干化稳定化仓，另一部分气体经通风系统送至集中除臭系统进行除臭处理后排放（图7-20）。

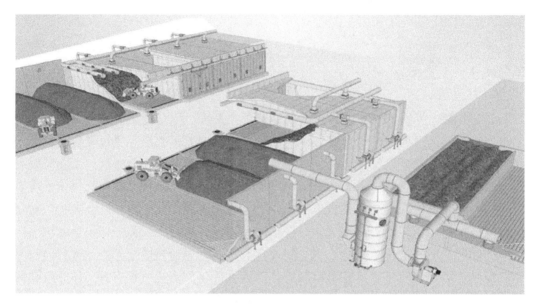

图7-20　异位干化稳定化示意

7.3.5　筛分模块

7.3.5.1　概述

本工艺包含均匀给料系统、预筛分系统、主筛分系统、三合一密度分选系统、轻质物除砂系统、营养土精细筛分系统、塑料打包系统七个子系统，可将陈腐垃圾分选为金属、腐殖土（<12mm）、无机惰性物［细骨料（12~40mm）、粗骨料（40~100mm）］、塑料等轻质物。工艺流程如图7-21所示。

7.3.5.2　工艺描述

（1）均匀给料系统

1）工艺目的

实现对预筛分系统均匀上料。

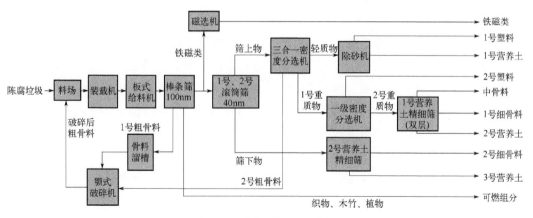

图 7-21　筛分模块工艺流程

2）工艺配置

本方案采用"铲斗车+带倾角的板式给料机+皮带输送机"的组合，在相对较经济的情况下能充分保证最大产能时的供料速度。通过以上组合，可以实现物料的初步打散、摊薄及相对均匀给料，为物料在下一道工序（预筛分系统）中的有效处理提供了良好的支持。

（2）预筛分系统

1）工艺目的

对来料进行进一步打散，同时实现隔粗及把隔出来的大尺寸物料按轻重分离开，既可防止粗骨料进入后续工序而增大设备损耗，又能过滤出大尺寸的编织物、纤维物、橡胶制品、木制品、塑料包装袋等轻质物，避免其影响后续工序的处理效率及处理质量。

2）工艺配置

主要设备有三合一棒条式预筛分机、筛下物皮带机、筛上大尺寸轻质物皮带机、筛前骨料溜槽。可根据来料的实际成分、含水率的不同以及来料的聚团情况、轻质物的平均长度大小等因素来选择相适应的预筛分机及相应的运作参数，例如一段棒条式预筛分机、阶梯棒条式预筛分机，还有相应的筛缝尺寸、振幅、频率、安装倾角等参数。实际运作参数需现场试运转后确定。

（3）主筛分系统

1）工艺目的

对预筛分系统的筛下物进行进一步筛分。

2）工艺配置

主要设备有皮带机、磁选机、分料器、滚筒筛分机、筛下物皮带机、筛上物皮带机。

（4）营养土精细筛分系统

1）工艺目的

对主筛分系统的筛上物的重物质和筛下物进行精细筛分。

2）工艺配置

主要设备有双层营养土精细筛、单层营养土精细筛、筛下皮带机、筛上皮带机、密度分选机、细骨料皮带机、中骨料皮带机、营养土皮带机。可根据来料组分、含水率、黏性的不同，以及对处理量、筛下物筛分质量的不同需求来选择合适的精细筛型号或调整合适的运作参数（如电机转速、分级粒度、筛面长度等）。

（5）三合一密度分选系统

1）工艺目的

对主筛分系统的筛上物进行进一步分选处理，分选出塑料等轻质物和重质物。

2）工艺配置

主要设备有皮带机、三合一密度分选机、一级密度分选机。特点是对轻重物质都进行了三级风力密度分选，并对轻质物增加一道弹跳分选，使轻质物中的骨料含量更低。而且可根据来料的情况及分选效果调整合理的参数，如风机转速、出风口大小、出风口位置、皮带机位置、皮带机转速、皮带机倾角等，使其达到较好的分选效果。

（6）轻质物除泥砂精选系统

1）工艺目的

对密度分选系统分选出的轻质物进行除泥砂精选处理。

2）工艺配置

主要设备由轻质物除泥砂精选机及其筛下皮带机构成。精选机可多台串联使用，以进一步降低精选出的轻质物中夹带泥砂的含量。可根据来料组分、含水率的不同，以及对处理量、轻质物除泥砂质量、筛下物碎塑料粒径的不同需求来选择合适的精选机型号、需串联的精选机数量、合适的运作参数（如电机转速、筛孔尺寸等）。

（7）塑料打包系统

1）工艺目的

将密度分选系统分选出的塑料打包，便于运输。

2）工艺配置

主要设备有卧式全自动液压打包机、上料链板。

7.3.6　资源化模块

7.3.6.1　概述

本方案中针对存量垃圾堆体进行筛分的目的是通过机械筛分，将存量垃圾按照物理组成分为金属、腐殖土（<12mm）、细骨料（12~40mm）、粗骨料（40~100mm）、塑料等轻质物五类，进行不同渠道的资源化利用。各组分去向如下所述。

① 塑料轻质物　该部分将全量作为塑料产品原料进行资源化利用。

② 细骨料/粗骨料　经过剥离污染并进一步加工成建设所需的各种建筑材料，包括道路建设所使用的各种不同粒径的骨料。

③ 腐殖营养土　该部分剥离污染并加工成可以改良土壤和园林绿化所需培养土，用于土壤改良。

④ 废旧金属　该部分经剥离污染之后将全部放入城市矿产交易平台或交由有资质的企业深加工回收利用。

7.3.6.2　塑料资源化工艺

（1）轻质物清洗

生活垃圾中软质塑料薄膜通常分为地膜和包装袋等，油性污染物附着量很小，多是使用或运输过程中黏附的泥土和小颗粒砂石等，这类附着物烘干后附着力低，容易脱落，可在烘干之后，使用固体介质清洁装置使其脱落。由于软质塑料薄膜一般绝缘性好，导电性差，表面易带电荷，而污垢粒子如果带有与之相反的电荷，彼此间可借静电吸引而吸附。软质塑料薄膜质地较软较薄，易卷曲发生形变包裹污垢颗粒，采用高速空气作为介质，打散卷曲抱团的塑料薄膜，同时带走污垢颗粒。软质废塑料无水清洗工艺流程见图 7-22。

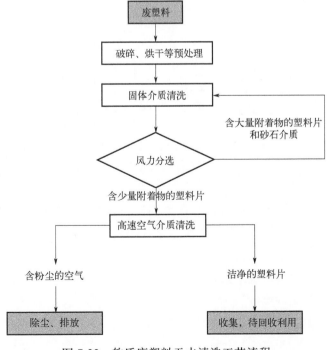

图 7-22　软质废塑料无水清洗工艺流程

破碎后的干燥软质塑料投入固体介质清洗装置中,在卧式搅拌器中大部分污垢脱落。经过风力分选后,只含少量污垢或浮尘的塑料废片进入空气介质清洗装置,进行下一步清洗,去除残留污垢和表面的浮尘;而作为固体清洗介质的砂石和含有较多污垢的塑料片返回到固体清洗装置中继续清洗。清洗过程中砂石受到的污染主要是原塑料表面污染物的附着,经过风选之后砂石与大部分附着物分离,砂石可以循环利用。砂石消耗主要是摩擦损耗,而通过摩擦砂石而产生的碎屑粉末,作为残渣进行填埋处理。由于试验期间砂石损耗很少,所以没有重新更换砂石。

进入风力清洗装置的塑料片因风力作用在清洗主罐中穿过多层大孔隔网往返运动,塑料片与大孔隔网之间、塑料片与高速空气之间、塑料片与塑料片之间发生碰撞、摩擦使附着物和表面浮尘脱离塑料表面,并被高速空气带出清洗主罐进入除尘装置。

软质废塑料的无水清洗装置如图 7-23 所示,按操作顺序依次由固体介质清洗装置、分选装置、高速空气清洗装置和除尘装置四部分构成,其中固体介质清洗装置和高速空气清洗装置是主要清洗部件。

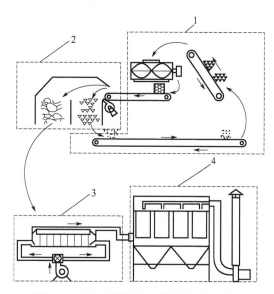

图 7-23 软质废塑料无水清洗装置示意

1—固体介质清洗装置;2—分选装置;3—高速空气清洗装置;4—除尘装置

固体介质清洗装置以卧式搅拌器为清洗主体,通过砂石与塑料片之间的相互作用达到清洗目的。分选装置将固体介质与塑料片分离,并将塑料片送入高速空气清洗装置中。高速空气清洗装置包括清洗主罐和动力控制系统,借助高速空气去除塑料片表面浮尘。除尘装置作用是净化风力清洗主罐所排放的气体。

（2）轻质物资源化系统

筛分所得轻质薄膜类塑料粉料与硬质类塑料粉料,可根据其具体成分针对性添加投标单位研发的司木组合配方,与分出的织物纤维、橡胶等一起通过射出机或者挤出机制作成为司木产品。整个治理过程中不焚烧，不用水，采用干洗技术，有效控制了废水与废气排放，环境友好。司木产品是新型复合材料，其外观高度类似实木，性能超过实木。广泛用于物流行业作为栈板，建筑行业作为模板，以及用于工业地板等。

　　分选出来后存放在不同料仓的轻质薄膜类塑料或重质类塑料，需要经过制料工艺制成粉料之后才能进入资源化系统，作为原料制造成为司木产品（图 7-24）。

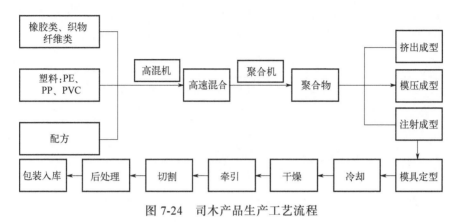

图 7-24　司木产品生产工艺流程

7.3.6.3　腐殖土资源化工艺

　　腐殖土湿法清洁工艺流程如图 7-25 所示。

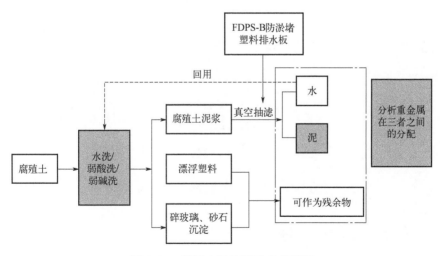

图 7-25　腐殖土湿法清洁工艺流程

7.3.6.4　无机惰性物资源化

　　公路工程主要是由持力土层、水泥砂石稳定层、沥青面层组成，水泥砂石稳定层是路基基础中最为关键的部分，其承载力和各项指标要求决定了道路基础的质量。建筑垃圾中绝大部分成分为烧结砖、水泥混凝土块、瓦砾、碎石块、砂浆砌体、瓷砖、粉饰物等无机物质，无机物质如果不经过特殊工艺处理，其物理性质、化学性质及力学性质基本不变，只需经过简单的物理加工和化学处理均可成为再生材料使用，从而减少开山炸石、挖取原状土等破坏环境的粗放式开采资源而达到保护资源环境又节约经济的目的。2010 年出台的国家标准《混凝土和砂浆用再生细骨料》（GB/T 25176—2010）和《混凝土用再生粗骨料》（GB/T 25177—2010）明确了其在建筑混凝土和砂浆领域内的应用（图 7-26）。

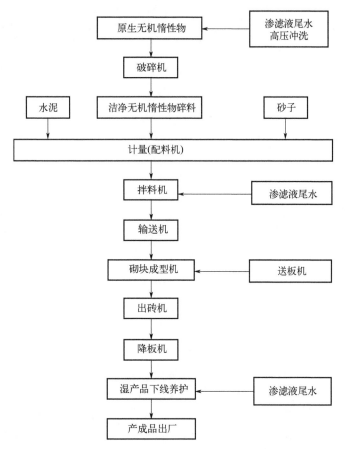

图 7-26　无机惰性物资源化工艺流程

7.3.7　无害化处置模块

7.3.7.1　概述

需要进行无害化处置的为各阶段产生的残余物，本项目残余物来源主要有 2 项：

①　存量垃圾资源化利用过程中不可被资源化利用的残渣，存量垃圾堆体中含
2.5%～3.0%无法被资源化利用的物质；

②　污水处理产生的污泥和浓缩液采用浸没式燃烧处理产生的残渣。

残渣的无害化处置主要有 2 种方式：

①　进入安全填埋场；

②　利用水泥窑协同进行处置。

7.3.7.2　安全填埋场

存余垃圾资源化过程中产生的残余物不属于危险废物，安全填埋场建设标准可参照
《生活垃圾卫生填埋处理技术规范》（GB 50869—2013）的相关内容进行。

7.3.7.3　水泥窑协同高温处置

新型干法水泥窑协同焚烧就是利用回转设备在焚烧处理废弃物的同时产生熟料，属
于符合可持续发展战略的新型环保技术。

7.3.8　臭气控制技术模块

7.3.8.1　臭气现场控制技术模块

由于存余垃圾填埋场开挖量大，作业面广且分散，这样就造成了作业面裸露的垃圾
与空气接触面大，易散发臭气。在开挖过程中，需合理规划开挖工序，一方面可将裸露
作业面控制在最小范围，减少臭气产生量，另一方面可提高开挖效率。作业面在必要情
况下应喷洒除臭剂。非开挖区域利用 HDPE 膜或压实黏土进行暂时覆盖。开挖后垃圾在
场内转运过程中，避免遗撒，避免产生新的污染源。

开挖作业面配备风炮，用以喷水或除臭剂降尘和除臭，每个开挖作业面至少配置 1
台移动式喷雾风炮，喷射距离不小于 30m。

除臭喷洒装置如图 7-27 所示。

7.3.8.2　臭气集中处置技术模式

在筛分、暂存、资源化工艺中，对关键的设备进行有效的密闭，减少臭源，厂房采

用全密闭设计，同时对产生恶臭气体的房间或者构筑物做好密封同时进行抽气，使其呈负压状态，将臭气收集后统一处理，防止臭气外逸；产生臭气的机器和传送装置加装密封罩，同时在密封罩上加装抽气管道，使得密封罩内保持负压，防止存余垃圾在筛分、转运、暂存、资源化的过程中将粉尘及臭味散发到车间内。工艺厂房收集的臭气和快速好氧稳定化抽出的气体采用集中处理的方式，处理工艺可选用常见的化学、生物或组合除臭工艺（图7-28）。

图7-27　除臭喷洒装置

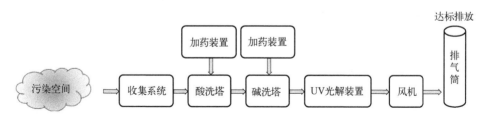

图7-28　组合除臭系统工艺流程

7.3.9　污水处理技术模块

污水处理模块主要处理各个工艺流程产生的污水，由挖采及其他生产过程中产生的垃圾渗滤液组成，采用"中温厌氧反应器（UBF）+强化膜生物反应器系统（两级 A/O+UF）+纳滤+反渗透"工艺进行处理。产生的清水排放或回用；产生的膜浓缩液采用浸没燃烧蒸发（SCE）处理工艺进行处理，该工艺处理后整个系统仅产生少部分残渣。残渣经过固液分离系统进行脱水处理后进行封装，作为残余物最终可送至安全填埋场封存或由水泥窑高温摧毁。彻底阻断了渗滤液中的盐分等污染物回至垃圾渗滤液处理系统继续积累，保证了渗滤液及浓缩液处理系统的稳定运行（图7-29）。

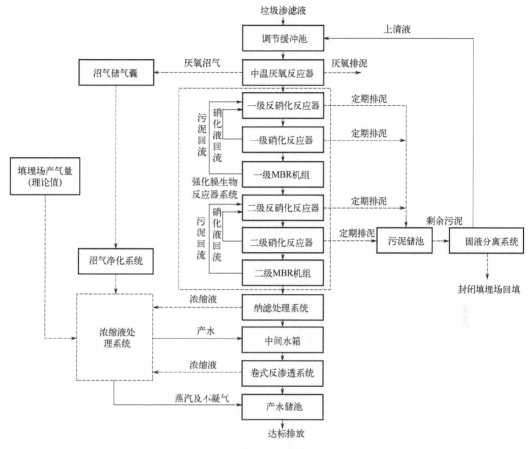

图 7-29　渗滤液处理工艺流程

渗滤液处理过程膜处理段会产生大量浓缩液体，膜浓缩液作为蒸发系统的原液由提升泵泵入原液桶内，根据液位调节控制进料泵向浸没燃烧蒸发器进料，可利用厌氧沼气（经净化处理后）及填埋气等作为能源，对废水进行蒸发、浓缩处理；蒸发过程产生的饱和蒸残液再进入固液分离系统，产生的蒸汽进入冷凝系统后形成冷凝水排入产水储池内，与卷式反渗透系统产水一起达标排放，不凝气达标排放。整个系统最终仅产生少量的残渣，残渣量根据水质情况略有波动。

7.3.10　场地修复技术模块

存余垃圾填埋场挖采后的场地修复治理一般采用异位挖掘换填+原位生物通风技术，将现有土壤表层污染严重的土壤挖掘后，与垃圾的筛下腐殖土一起处理后作为园林绿化土外运，深层污染较浅的土壤采用生物通风技术，通过在现场布置气井，并在注气过程中添加微生物菌剂，强化被渗滤液污染的土壤内有机质的降解，降低土壤有机质含量并调节土壤 pH 值，达到土壤修复的目的（图 7-30）。

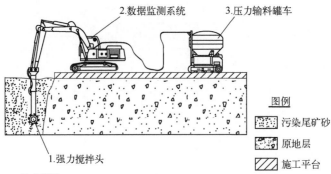

技术说明：
1.强力搅拌头，原位搅拌混合各类药剂和原位污染介质，2个由液压马达驱动带搅拌混合刀板的滚轴，适配于35~40t的挖掘机；
2.数据监测系统记录输料罐车的输料过程和GPS定位，采用DAC系统控制和记录，控制固化稳定化药剂的加料速度、加料量、通气时间；
3.压力输料罐车采用拖车实施公共道路运输给料，自带发动机，履带底盘；
4.将配比好的药剂装入输料罐车，水泥添加量为尾矿砂的2%，稳定化药剂为水泥添加量的0.1%，水灰比为0.6~1。

图 7-30　场地修复技术现场图

7.3.11　示范工程后评估评价指标体系

分析并确定可回收物资源化技术的主要评价指标及其权重，划分多指标综合评价的等级数量界限，利用层次分析法对示范工程运行管理、经济效益、环境效益进行分析，建立合理的示范工程后评估评价指标体系，见表 7-11。

表 7-11　示范工程后评估评价指标体系

评价分项及得分	评价子项	子项权重	子项评价内容	最高扣分/分	子项实际扣分	子项满分值/分	子项实际得分
运行管理得分	好氧稳定化工程	0.125	好氧稳定化工艺完整，堆体已稳定	0		100	
			好氧稳定化工艺完整，堆体未稳定	1~60			
			好氧稳定化工艺不完整	61~100			
	垃圾开挖工程	0.125	开挖过程中考虑雨污分流及臭气控制，分区分单元进行开挖	0		100	

续表

评价分项及得分	评价子项	子项权重	子项评价内容	最高扣分/分	子项实际扣分	子项满分值/分	子项实际得分
运行管理得分	垃圾开挖工程	0.125	开挖过程中考虑雨污分流及臭气控制，未分区分单元进行开挖	1～60		100	
			开挖过程中未考虑雨污分流及臭气控制且未分区分单元进行开挖	61～100			
	垃圾筛分工程	0.125	筛分物分类清晰，筛分物去向明确	0		100	
			筛分物分类清晰，筛分物去向不明	1～60			
			无筛分工程	61～100			
经济效益得分	吨收入	0.15	≥200 元	0		100	
			50～199 元	1～60			
			0～49 元	61～100			
	吨投资	0.15	<50 元	0		100	
			51～199 元	1～60			
			≥200 元	61～100			
	资源化利用率	0.175	≥95%	0		100	
			70%～94%	1～60			
			0%～69%	61～100			
环境效益得分	废气污染防护	0.05	有废气防护措施，工程运行中废气全量处理且排放达到当地环境保护质量标准	0		100	
			有废气防护措施，工程运行中废气排放未全量处理且未达到当地环境保护质量标准	1～60			
			无废气防护措施	61～100			
	废水污染防护	0.05	有废水防护措施，工程运行中废水全量处理且排放达到当地环境保护质量标准	0		100	
			有废水防护措施，工程运行中废水未全量处理且排放未达到当地环境保护质量标准	1～60		100	
			无废水防护措施	61～100			
	土壤污染防护	0.05	有土壤污染防护措施，工程运行中污染物全量处理，土壤质量达到当地环境保护质量标准	0		100	

评价分项及得分	评价子项	子项权重	子项评价内容	最高扣分/分	子项实际扣分	子项满分值/分	子项实际得分
环境效益得分	土壤污染防护	0.05	有土壤污染防护措施，工程运行中污染物未全量处理，土壤质量未达到当地环境保护质量标准	1~60		100	
			无土壤污染防护措施	61~100			

7.4 具有短周期适应性的商业化推广创新模式

7.4.1 商业化模式必要性分析

我国城市生活垃圾在管理方面采取的是政府包干式的环卫管理模式。这种模式完全由政府负责，不存在与其他主体的合作，不论是投资建设，还是管理监督，所有的工作都由政府负责完成。一方面，政府要负担城市生活垃圾处理的投资，划拨财政资金，作为唯一的投资主体面临着巨大的财政压力；另一方面，这种模式阻碍了社会资本的进入，不利于竞争局面的开展，没有竞争就没有高效率。此外，在我国的政府环保治理模式中，管理部门众多，并且权责界定不清晰，各个部门之间的职责划分比较模糊，存在职能重叠，由此引发的后果就是当问题发生时，部门之间可能会相互推诿不愿主动承担责任，这严重阻碍我国城市生活垃圾处理工作的顺利开展。

循环经济理论要求城市生活垃圾处理的技术水平要极大提高，只有市场化后，引入竞争机制，充分利用私营企业的创新技术才能真正实现垃圾处理的循环结构。而 PPP（public-private-partnership）模式作为一种政府和私人合作的模式，可以在政府的协调、管理、支持和监督的背景下，全面发挥私营部门的效率和创新力，为实现循环经济提供技术进步的动力。

7.4.2 商业化模式的设计

我国公用事业改革中 PPP 模式形式多样，包括委托运营、BOT（建设-经营-转让）和 TOT（移交-经营-移交）等。但本质上都体现了一种多赢的公私合作方式和理念。无论何种 PPP 模式，政府方都处在核心的主导地位。政府方需要为项目提供各种支持条件，并监督项目的建设和运营，甚至参与项目的投资，而投资人则是项目实际的融资、建设和运营主体。合作则意味着与完全私有化不同，政府方和投资人双方在项目运作中都起着重要的、积极的作用。政府方通过采用多样的 PPP 模式引入社会资本，实现了投资主体的多元化，合理分担了项目不同环节的风险，提高了项目的效率。

7.4.3　RSL 短周期适应性的商业化推广创新模式

7.4.3.1　RSL 模式基本构成

RSL 模式，即资源开采-场地治理-土地利用（resource exploitation-site management-land utilization）。政府方通过特许权协议授予社会投资人进行公用设施项目资源开采、场地治理和土地使用的权利。特许期内，社会投资人拥有项目和土地的所有权，通过资源开采和土地利用收回投资和运营成本，并获取合理的收益。具体运作方式如图 7-31 所示。

在政府授权下，城市管理行政执法局等政府机构作为本项目的实施机构，通过法定程序选择境内外有经验、有实力的社会资本。如果政府在项目公司中参股，则政府指定相关投资公司与中选社会资本签署《合资经营合同》，成立合资公司。实施机构与项目公司签署《RSL 项目合同》，项目公司自行承担责任、风险和费用，负责设计、建设、运行、维护、投资、融资等，提供存余垃圾原位削减、无害化与资源化服务。项目总投资来源于资本资金和融资资金。其中，融资资金由项目公司通过商业银行、出口信贷机构、多边金融机构（如世界银行、亚洲开发银行等）以及非银行金融机构（如信托公司）等进行融资，以完成本项目存余垃圾处理的设计、建设、运行、维护和投资。合作期内，项目公司根据《PPP 项目合同》的规定提供垃圾处理服务，并向政府收取存余垃圾处理服务费用，同时销售存余垃圾资源化产品，以回收投资，并获取合理回报。存余垃圾资源开采后对场地进行土壤修复，达到相关场地利用要求后再开发利用土地资源；如果土地性质发生变化，则需要变更垃圾填埋场的用地性质。

7.4.3.2　RSL 商业化运行模式

我国地级以上城市有 600 多个，由于城市人口规模、财政收入、经济发展水平等各不相同，很难有一种模式适合所有的城市。地方政府在运作具体垃圾处理项目时，除了根据项目特点和政府的主要意图确定具体运作模式外，还应该根据城市的特点，因地制宜地采取不同的模式和保障措施，解决垃圾处理的瓶颈或关键难题。同时，应提前做好相应的准备工作，以优化项目招商条件，减少政府财政负担和违约风险。

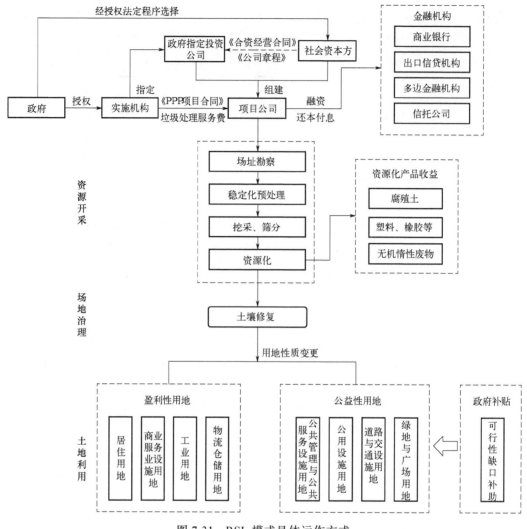

图 7-31 RSL 模式具体运作方式

（1）一线城市

以北京、上海和深圳等为代表的一线城市经济发达、财政实力雄厚，当地政府有足够的资金建设城市垃圾处理设施。由于这类城市都为全国或者区域的中心城市，而且产业和人口聚集程度高，因此对垃圾处理设施的水平、安全、运营要求极高，容不得有半点马虎。

对于这类城市，可采取委托运营的模式引入高水平的运营服务提供商，以提升垃圾处理设施的运营和管理水平，如北京在建的南宫垃圾处理厂项目拟采用委托运营模式。

采取委托运营的模式时，政府方招商重点是选择信誉好、有较丰富运营经验的运营商，并且及时制订垃圾处理设施的监管和考核办法，同时注重借助运营商的管理经验，培训和储备政府方关于垃圾处理设施运营管理的人员，为运营管理其他或新增同类设施做好人员储备。

（2）二线城市

以大连等为代表的二线城市正在经历快速城市化的进程，人口和产业迅速增长。城市建设资金主要投入在公路等基础设施建设和商业等领域，对于垃圾处理这类不能直接产生经济效益的产业则相对投入较少，这使得城市生活垃圾处理设施建设滞后，与城市快速发展的步调不协调。但另一方面，这类城市未来有广阔的发展空间、巨大的发展潜力，经济实力与日俱增，地方财政未来有较强的支付能力。对于这类城市，可通过融资引入社会投资人，融资、建设和运营垃圾处理设施，解决垃圾处理设施建设资金缺乏的瓶颈。

（3）中小城市

其余中小城市作为第三类城市。这类城市多数经济欠发达，地方财力有限，加之对垃圾处理设施建设重视不够，投入少，垃圾处理厂的数量和规模都相应较小，处理工艺相对落后，垃圾处理能力和水平有限。困扰中小城市的另一个难题是，由于行政体制的限制，垃圾处理实行分散治理，各自为政，各地如果单独建设垃圾处理设施，单个项目"体量"过小，需要分担的固定费用太高，很难实现规模效益，同时项目初始阶段的投资对于各县（市）并不富裕的财政是一笔不小的负担。

因此中小城市在垃圾处理方面应该打破行政体制限制，采取"多线一中心"城市联盟的商业模式。在城市所辖范围内"捆绑招商、分步建设"生活垃圾处理设施。由项目所在城市的市级建设局作为项目牵头负责人，与项目公司签署特许经营协议。整合城市下属各县（区）的垃圾资源和财政实力，各区域存余垃圾原位削减和挖采后，统一运送到中心区域进行集中筛分、洁净和资源化处理，并制作相关销售产品。

需要注意的是，如果采取"城市联盟"的形式，整个项目需要有强有力的组织协调人，该协调人通常应由市领导作为负责人的领导小组担任，以快速推动各联盟成员共同按照计划实施。同时，对于提供垃圾处理服务的企业来说，城市联盟就是一个整体，由牵头人负责与企业进行日常的合作与监管，但在城市联盟内部的每个成员均对城市联盟及其他联盟成员的行为承担连带责任。所以在城市联盟内部责任划分中，尤其是在联盟内部成员之间如何分担保底垃圾处理量、运输费用及服务费支付等方面的分工，应当切实可行，以减少未来联盟成员内部相互推诿扯皮事件，规避政府方违约风险。

7.4.3.3　RSL 商业化运作流程

RSL 项目运作流程主要包括项目前期准备、项目招投标、项目执行和项目移交四个部分，如图 7-32 所示。

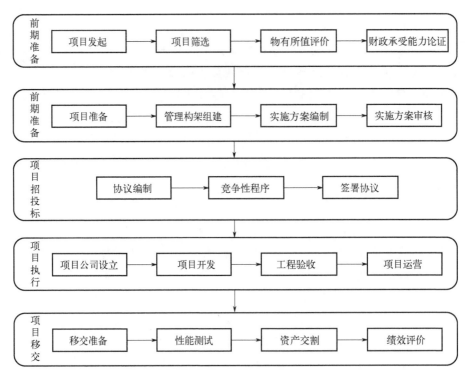

图 7-32　RSL 项目运作流程

7.4.4　物有所值评价

物有所值评价包括定性评价和定量评价。鉴于物有所值评价是政府进行 PPP 决策的有力工具，谨慎和全面地准备物有所值评价很重要。为了保持其有效性，物有所值评价启动后就应首先制定详细的产出说明，明确产出和服务交付的规格要求，并定义一个由政府采用传统采购模式实施符合产出说明规格要求的参照项目，然后进行物有所值定性评价和定量评价。

拟采用 RSL 模式实施的项目，应在项目识别或准备阶段开展物有所值评价。鼓励在项目全生命周期内开展物有所值定量评价并将其作为全生命周期风险分配、成本测算和数据收集的重要手段，以及项目决策和绩效评价的参考依据（图 7-33）。

7.4.4.1　定性评价

定性评价一般通过专家咨询方式进行，侧重于考察项目的潜在发展能力、可能实现的期望值以及项目的可完成能力。根据定性评价的结果判断是否需要进行定量评价，如果定性评价的结果显示项目不适合采用RSL模式，则可以直接进行传统采购模式的决策，而不需要转入定量分析（表 7-12）。

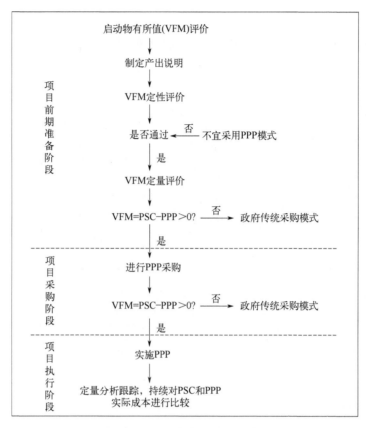

图 7-33　项目物有所值评价流程

表 7-12　物有所值定性评价

指标类型	指标名称	考核内容	权重/%	评分		
				专家 1	专家 2	……
评价基本指标	1.全生命周期整合程度	主要考核在项目全生命周期内，项目设计、投融资、建造、运营和维护等环节能否实现长期、充分整合	13			
	2.风险识别与分配	主要考核在项目全生命周期内，各风险因素是否得到充分识别并在政府和社会资本之间进行合理分配	13			
	3.绩效导向与鼓励创新	主要考核是否建立以基础设施及公共服务供给数量、质量和效率为导向的绩效标准和监管机制，是否落实节能环保、支持本国产业等政府采购政策，能否鼓励社会资本创新	14			
	4.潜在竞争程度	主要考核项目内容对社会资本参与竞争的吸引力	14			
	5.政府机构能力	主要考核政府转变职能、优化服务、依法履约、行政监管和项目执行管理等能力	12			

续表

指标类型	指标名称	考核内容	权重/%	评分		
				专家1	专家2	……
评价基本指标	6.可融资性	主要考核项目的市场融资能力	14			
		基本指标小计	80			
评价补充指标	7.项目规模大小	主要考核项目规模大小情况	3			
	8.预期使用寿命长短	主要考核项目预期使用寿命的长短	3			
	9.主要固定资产种类	主要考核项目实施过程中新建或改扩建形成的固定资产种类	4			
	10.运营收入增长潜力	主要考核项目运营阶段是否具备收入增长潜力	4			
	11.行业示范性	主要考核项目的实施对其所在行业领域是否具备示范引领作用	4			
	12.全生命周期成本测算准确性	主要考核项目全生命周期成本能否较准确地测算	2			
		补充指标小计	20			
		合计	100			
备注		每项指标评分分为五个等级，即有利、较有利、一般、较不利、不利，对应分值分别为81~100分、61~80分、41~60分、21~40分、0~20分				

7.4.4.2 定量评价

在假定采用 RSL 模式与政府传统投资方式产出绩效相同的前提下，通过对 RSL 项目全生命周期内政府方净成本的现值（RSL）与公共部门比较值（PSC）进行比较，判断 RSL 模式能否降低项目全生命周期成本，这里的 RSL 值只包含了政府部门的成本。根据我国实际国情，以下定量计算方法根据我国《PPP 物有所值评价指引（试行）》（财金 [2015]167 号）的相关规定进行。其中，计算公式为 VFM=PSC-RSL；计算要素包含公共部门比较值（PSC）、政府方净成本的现值（RSL）。

PSC 是指在项目全生命周期内，政府采用传统采购模式提供与 RSL 项目产出说明相同的公共产品和服务的全部成本的现值。计算公式为：

PSC=建设和运营维护净成本+竞争性中立调整值+项目全部风险成本

参照项目可根据具体情况确定为：

① 假设政府采用现实可行的、最有效的传统投资方式实施的与 RSL 项目产出相同的虚拟项目；

② 最近 5 年内相同或相似地区采用政府传统投资方式实施的与 RSL 项目产出相同或非常相似的项目。

PSC 的计算流程如图 7-34 所示。

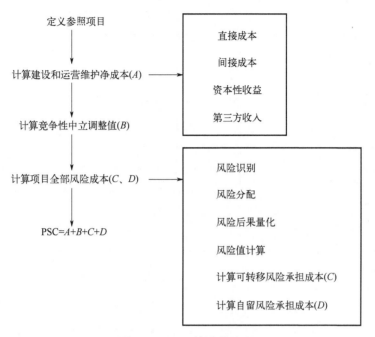

图 7-34　PSC 的计算流程

其中，

建设和运营维护净成本=项目建设成本-资本性收益+运营维护成本-项目收入

运营维护成本=运营管理成本+借款利息

运营管理成本=人员工资+福利费+修理费+其他费用（如管理费）

项目收入是假设参照项目与 RSL 项目付费机制相同情况下能够获得的使用者付费收入。

建设净成本主要包括参照项目设计、建造、升级、改造、大修等方面投入的现金以及固定资产、土地使用权等实物和无形资产的价值，并扣除参照项目全生命周期内产生的转让、租赁或处置资产所获得的收益。

运营维护净成本主要包括参照项目全生命周期内运营维护所需的原材料、设备、人工等成本，以及管理费用、销售费用和运营期财务费用等，并扣除假设参照项目与 RSL 项目付费机制相同情况下能够获得的使用者付费收入等（表 7-13）。

表 7-13　物有所值定性分析

序号	项目	合计	2018 年	2019 年	……	2040 年	2041 年
1	项目建设成本						
1.1	建设成本						

续表

序号	项目	合计	2018 年	2019 年	……	2040 年	2041 年
1.2	其他						
2	资本性收益						
3	运营维护成本						
3.1	运营管理成本						
3.2	借款利息						
4	项目收入						
4.1	资源化产品收入						
4.2	其他收入						
5	建设和运营维护净成本						
6	建设和运营维护成本净现值						

　　根据物有所值评价的要求，如果公共部门比较值（PSC）大于全生命周期政府支出净成本现值（RSL），则意味着政府传统采购模式成本更高，选择 RSL 模式是更为经济的；差值越大，越应该采用 RSL 模式。具体而言，当物有所值评价量值和指数为正值时，说明项目适宜采用 RSL 模式，可继续进行财政承受能力论证，否则不适宜采用 RSL 模式。

参 考 文 献

[1] Chen Y C. Effects of urbanization on municipal solid waste composition [J]. Waste Management, 2018, 79: 828-836.

[2] Lou Z Y, Chai X L, Niu D J, et al. Size-fractionation and characterization of landfill leachate and the improvement of Cu^{2+} adsorption capacity in soil and aged refuse [J]. Waste Management, 2009, 29 (1): 143-152.

[3] 赵春风，宋小毛，吴多贵，等. 非正规垃圾填埋场环境风险评估——以海南省某垃圾填埋场为例 [J]. 环境与发展，2021，33 (1): 65-71.

[4] Kazuva E, Zhang J Q, Tong Z J, et al. The DPSIR model for environmental risk assessment of municipal solid waste in dar es Salaam City, Tanzania [J]. International Journal of Environmental Research and Public Health, 2018, 15 (8): 15081692.

[5] Butt T E, Oduyemi K O K. A holistic approach to Concentration Assessment of hazards in the risk assessment of landfill leachate [J]. Environment International, 2003, 28 (7): 597-608.

[6] Mishra H, Karmakar S, Kumar R, et al. A framework for assessing uncertainty associated with human health risks from MSW landfill leachate contamination [J]. Risk Analysis, 2017, 37 (7): 1237-1255.

[7] 寇文杰，陈忠荣，林健. 不同垃圾场场地类型地下水污染风险评价 [J]. 人民黄河，2013，35 (1): 42-44.

[8] 赵小健. 基于 Hakanson 潜在生态风险指数的某垃圾填埋场土壤重金属污染评价 [J]. 环境监控与预警，2013，5 (4): 43-44，49.

[9] 徐亚，赵阳，能昌信，等. 非正规填埋场渗漏的层次化环境风险评价模型及案例研究 [J]. 环境科学学报，2015，35 (3): 918-926.

[10] 吕培辰，李舒，马宗伟，等. 中国环境风险评价体系的完善：来自美国的经验和启示 [J]. 环境监控与预警，2018，10 (2): 1-5.

[11] Power M, Mrcarty L S. Trends in the development of ecological risk assessment and management frameworks [J]. Human and Ecological Risk Assessment, 2002, 8 (1): 8-18

[12] 王兵，刘国彬，张光辉，等. 基于 DPSIR 概念模型的黄土丘陵区退耕还林（草）生态环境效应评估 [J]. 水利学报，2013 (2): 143-153.

[13] 李玉照，刘永，颜小品. 基于 DPSIR 模型的流域生态安全评价指标体系研究 [J]. 北京大学学报（自然科学版），2012，48 (6): 971-981.

[14] 周婷，蒙吉军. 区域生态风险评价方法研究进展 [J]. 生态学杂志，2009，28 (4): 762-767.

[15] 张杰. 龙溪河水生态建设评价及水环境容量研究 [D]. 重庆：重庆交通大学，2018

[16] 张含笑. 基于 DPSIR-综合指数法的抽水蓄能电站生态环境影响评价及风险评价研究 [D]. 合肥：合肥工业大学，2020.

[17] 刘童. 基于 DPSIR-RBF 模型的周至县土地生态安全评价及预测研究 [D]. 西安：长安大学，2020.

[18] 徐慧. 青藏高原生活垃圾填埋场环境风险评价体系研究 [D]. 成都：成都理工大学，2020.

[19] 石丹，关婧文，刘吉平. 基于 DPSIR-EES 模型的旅游型城镇生态安全评价研究 [J]. 生态学报，2021，41（11）：4330-4341.

[20] 张志红，孙保卫，纪华，等. 北京地区简易垃圾填埋场特性 [J]. 北京工业大学学报，2013，39（7）：1116-1120.

[21] 陆文，李北涛，郭治远，等. 基于主成分分析的生活垃圾组分模型研究 [J]. 环境工程，2013，31（6）：100-103.

[22] 武剑锋，叶陈刚. 环境管理体系认证的有效性研究——来自中国上市公司的经验证据 [J]. 财会通讯，2019（25）：17-21.

[23] 高思如，曾文钊，吴青柏，等. 1990～2014 年西藏季节冻土最大冻结深度的时空变化 [J]. 冰川冻土，2018，40（2）：223-230.

[24] 魏潇潇，王小铭，李蕾，等. 1979～2016 年中国城市生活垃圾产生和处理时空特征 [J]. 中国环境科学，2018，38（10）：3833-3843.

[25] Lou Z Y, Zhao Y C, Yuan T, et al. Natural attenuation and characterization of contaminants composition in landfill leachate under different disposing ages [J]. Science of the Total Environment, 2009, 407（10）: 3385-3391.

[26] 詹良通，刘伟，陈云敏，等. 某简易垃圾填埋场渗滤液在场底天然土层迁移模拟与长期预测 [J]. 环境科学学报，2011（8）：148-157.

[27] Palmer N E, Freudenthal J H, Wandruszka R V. Reduction of arsenates by humic materials [J]. Environmental Chemistry, 2006, 3（2）: 131-136.

[28] Wolf M, Kappler A, Jiang J, et al. Effects of humic substances and quinones at low concentrations on ferrihydrite reduction by geobacter metallireducens [J]. Environmental Science and Technoogy, 2009, 43（15）: 5679-5685.

[29] Fimmen R L, Cory R M, Chin Y P, et al. Probing the oxidation-reduction properties of terrestrially and microbially derived dissolved organic matter [J]. Geochimica et Cosmochimica Acta, 2007, 71（12）: 3003-3015.

[30] Yuan T, Yuan Y, Zhou S G, et al. A rapid and simple electrochemical method for evaluating the electron transfer capacities of dissolved organic matter [J]. Journal of Soils and Sediments, 2011, 11（3）: 467-473.

[31] Zhu Z, Tao L, Li F. Effects of dissolved organic matter on adsorbed Fe（Ⅱ）reactivity for the reduction of 2-nitrophenol in TiO2 suspensions [J]. Chemosphere, 2011, 93（1）: 29-34.

[32] Michael A, Cornelia G, Rene P S, et al. Antioxidant Properties of Humic Substances [J]. Environmental Science and Technology, 2012, 46（9）: 4916-4925.

[33] 张毅民，刘红莎，朱艳芳，等. 废旧混合塑料识别分离与清洗技术研究进展 [J]. 化工进展，2013，32（6）：1401-1406.

[34] 桑洪建，丁文明，徐静年. 改性木屑吸附除油性能研究 [J]. 北京化工大学学报（自然科学版），2013，40（1）：98-102.

[35] Kalbitz K, Geyer W, Geyer S. Spectroscopic properties of dissolved humic substances—a reflection of land use history in a fen area [J]. Biogeochemistry, 1999, 47（2）: 219-238.

[36] Li Y, Low G K C, Scott J A, et al. Microbial reduction of hexavalent chromium by landfill leachate [J]. Journal of Hazardous Materials, 2007, 142（1-2）: 153-159.

[37] 袁志业，张文涛，宫文龙，等. 事前通风预处理对存余垃圾机械分选效率影响浅析 [J]. 环境保护与循环经济，2020，40（2）：24-27.

［38］蔡琳琳，潘天骐，戴昕，等. 生活垃圾填埋场治理技术研究［J］. 河南科技，2018（32）：148-150.

［39］孟淳. 垃圾填埋场好氧降解加速稳定化技术生态修复方法［J］. 建材世界，2013，34（3）：145-149.

［40］戴小松，邵靖邦，叶亦盛，等. 垃圾填埋场好氧生态修复技术在武汉金口垃圾填埋场治理工程中的应用［J］. 施工技术，2016，45（S2）：699-703.

［41］Slezak R，Krzystek L，Ledakowicz S. Short-term aerobic in SITU stabilization of municipal landfills: laboratory tests ［J］. Environment Protection Engineering，2009，35（3）：81-92.

［42］Tong H H. Influence of temperature on carbon and nitrogen dynamics during in situ aeration of aged waste in simulated landfill bioreactors［J］. Bioresource technology，2015，192：149-56.

［43］王敏，赵由才. 矿化垃圾生物反应床处理焦化废水研究［J］. 环境技术. 2004（1）：25-28.

［44］柴晓利，郭强，赵由才. 酚类化合物在矿化垃圾中的吸附性能与结构相关性研究［J］. 环境科学学报. 2007，（2）：247-251.

［45］柴晓利，郭强，程海静，等. 酚类化合物在矿化垃圾中的吸附机理研究［J］. 工业用水与废水. 2007（5）：51-54.

［46］张华. 矿化垃圾反应床反硝化处理 NO 废气的初步研究［J］. 环境科学文摘. 2006（2）：38.

［47］秦哲，徐高田，赵军，等. 填埋场矿化垃圾生物反应床在废水处理中的应用［J］. 环境科学与管理. 2008（7）：104-107.

［48］Hurst C，Longhurst P，Pollard S，et al. Assessment of municipal waste compost as a daily cover material for odour control at landfill sites［J］. Environmental Pollution，2005，135（1）：171-177.

［49］李启彬，刘丹，杨立中. 生物反应器填埋场临时覆盖材料的选择探讨［J］. 环境科学与技术. 2003（4）：29-30，41-66.

［50］赵海涛，王小治，徐轶群，等. 矿化垃圾中植物大量营养元素含量的剖面分布特征［J］. 农业环境科学学报. 2009，28（9）：1980-1986.

［51］董阳，方海兰，郝瑞军，等. 矿化垃圾和绿化植物废弃物在盐碱土上利用的效果［J］. 中国土壤与肥料. 2009（6）：67-73.

［52］Austruy A，Shahid M，Xiong T，et al. Mechanisms of metal-phosphates formation in the rhizosphere soils of pea and tomato: environmental and sanitary consequences［J］. Journal of Soils and Sediments，2014，14（4）：666-678.

［53］Ashraf A，Bibi I，Niazi N K，et al. Chromium（Ⅵ）sorption efficiency of acid-activated banana peel over organo-montmorillonite in aqueous solutions. International Journal of Phytoremediation，2017，19（7）：605-613.

［54］Wuana R A，Okieimen F E. Heavy metals in contaminated soils: a review of sources, chemistry, risks and best available strategies for remediation［J］. International Scholarly Research Notices，2011：1-20.

［55］Ferraro A，Fabbricino M，Hullebusch E D V，et al. Effect of soil/contamination characteristics and process operational conditions on aminopolycarboxylates enhanced soil washing for heavy metals removal: a review［J］. Reviews in Environmental Science and Bio/Technology，2016，15（1）：111-145.

［56］Gusiatin Z M，Radziemska M. Saponin versus rhamnolipids for remediation of Cd contaminated soils［J］. Clean—Soil, Air，Water，2018，46（3）：1700071.

［57］王成丽，马可为，张红涛. 物化法处理垃圾渗滤液中难降解物质［J］. 水科学与工程技术，2008，1：32-35.

［58］Hu C，Hung W，Wang M，et al. Phosphorus and sulfur codoped g-C₃N₄ as an efficient metal-free photocatalyst［J］. Carbon, 2018, 127: 374-383.

［59］Dong H, Guo X, Yang C, et al. Synthesis of g-C$_3$N$_4$ by different precursors under burning explosion effect and its photocatalytic degradation for tylosin［J］. Applied Catalysis B: Environmental, 2018, 230: 65-76.

［60］Wang X, Jia J, Wang Y. Combination of photocatalysis with hydrodynamic cavitation for degradation of tetracycline［J］. Chemical Engineering Journal, 2017, 315: 274-282.

［61］Hu C, Hung W, Wang M, et al. Phosphorus and sulfur codoped g-C$_3$N$_4$ as an efficient metal-free photocatalyst［J］. Carbon, 2018, 127: 374-383.

［62］Liu Q, Shen J, Yu X, et al. Unveiling the origin of boosted photocatalytic hydrogen evolution in simultaneously（S,P,O）-codoped and exfoliated ultrathin g-C$_3$N$_4$ nanosheets［J］. Applied Catalysis B: Environmental, 2019, 248: 84-94.

［63］Zhang J, Song F H, Li T T, et al. Simulated photo-degradation of dissolved organic matter in lakes revealed by three-dimensional excitation-emission matrix with regional integration and parallel factor analysis［J］. Journal of Environmental Sciences, 2020, 90: 310-320.

［64］Bobade V, Baudez C J, Evans G, et al. Impact of gas injection on the apparent viscosity and viscoelastic property of waste activated sewage sludge［J］. Wate Research, 2017, 114 : 296-307.

［65］Cao X Q, Tian Y Q, Jiang K, et al. Evaluation of thermal hydrolysis efficiency of sewage sludge via rheological measurement［J］. Journal of Environmental Engineering, 2020, 146（12）: 0402.

［66］Gupta S, Pel L, Steiger M, et al. The effect of ferrocyanide ions on sodium chloride crystallization in salt mixtures［J］. Journal of Crystal Growth, 2015, 410: 7-13.

［67］Saski S, Doki N, Kubota N, et al. The effect of an additive on morphology of sodium chloride crystals in seeded batch cooling crystallization［J］. Chemical Engineering Transactions, 2015, 43: 799-804.

［68］张锦泰. 浸没燃烧技术处理高浓度有机废水研究［D］. 南京: 东南大学, 2017.

［69］章慧. 气体流量和气泡尺度对涌升流流量影响的研究［D］. 杭州: 杭州电子科技大学, 2013.

［70］Song L D, Rosen M J J L. Surface properties, micellization, and premicellar aggregation of gemini surfactants with rigid and flexible spacers［J］, 1996, 12（5）: 1149-1153.

［71］Calace N, Liberatori A, Petronio B, et al. Characteristics of different molecular weight fractions of organic matter in landfill leachate and their role in soil sorption of heavy metals［J］. Environmental pollution, 2001, 113（3）: 331-339.

［72］Sun Y X, Gao Y, Hu H Y, et al. Characterization and biotoxicity assessment of dissolved organic matter in RO concentrate from a municipal wastewater reclamation reverse osmosis system［J］. Chemosphere, 2014, 117: 545-551.

［73］Xu Y D, Yue D B, Zhu Y, et al. Fractionation of dissolved organic matter in mature landfill leachate and its recycling by ultrafiltration and evaporation combined processes［J］. Chemosphere, 2006, 64（6）: 903-911.

［74］Ge B, Zhang Z, Zhu X, et al. A superhydrophobic/superoleophilic sponge for the selective absorption oil pollutants from water［J］. 2014, 457: 397-401.

［75］Ghasemlou M, Daver F, Ivanova E P, et al. Bio-inspired sustainable and durable superhydrophobic materials: from nature to market［J］. 2019, 7（28）: 16643-16670.

［76］Liu P, Zhang Y, Liu S, et al. Bio-inspired fabrication of fire-retarding, magnetic-responsive, superhydrophobic

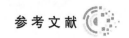

sponges for oil and organics collection［J］. 2019, 172: 19-27.

［77］马子珍. 典型锌电解过程颗粒物污染特征及源头减排研究［D］. 北京：清华大学, 2020.

［78］Yue D, Xu Y, Mahar R B, et al. Laboratory-scale experiments applied to the design of a two-stage submerged combustion evaporation system［J］. Waste Management, 2007, 27: 704-710.

［79］韩冰. 生活垃圾填埋场面源非甲烷有机物释放特征与机制研究［D］. 北京：清华大学, 2013.

［80］Nagata Y. Measurement of odor threshold by triangle odor bag method［J］. Odormeasurement Review, 2003: 118-127.

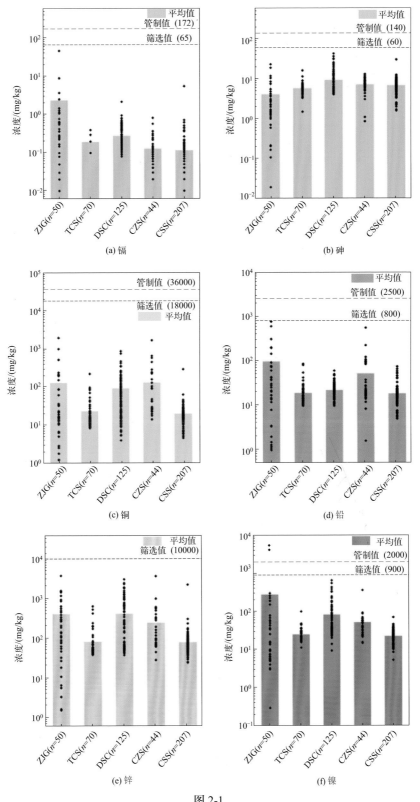

图 2-1

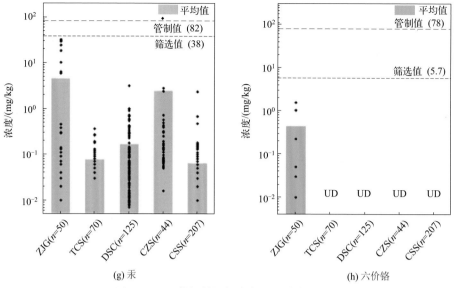

(g) 汞   (h) 六价铬

图 2-1　不同垃圾填埋场中实际取样金属浓度

UD—未检出；n—取样数目

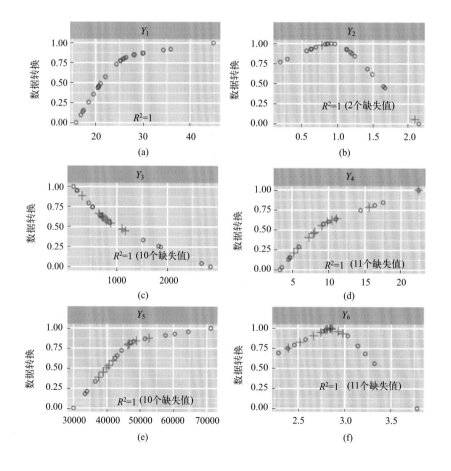

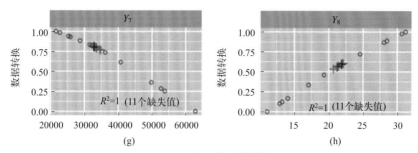

图 2-9　缺失值估算结果

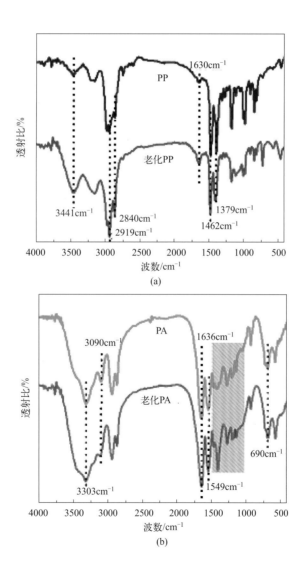

图 2-14

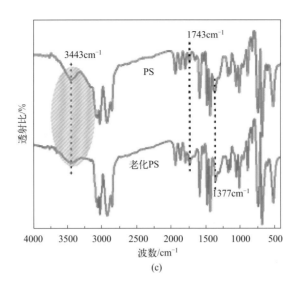

(c)

图 2-14 微塑料及老化微塑料的 FTIR 图谱

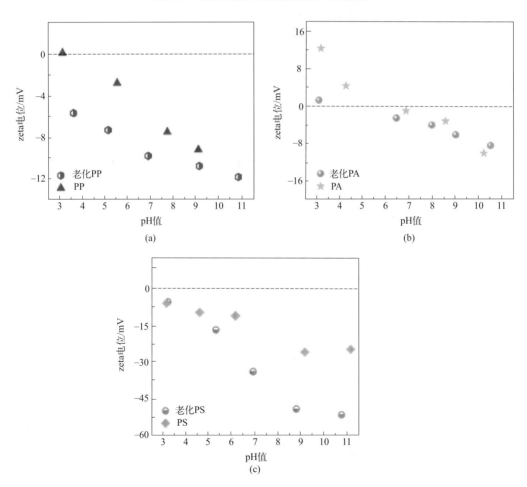

图 2-15 微塑料及老化微塑料在不同 pH 值条件下的 zeta 电位

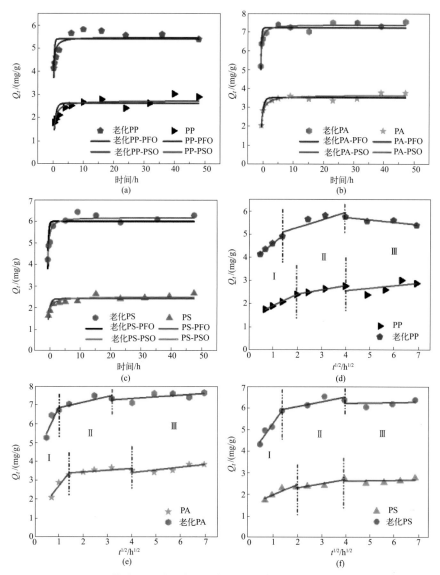

图 2-16　盐酸环丙沙星在微塑料及老化微塑料上的吸附动力学

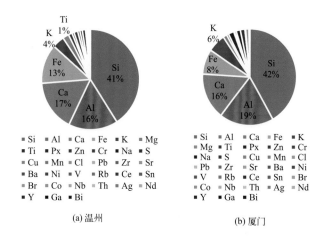

(a) 温州　　　　　　　　　　　　　(b) 厦门

图 2-20

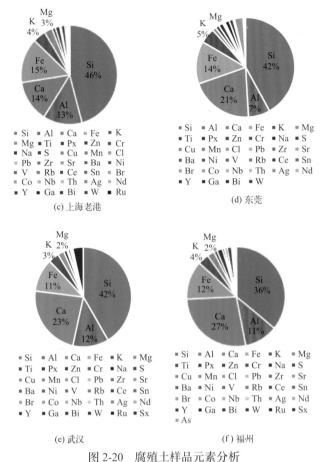

(c) 上海老港

(d) 东莞

(e) 武汉

(f) 福州

图 2-20　腐殖土样品元素分析

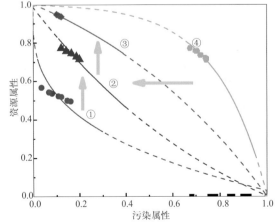

图 2-26　不同资源化再生技术下废塑料的污染与资源属性拟合曲线

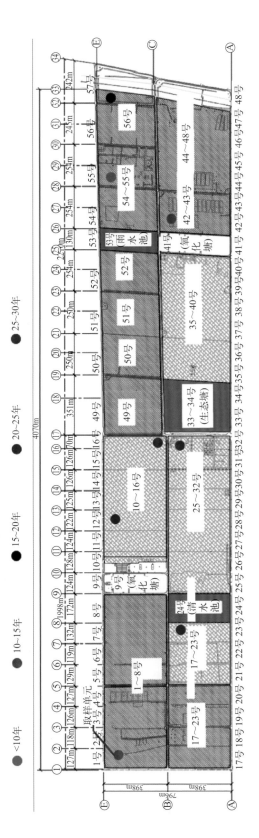

图 3-2　华东某垃圾填埋场选取样单位示意

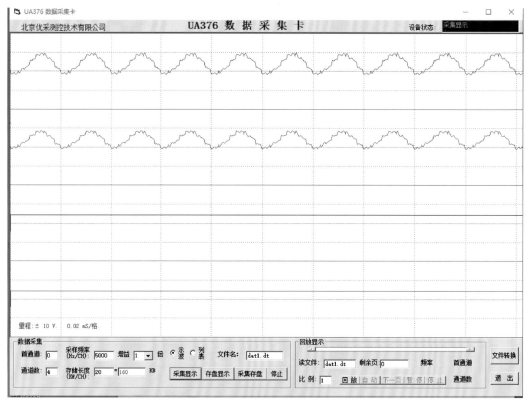

图 3-8　信号采集界面

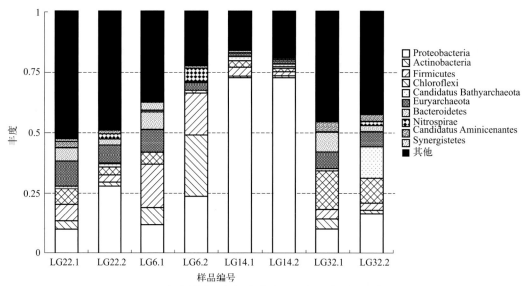

图 3-12　华东某填埋场门分类水平下微生物群落分布组成

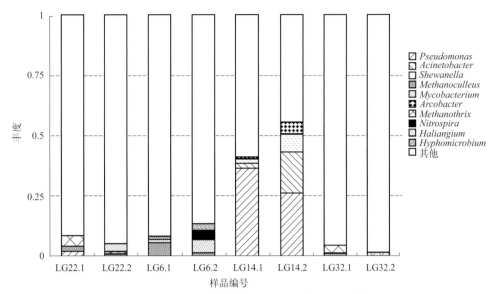

图 3-13　华东某垃圾填埋场属分类水平下微生物群落分布组成

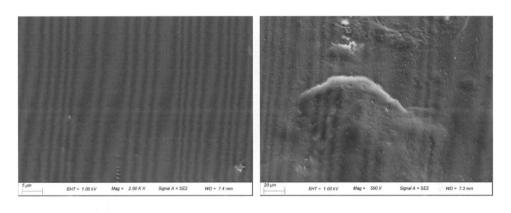

图 3-34　1% 普鲁兰多糖、0.1% 吐温 80、0.15% 茶多酚喷膜配方所成薄膜 SEM 表面图

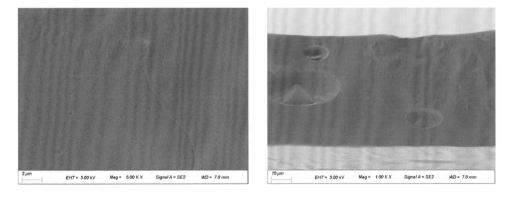

图 3-35　1% 普鲁兰多糖、0.1% 吐温 80、0.15% 茶多酚喷膜配方所成薄膜 SEM 截面图

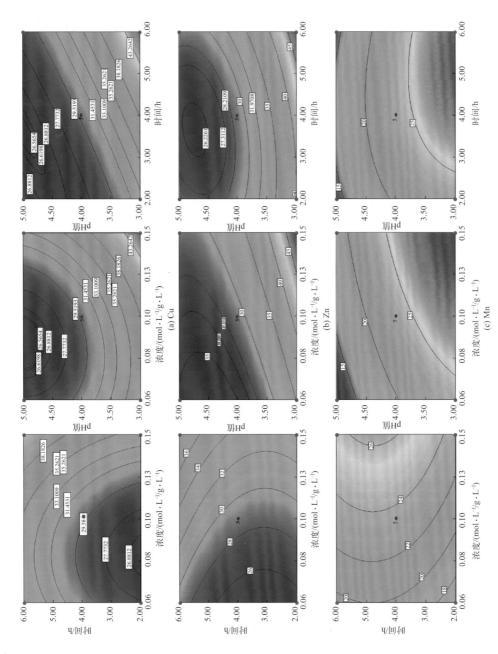

图 4-16 EDTA/HA 淋洗过程两个独立变量对存余垃圾殖土中 Cu、Zn 和 Mn 去除的影响（将另一个变量保持在中心值）

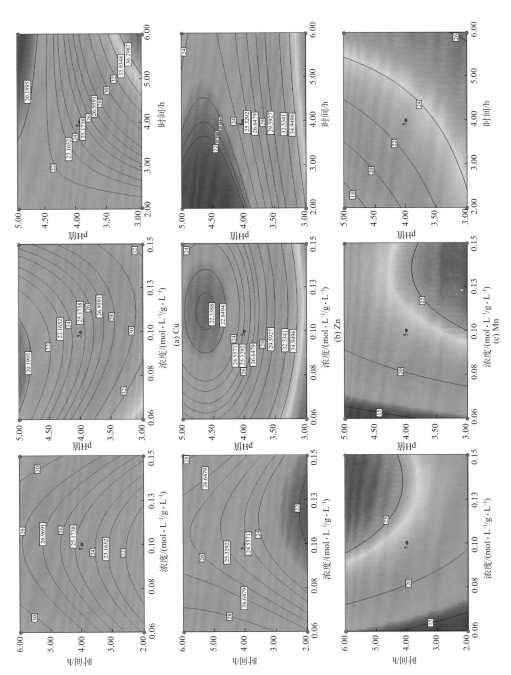

图 4-17　CA/HA 淋洗过程两个独立变量对存余垃圾腐殖土中 Cu、Zn 和 Mn 去除的影响（将另一个变量保持在中心值）

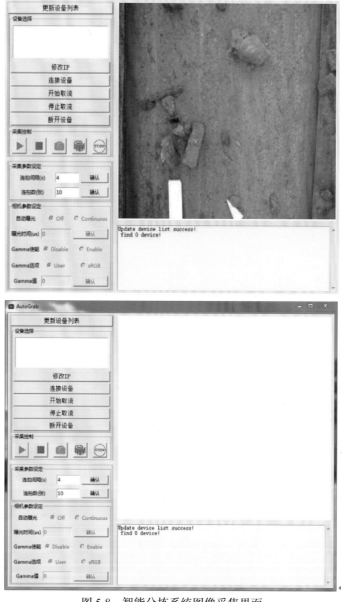

图 5-8　智能分拣系统图像采集界面

图 5-46　利辛县农村生活垃圾及存余垃圾治理工程项目现场鸟瞰图

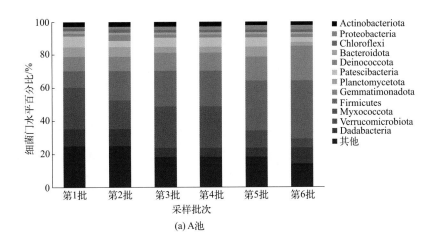

(a) A池

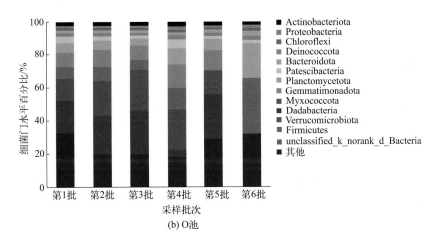

(b) O池

图 6-1　难降解碳源的分解及利用中试反硝化池和硝化池菌群分布情况

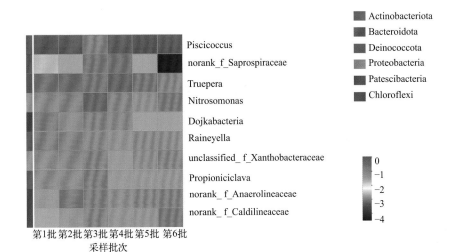

(a) A池

图 6-2

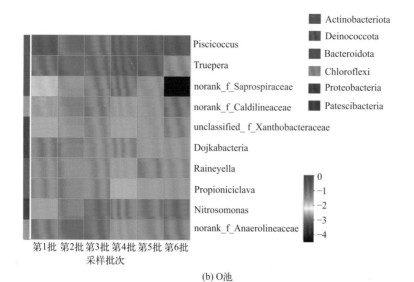

Actinobacteriota
Deinococcota
Bacteroidota
Chloroflexi
Proteobacteria
Patescibacteria

Piscicoccus
Truepera
norank_f_Saprospiraceae
norank_f_Caldilineaceae
unclassified_f_Xanthobacteraceae
Dojkabacteria
Raineyella
Propioniciclava
Nitrosomonas
norank_f_Anaerolineaceae

第1批 第2批 第3批 第4批 第5批 第6批
采样批次

(b) O池

图6-2 难降解碳源的分解及利用中试反硝化池和硝化池细菌分布情况

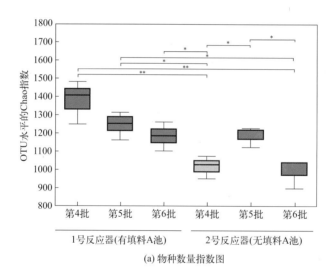

(a) 物种数量指数图

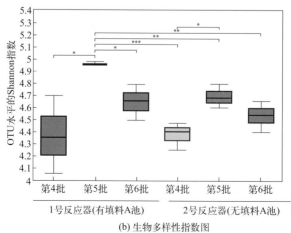

(b) 生物多样性指数图

图6-3 难降解碳源的分解及利用填料组和非填料组物种及生物多样性指数图

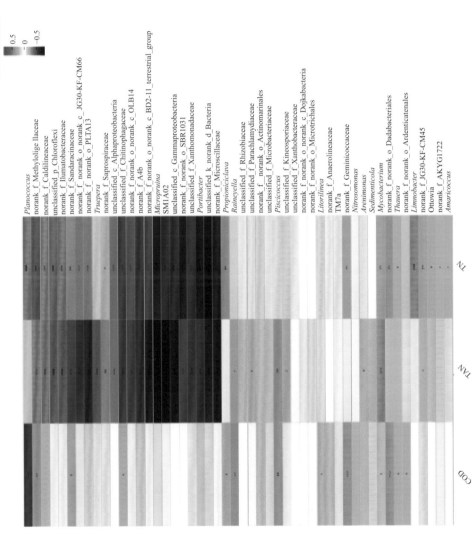

图 6-4 难降解碳源的分解及利用水质与污泥细菌群落间的相关性分析

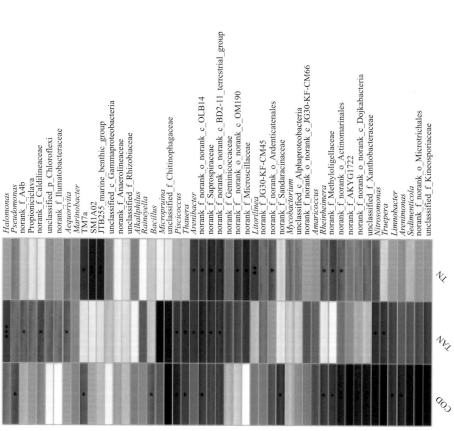

图 6-5 难降解碳源的分解及利用水质与填料生物膜细菌群落间的相关性分析